水利生产经营单位安全生产标准化建设丛书

水利水电勘测设计单位
安全生产标准化建设指导手册

水利部监督司　中国水利企业协会　编著

中国水利水电出版社
www.waterpub.com.cn
· 北京 ·

内 容 提 要

本书是按照《水利水电勘测设计单位安全生产标准化评审规程》要求，结合当前水利水电勘测设计单位安全生产标准化管理工作实践编写的，全书共十一章，内容包括：概述、策划与实施、目标职责、制度化管理、教育培训、现场管理、安全风险分级管控及隐患排查治理、应急管理、事故管理、持续改进及监督管理等。为了便于读者理解掌握安全生产标准化工作要求，书中详细列出了所依据的法律法规、技术规范、实施要点和部分参考示例等。

本书用以指导水利水电勘测设计单位安全生产标准化建设、评审和管理等工作，也可作为水利安全生产管理工作的重要参考。

图书在版编目（CIP）数据

水利水电勘测设计单位安全生产标准化建设指导手册 / 水利部监督司，中国水利企业协会编著. -- 北京 : 中国水利水电出版社，2024. 5. -- (水利生产经营单位安全生产标准化建设丛书). -- ISBN 978-7-5226-2545-4

Ⅰ. F426.9-62

中国国家版本馆CIP数据核字第2024HA5789号

书　名	水利生产经营单位安全生产标准化建设丛书 **水利水电勘测设计单位安全生产标准化建设指导手册** SHUILI SHUIDIAN KANCE SHEJI DANWEI ANQUAN SHENGCHAN BIAOZHUNHUA JIANSHE ZHIDAO SHOUCE
作　者	水利部监督司　中国水利企业协会　编著
出版发行	中国水利水电出版社 （北京市海淀区玉渊潭南路1号D座　100038） 网址：www.waterpub.com.cn E-mail：sales@mwr.gov.cn 电话：(010) 68545888（营销中心）
经　售	北京科水图书销售有限公司 电话：(010) 68545874、63202643 全国各地新华书店和相关出版物销售网点
排　版	中国水利水电出版社微机排版中心
印　刷	清淞永业（天津）印刷有限公司
规　格	184mm×260mm　16开本　16.75印张　408千字
版　次	2024年5月第1版　2024年5月第1次印刷
印　数	0001—3000册
定　价	**98.00**元

凡购买我社图书，如有缺页、倒页、脱页的，本社营销中心负责调换

编 委 会

编 写 人 员

主　　编：王　甲　王晶华

编写人员：石青泉　郃　娜　杨国平　朱松昌　郑　新
孔　健　马丞方　轩诗兵　丁　宁　曹铎骞
许汉平　刘庆彬　张永进　熊志福　黄凯文
安　艳　吴敬峰　崔　魁　全宗国　吴　涛
姚志斌　包　科　孙　莉　陈　俊　张海龙
杨儒佳　张　婷　李云峰

前言

安全生产是民生大事，一丝一毫不能放松，要以对人民极端负责的精神抓好安全生产工作，站在人民群众的角度想问题，把重大风险隐患当成事故来对待，守土有责，敢于担当，完善体制，严格监管，让人民群众安心放心。

2013年以来，水利部启动安全生产标准化建设并在项目法人、施工企业、水管单位和农村水电站等四类水利生产经营单位中取得了明显的成效。对贯彻《中华人民共和国安全生产法》、落实水利生产经营单位安全生产主体责任、提高水利行业安全生产监督管理水平，起到了积极的推动作用。

2020年，中国水利企业协会发布了《水利工程建设监理单位安全生产标准化评审规程》《水利水电勘测设计单位安全生产标准化评审规程》《水文勘测单位安全生产标准化评审规程》和《水利后勤单位安全生产标准化评审规程》四项团体标准。2021年，水利部印发《关于水利水电勘测设计等四类单位安全生产标准化有关工作的通知》，明确相关单位可参考上述团体标准开展安全生产标准化建设。为了使相关单位更准确理解和掌握安全生产标准化工作的要求，将安全生产标准化工作作为贯彻构建水利安全生产风险管控“六项机制”的重要手段，水利部监督司和中国水利企业协会组织编写了系列指导手册。手册的主要内容包括概述、策划与实施、目标职责、制度化管理、教育培训、现场管理、安全风险分级管控及隐患排查治理、应急管理、事故管理、持续改进及监督管理等共十一章。以法律法规规章和相关要求为依据对四项评审规程进行了详细的解读，并给出了大量翔实的案例，用以指导相关单位安全生产标准化建设、评审和管理等工作，也可作为水利安全生产管理工作的参考。

系列手册编写过程中，引用了相关法律、法规、规章、规范性文件及技术标准的部分条文，读者在阅读本指导手册时，请注意上述引用文件的版本更新情况，避免工作出现偏差。

限于编者的经验和水平，书中难免出现疏漏及不足之处，敬请广大读者斧正。

水利安全标准化系列指导手册编写组

2023年7月

目录

第一章　概　述

第一节　安全生产标准化建设的意义及工作由来

一、安全生产标准化建设意义

安全生产标准化是生产经营单位通过落实安全生产主体责任，全员全过程参与，建立并保持安全生产管理体系，全面管控生产经营活动各环节的安全生产与职业卫生工作，实现安全健康管理系统化、岗位操作行为规范化、设备设施本质安全化、作业环境器具定置化，并持续改进。

从建设主体的角度，水利安全生产标准化建设是落实水利生产经营单位安全生产主体责任，规范其作业和管理行为，强化其安全生产基础工作的有效途径。通过推行标准化建设和管理，实现岗位达标、专业达标和单位达标，能够有效提升水利生产经营单位的安全生产管理水平和事故防范能力，使安全状态和管理模式与生产经营的发展水平相匹配，进而趋向本质安全管理。

从行业监管部门的角度，水利安全生产标准化建设是提升水利行业安全生产总体水平的重要抓手，是政府实施安全分类指导、分级监管的重要依据。标准化建设的推行可以为水利行业树立权威的、定制性的安全生产管理标准。通过实施标准化建设考评，水利生产经营单位能够对号入座的区分不同等级，客观真实地反映出各地区安全生产状况和不同安全生产水平的单位数量，从而为加强水利行业安全监管提供有效的基础数据。

二、工作由来

20世纪80年代初期，煤炭行业事故持续上升，为此，原煤炭部于1986年在全国煤矿开展“质量标准化、安全创水平”活动，目的是通过质量标准化促进安全生产，认为安全与质量之间存在着相辅相成、密不可分的内在联系，讲安全必须讲质量。有色、建材、电力、黄金等多个行业也相继开展了质量标准化创建活动，提高了企业安全生产水平。

2011年5月，国务院安全生产委员会印发《关于深入开展企业安全生产标准化建设的指导意见》（安委〔2011〕4号，以下简称《指导意见》），要求“要建立健全各行业（领域）企业安全生产标准化评定标准和考评体系；不断完善工作机制，将安全生产标准化建设纳入企业生产经营全过程，促进安全生产标准化建设的动态化、规范化和制度化，有效提高企业本质安全水平”。

为了贯彻落实国家关于安全生产标准化的一系列文件精神，2011年7月，水利部印发了《水利行业深入开展安全生产标准化建设实施方案》（水安监〔2011〕346号，以下简称《实施方案》）。《实施方案》明确，将通过标准化建设工作，大力推进水利安全生产法规规章和技术标准的贯彻实施，进一步规范水利生产经营单位安全生产行为，落实安全生产主体责任，强化安全基础管理，促进水利施工单位市场行为的标准化、施工现场安全防护的标准化、工程建设和运行管理单位安全生产工作的规范化，推动全员、全方位、全过程安全管理。通过统筹规划、分类指导、分步实施、稳步推进，逐步实现水利工程建设和运行管理安全生产工作的标准化，促进水利安全生产形势持续稳定向好，为实现水利跨越式发展提供坚实的安全生产保障。《实施方案》从标准化建设的总体要求、目标任务、实施方法及工作要求等四方面，完成了水利安全生产标准化建设工作的顶层设计，确定了水利工程项目法人、水利水电施工企业、水利工程管理单位和农村水电站为水利安全生产标准化建设主体。

2013 年，水利部印发了《水利安全生产标准化评审管理暂行办法》及相关评审标准，明确了水利安全生产标准化实行水利生产经营单位自主开展等级评定，自愿申请等级评审的原则。水利部安全生产标准化评审委员会负责部属水利生产经营单位一、二、三级和非部属水利生产经营单位一级安全生产标准化评审的指导、管理和监督。2014 年水利安全生产标准化建设工作全面启动。

三、新形势下的工作要求

2014 年修订发布的《中华人民共和国安全生产法》（以下简称《安全生产法》）首次将推进安全生产标准化建设作为生产经营单位的法定安全生产义务之一。2021 年修订发布的《安全生产法》进一步提高了生产经营单位安全生产标准化建设的要求，由“推进标准化建设”修改为“加强标准化建设”；同时将加强标准化建设列为生产经营单位主要负责人的法定职责之一。

2020 年，中国水利企业协会发布包括了勘测设计、监理、后勤保障、水文勘测等四类单位安全标准化评审规程的系列团体标准，为相关水利生产经营单位的安全标准化建设工作提供了工作依据。水利部于 2022 年印发通知，开展包括勘测设计单位在内的“四类单位”安全生产标准化建设，进一步扩大了水利行业安全标准化的创建范围。

为深入推进安全风险分级管控和隐患排查治理双重预防机制建设，进一步提升水利安全生产风险管控能力，防范化解各类安全风险，2022 年 7 月，水利部印发了《构建水利安全生产风险管控“六项机制”的实施意见》（水监督〔2022〕309 号），构建水利安全生产风险查找、研判、预警、防范、处置和责任等风险管控“六项机制”。在开展水利安全生产标准化建设过程中，应严格落实“六项机制”的各项工作要求，准确把握水利安全生产的特点和规律，坚持风险预控、关口前移，分级管控、分类处置，源头防范、系统治理，提升风险管控能力，有效防范遏制生产安全事故，为新阶段水利高质量发展提供坚实的安全保障。

第二节 安全生产标准化建设工作依据

目前我国安全生产管理领域已基本形成了完善的法律法规和技术标准体系，可以有效规范和指导安全生产管理工作。勘测设计单位在开展安全生产标准化建设过程中，应严格、准确地遵守安全生产相关的法律法规和技术标准。

一、安全生产法律法规及标准体系

（一）安全生产法律法规体系

我国的法包括宪法、法律、行政法规、地方性法规和规章等五种形式。宪法具有最高的法律效力，一切法律、行政法规、地方性法规、自治条例和单行条例、规章都不得与宪法相抵触。法律的效力高于行政法规、地方性法规、规章。行政法规的效力高于地方性法规、规章。部门规章之间、部门规章与地方政府规章之间具有同等效力，在各自的权限范围内施行。

在水利工程建设过程中，安全生产工作的主要依据包括与安全生产管理相关的法律、法规、规章、技术标准等。部门规章、技术标准，除水利行业发布的之外，还应包括与水利工程建设安全生产管理有关的其他部委、行业发布的相关内容。

1. 安全生产法律

《安全生产法》属于安全生产领域的普通法和综合性法。《特种设备安全法》《消防法》《道路交通安全法》《突发事件应对法》《建筑法》等，属于安全生产领域的特殊法和单行法。

在 2021 年 9 月 1 日修订后的《安全生产法》中，规定了“三管三必须”，即安全生产工作实行管行业必须管安全、管业务必须管安全、管生产经营必须管安全，强化和落实生产经营单位主体责任与政府监管责任，建立生产经营单位负责、职工参与、政府监管、行业自律和社会监督的机制。这赋予了政府相关部门的监管职责，要求生产经营单位落实企业主体责任。

水利行业各类生产经营单位如勘测设计、施工、项目法人、工程监理、水利工程运行管理单位等，应按照《安全生产法》的规定，落实企业自身的主体责任。各级水行政主管部门应按照《安全生产法》的规定，对行业安全生产工作进行监督管理。

除上述法律外，与安全生产相关的法律还包括《刑法》《行政处罚法》《行政许可法》《劳动法》《劳动合同法》等。职业健康管理还应遵守《职业病防治法》。

2. 行政法规

行政法规是指最高国家行政机关即国务院制定的规范性文件，名称通常为条例、规定、办法、决定等。行政法规的法律地位和法律效力次于宪法和法律，但高于地方性法规、行政规章。

工程建设安全生产领域涉及的行政法规包括《安全生产许可条例》《建设工程安全生产管理条例》《危险化学品安全管理条例》《民用爆炸物品安全管理条例》《特种设备安全监察条例》《使用有毒物品作业场所劳动保护条例》《生产安全事故报告和调查处理条例》《工伤保险条例》《生产安全事故应急条例》等。

如《建设工程安全生产管理条例》规定了工程建设活动中建设单位、勘察单位、设计单位、施工单位、工程监理单位以及政府主管部门的社会关系。本条例是对《建筑法》和《安全生产法》的规定进一步细化，结合建设工程的实际情况，将两部法律规定的制度落到实处，明确建设单位、勘察单位、设计单位、施工单位、工程监理单位和其他与建设工程有关的单位的安全责任，并对安全生产的监督管理、生产安全事故应急救援与调查处理等作出规定，是水利工程建设过程中安全生产管理必须要遵守的。

3. 地方性法规

地方性法规是指地方国家权力机关依照法定职权和程序制定和颁布的，施行于本行政区域的规范性文件，如各省、自治区、直辖市发布的《安全生产条例》。

4. 行政规章

行政规章是指国家行政机关依照行政职权和程序制定和颁布的、施行于本行政区域的规范性文件。行政规章分为部门规章和地方政府规章两种。部门规章是指国务院的部门、委员会和直属机构制定的在全国范围内实施行政管理的规范性文件。地方政府规章是指有地方性法规制定权的地方人民政府制定的在本行政区域实施行政管理的规范性文件。

水利工程建设安全生产领域涉及的部门规章包括《水利工程建设安全生产管理规定》《注册安全工程师管理规定》《生产经营单位安全培训规定》《安全生产事故隐患排查治理暂行规定》《安全生产事故应急预案管理办法》等。水利工程建设安全生产管理过程中，除遵守水利行业的安全生产规章外，对国务院其他部门制定的涉及安全生产的规章也应遵守。

如《水利工程建设安全生产管理规定》，是根据《安全生产法》和《建设工程安全生产管理条例》，结合水利工程的特点所制定，适用于水利工程建设安全生产的监督管理。规定中明确了项目法人、勘察（测）单位、设计单位、施工单位、建设监理单位及其他与水利工程建设安全生产有关的单位（如为水利工程提供机械设备和配件的单位）等的安全生产管理职责，同时也明确了水行政主管部门的监督管理职责等内容，是水利工程建设安全生产管理的直接依据。

《安全生产事故隐患排查治理暂行规定》，是原国家安全生产监督管理总局根据《安全生产法》等法律、行政法规所制定，适用于生产经营单位安全生产事故隐患排查治理和安全生产监督管理部门实施监管监察。规定了安全生产事故隐患的定义、隐患级别划分，对生产经营单位隐患排查治理的职责、工作要求及监督管理部门的监管职责等内容作出了规定。

《生产安全事故应急预案管理办法》是应急管理部根据《突发事件应对法》《安全生产法》《生产安全事故应急条例》等法律、行政法规和《突发事件应急预案管理办法》所制定，适用于生产安全事故应急预案（以下简称应急预案）的编制、评审、公布、备案、实施及监督管理工作。

（二）安全生产标准体系

安全生产技术标准，是安全生产管理工作的基础，也是开展安全生产标准化建设工作的重要依据。相关单位应对安全生产标准体系充分的理解和掌握，并准确应用，把握好强制性标准与推荐性标准之间的关系及其效力，更好地应用到实际工作中。

1. 标准的分类

根据《安全生产法》第十二条的规定，生产经营单位必须执行依法制定的保障安全生产的国家标准或者行业标准。规定中的“依法”是指依据《标准化法》。根据《标准化法》的规定，标准包括国家标准、行业标准、团体标准、地方标准和企业标准。国家标准分为强制性标准、推荐性标准，行业标准、地方标准是推荐性标准。强制性标准必须执行，国家鼓励采用推荐性标准（即自愿采用）。在《安全生产法》第十条中规定了包括工程建设在内的相关领域的强制性国家标准、强制性行业标准或强制性地方标准按现有模式管理。工程建设领域技术标准的现有管理模式，继续执行《深化标准化工作改革方案》（国发〔2015〕13号）的要求，允许行业及地方制定强制性标准。

2000年1月30日，国务院发布《建设工程质量管理条例》第一次对执行国家强制性标准作出了严格的规定。不执行国家强制性技术标准就是违法，就要受到相应的处罚。该条例的发布实施，为保证工程质量提供了必要和关键的工作依据和条件。在2003年发布的《建设工程安全生产管理条例》中，对项目法人、勘察、设计、监理、施工等参建单位，也提出了执行强制性标准的要求。

水利行业目前现行的安全生产相关技术标准中，除部分标准中的强制性条文外，其余均为推荐性标准（条款），尚未制定发布全文强制性标准。因此，水利工程建设项目施工前，项目法人应组织各参建单位根据项目特点，确定适用于本项目安全生产管理的技术标准。在技术标准选用过程中，除强制性标准及强制性条文外，推荐性标准宜按国家标准、行业标准、其他行业标准的顺序进行选择。同时需要注意技术标准的适用范围，如部分国家标准及其他行业标准中注明“适用于房屋建筑和市政工程”，在选用时要充分考虑。

根据《标准化法》的规定，虽然推荐性标准属于自愿采用，但在以下三种情况时，将转化为强制性标准（《中华人民共和国标准化法释义》）：

一是被行政规章及以上法规所引用的。

二是企业自我声明采用的。如施工单位编制的施工组织设计、专项施工方案中声明采用的技术标准，这些标准即成为“强制性标准”，即在本文件范围内的工作，必须严格执行。

三是在工程承包合同中所引用的技术标准。根据《民法典》的规定，合同是当事人经过双方平等协商，依法订立的有关权利义务的协议，对双方当事人都具有约束力。在工程承包合同中，通常列明了本合同范围内工程建设包括安全生产在内应执行的技术标准，承包人据此进行组织实施。对于本合同而言，所引用的技术标准即为“强制性标准”，双方必须严格执行。

2. 强制性条文与强制性标准的关系

水利行业现行的安全生产相关技术标准中，除部分标准中存在的强制性条文外，其余均为推荐性标准，目前在水利工程建设领域尚无全文强制性标准。

水利工程建设强制性条文是指水利工程建设标准中直接涉及人民生命财产安全、人身健康、水利工程安全、环境保护、能源和资源节约及其他公共利益等方面，在水利工程建设中必须强制执行的技术要求。

《水利工程建设标准强制性条文》的内容，是从水利工程建设技术标准中摘录的。执行《工程建设标准强制性条文》既是贯彻落实《建设工程质量管理条例》《建设工程安全生产管理条例》的重要内容，又是从技术上确保建设工程质量、安全的关键，同时也是推进工程建设标准体系改革所迈出的关键一步。事实上，从大量强制性标准中挑选少量条款而形成的“强制性条文”，只是分散的片段内容，其本身很难构成完整、连贯的概念。制定《工程建设标准强制性条文》作为标准规范体制改革的重要步骤，只是暂时的过渡形态。作为雏形，其最终目标是形成我国的“技术法规”。2015年国务院发布的《深化标准化工作改革方案》和2016年住房和城乡建设部发布的《关于深化工程建设标准化工作改革的意见》中明确，将加快制定全文强制性标准，逐步用全文强制性标准取代现行标准中分散的强制性条文，新制定标准原则上不再设置强制性条文。

2022年水利部发布的《水利标准化工作管理办法》中规定，水利行业标准分为强制性标准和推荐性标准（根据《标准化法》第十条的规定）。2019年以后发布的水利行业标准中，强制性行业标准编号为SL AAA—BBBB，推荐性行业标准编号为SL/T AAA—BBBB，其中SL为水利行业标准代号，AAA为标准顺序号，BBBB为标准发布年号。

二、勘测设计单位安全生产标准化建设相关政策

根据《安全生产法》《中共中央国务院关于推进安全生产领域改革发展的意见》等政策法规的要求，水利部于2017年印发了《水利部关于贯彻落实〈中共中央　国务院关于推进安全生产领域改革发展的意见〉实施办法》（水安监〔2017〕261号），明确将水利安全生产标准化建设作为水利生产经营单位的主体责任之一，要求水利生产经营单位大力推进水利安全生产标准化建设。

为指导水利安全生产标准化建设工作，水利部近年相继印发了《水利行业深入开展安全生产标准化建设实施方案》（水安监〔2011〕346号）、《水利安全生产标准化评审管理暂行办法》（水安监〔2013〕189号）、《农村水电站安全生产标准化达标评级实施办法（暂行）》（水电〔2013〕379号）、《水利安全生产标准化评审管理暂行办法实施细则》（办安监〔2013〕168号）。其中《水利安全生产标准化评审管理暂行办法》规定，水利安全生产标准化等级分为一级、二级和三级，一级为最高级。陆续出台了《水利工程管理单位安全生产标准化评审标准（试行）》《水利水电施工企业安全生产标准化评审标准（试行）》《水利工程项目法人安全生产标准化评审标准（试行）》《农村水电站安全生产标准化评审标准》四项评审标准。

2019年水利部组织编写了行业标准SL/T 789—2019《水利安全生产标准化通用规范》。标准适用于水利工程项目法人、勘测设计、施工、监理、运行管理，以及农村水电站、水文测验等水利生产经营单位开展安全生产标准化建设工作，以及对安全生产标准化工作的咨询、服务、评审、管理等。标准包括水利安全生产标准化管理体系的目标职责、制度化管理、教育培训、现场管理、安全风险管控及隐患排查治理、应急管理、事故管理和持续改进8个要素。

2022年，水利部印发《水利部办公厅关于水利水电勘测设计等四类单位安全生产标准化有关工作的通知》（办监督函〔2022〕37号），规定四类单位可参考中国水利企业协会编制的团体标准开展标准化建设。

三、《水利水电勘测设计单位安全生产标准化评审规程》简介

T/CWEC 17—2020《水利水电勘测设计单位安全生产标准化评审规程》（以下简称《评审规程》）主要内容包括范围、规范性引用文件、术语和定义、申请条件、评审内容、评审方法、评审等级，以及1个规范性附录和3个资料性附录。适用于水利水电勘测设计单位安全生产标准化的自评和现场评审。

《评审规程》规定了水利水电勘测设计单位申请安全标准化的基本条件：

(1) 具有独立法人资格，并取得行政主管部门颁发的水利工程勘测设计资质证书；

(2) 不存在重大事故隐患或重大事故隐患已治理达到安全生产要求；

(3) 不存在迟报、漏报、谎报、瞒报生产安全事故的行为；

(4) 申请评审之日前一年内未发生死亡1人（含）以上，或者一次3人（含）以上重伤，或者1000万元以上直接经济损失的生产安全事故；

(5) 不存在非法违法生产经营建设行为，未被列入全国水利建设市场监管平台“黑名单”且处于公开期内。

《评审规程》规定了现场评审的赋分原则。现场评审满分1000分，实行扣分制。在三级项目内有多个扣分点的，累计扣分，直到该三级项目标准分值扣完为止，不出现负分。最终得分按百分制进行换算，评审得分=[各项实际得分之和/(1000－各合理缺项分值之和)]×100，评审得分采用四舍五入，保留一位小数。其中的合理缺项是指由于生产经营实际情况限定等因素，完全不涉及附录A中需要评审的相关生产经营活动，或不存在应当评审的设备设施、生产工艺，而形成的空缺。

《评审规程》规定勘测设计单位的评审达标等级分三级，一级为最高，各等级标准应符合下列要求：

一级：评审得分90分以上（含），且各一级评审项目得分不低于应得分的70%；

二级：评审得分80分以上（含），且各一级评审项目得分不低于应得分的70%；

三级：评审得分70分以上（含），且各一级评审项目得分不低于应得分的60%。

《评审规程》中的附录A为规范性，与正文具有同等的效力，规定了目标职责、制度化管理、教育培训、现场管理、安全风险分级管控及隐患排查治理、应急管理、事故管理和持续改进等8个一级评审项目、27个二级评审项目和134个三级评审项目。《评审规程》中的附录B、附录C、附录D为资料性，为水利水电勘测设计单位一般及重大危险源的辨识和重大事故隐患的判定提供了参考。在三级评审项目中，对水利水电勘测设计单位标准化创建过程中需要开展的工作，分别做出了规定，明确了工作范围和工作内容，具有较强的可操作性。

第三节　勘测设计单位安全生产工作

勘测设计单位是具有企业独立法人资格，取得水利工程勘察、测绘、设计资质等级证书的企业，受发包人委托，并与发包人签订勘察、测绘、设计合同，提供相关技术、咨询服务的单位。依据法律、规范标准和合同约定，从事工程测量、水文地质、岩土工程、工程可行性研究、建设工程设计、工程咨询等工作。从勘测设计单位的定义及其工作内容可知，勘测设计单位安全生产管理工作应包含以下四方面的内容。

一、勘测设计单位自身的安全生产管理工作

根据《安全生产法》的规定，“安全生产”一词中所讲的“生产”，是广义的概念，不仅包括各种产品的生产活动，也包括各类工程建设和商业、娱乐业以及其他服务业的经营活动。勘测设计单位同样作为生产经营单位，也要遵守《安全生产法》的规定，严格落实安全生产的主体责任。如设置安全管理组织机构、配备安全管理人员、建立全员安全生产

责任制、开展教育培训、保障安全生产投入、提供安全生产条件、建设双重预防机制等。勘测设计单位在生产经营过程中，违反安全生产的法律法规及相关规定时，同样也将受到相应的处罚。

二、法定的安全生产勘测设计工作

工程勘测设计单位除完成自身的各项安全生产管理工作外，还应当承担国家法律、法规和勘察、测量和设计规范所规定的安全生产内容，包括提供真实准确的勘测成果、符合法律法规和标准的设计成果、提出防范生产安全事故指导意见和措施建议、做好现场设计服务等。在《建设工程安全生产管理条例》中规定勘测设计单位安全生产责任主要包括：

(1) 勘察单位应当按照法律、法规和工程建设强制性标准进行勘察，提供的勘察文件应当真实、准确，满足建设工程安全生产的需要。

勘察单位在勘察作业时，应当严格执行操作规程，采取措施保证各类管线、设施和周边建筑物、构筑物的安全。

(2) 设计单位应当按照法律、法规和工程设计强制性标准进行设计，防止因设计不合理导致生产安全事故发生。

1) 设计单位应当考虑施工安全操作和防护的需要，对涉及施工安全的重点部位和环节在设计文件中注明，并对防范生产安全事故提出指导意见。

2) 采用新结构、新材料、新工艺的建设工程和特殊结构的建设工程，设计单位应当在设计中提出保障施工作业人员安全和预防生产安全事故的措施建议。

3) 设计单位和注册建筑师等注册执业人员应当对其设计负责。

《水利工程建设安全生产管理规定》结合水利工程特点，规定水利勘测设计单位安全生产责任主要包括：

(1) 勘察（测）单位应当按照法律、法规和工程建设强制性标准进行勘察（测），提供的勘察（测）文件必须真实、准确，满足水利工程建设安全生产的需要。

1) 勘察（测）单位在勘察（测）作业时，应当严格执行操作规程，采取措施保证各类管线、设施和周边建筑物、构筑物的安全。

2) 勘察（测）单位和有关勘察（测）人员应当对其勘察（测）成果负责。

(2) 设计单位应当按照法律、法规和工程建设强制性标准进行设计，并考虑项目周边环境对施工安全的影响，防止因设计不合理导致生产安全事故的发生。

1) 设计单位应当考虑施工安全操作和防护的需要，对涉及施工安全的重点部位和环节在设计文件中注明，并对防范生产安全事故提出指导意见。

2) 采用新结构、新材料、新工艺以及特殊结构的水利工程，设计单位应当在设计中提出保障施工作业人员安全和预防生产安全事故的措施建议。

3) 设计单位和有关设计人员应当对其设计成果负责。

4) 设计单位应当参与与设计有关的生产安全事故分析，并承担相应的责任。

三、技术标准规定的安全生产工作

GB/T 50585—2019《岩土工程勘察安全标准》中规定了勘测设计单位安全生产主要工作包括：

(1) 建立安全生产管理机构，配备经安全生产培训考核合格的专职安全生产管理人员；

（2）告知作业人员作业场所和工作岗位存在的危险源、安全生产防护措施和安全生产事故应急救援预案；作业人员在生产过程中应遵守安全生产操作规程；

（3）定期进行安全生产检查，制定并实施安全生产事故应急救援预案，每年组织一次综合应急预案演练或专项应急预案演练；

（4）对从业人员定期进行安全生产教育和安全生产操作技能培训，未经培训考核合格的作业人员不得上岗作业；

（5）根据现行国家标准 GB 39800.1—2020《个体防护装备配备规范　第 1 部分：总则》的有关规定为作业人员配备个体防护装备，勘察作业现场设置安全生产防护措施，每年度安排用于配备个体防护装备、安全生产防护措施、安全生产教育和培训等安全生产费用；

（6）对有职业病危害的工作岗位或作业场所，应采取符合国家职业卫生标准的防护措施，并应符合国家标准 GB/T 28001《职业健康安全管理体系　要求》和 GB/T 24001《环境管理体系 要求及使用指南》；

（7）勘察作业前，应对危险源进行辨识和评价，危险源辨识可按本标准附录 A 执行；危险源危险等级可分为轻微、一般、较大、重大和特大五级，编写勘察纲要时，应根据不同危险等级制定相应的安全生产防护措施；

（8）与分包单位签订分包合同，明确分包单位安全生产责任人和各自在安全生产方面的权力和义务，对分包任务作业过程实施安全生产监督；

（9）对从业人员在作业过程中发生的伤亡事故和职业病状况进行统计、报告和处理。

除《岩土工程勘察安全标准》，SL 721—2015《水利水电工程施工安全管理导则》、SL 398—2007《水利水电工程施工通用安全规程》等技术标准也规定了勘测设计的安全生产工作内容。

四、合同约定的安全生产勘测设计工作

在水利工程建设中，勘测设计单位除了必须履行法定的职责外，还应根据建设工程技术咨询合同、建设工程勘察设计合同、建设工程勘察合同、建设工程设计合同、工程测量合同、工程总承包合同等，履行合同约定的勘测设计职责。

《中华人民共和国标准勘察招标文件》（2017 年版）的通用合同条款中，约定了勘察安全作业要求：

（1）勘察人应按合同约定履行安全职责，执行发包人有关安全工作的指示，并在专用合同条款约定的期限内，按合同约定的安全工作内容，编制安全措施计划报送发包人批准。

（2）勘察人应当严格执行操作规程，采取有效措施保证道路、桥梁、交通安全设施、建构筑物、地下管线、架空线和其他周边设施等安全正常地运行。

（3）勘察人应当按照法律、法规和工程建设强制性标准进行勘察，加强勘察作业安全管理，特别加强易燃、易爆材料、火工器材、有毒与腐蚀性材料和其他危险品的管理。

（4）勘察人应严格按照国家安全标准制定施工安全操作规程，配备必要的安全生产和劳动保护设施，加强对勘察人员的安全教育，并且发放安全工作手册和劳动保护用具。

（5）勘察人应按发包人的指示制定应对灾害的紧急预案，报送发包人批准。勘察人还

应按预案做好安全检查，配置必要的救助物资和器材，切实保护好有关人员的人身和财产安全。

(6) 勘察人应对其履行合同所雇佣的全部人员，包括分包人人员的工伤事故承担责任，但由于发包人原因造成勘察人人员工伤事故的，应由发包人承担责任。

(7) 由于勘察人原因在施工场地内及其毗邻地带造成的第三者人员伤亡和财产损失，由勘察人负责赔偿。

《中华人民共和国标准设计招标文件》(2017年版）的通用合同条款中，约定了设计单位的安全生产管理职责：

(1) 设计人在设计服务中选用的材料、设备，应当注明其规格、型号、性能等技术指标及适应性，满足质量、安全、节能、环保等要求。

(2) 设计文件必须保证工程质量和施工安全等方面的要求，按照有关法律法规规定在设计文件中提出保障施工作业人员安全和预防生产安全事故的措施建议。

五、勘测设计单位安全生产标准化建设注意事项

结合有关规定以及勘测设计单位安全生产管理工作的特点，勘测设计单位的安全生产标准化建设应注意以下事项：

(1) 标准化建设工作的范围。勘测设计单位安全标准化建设包含两方面的内容：一是勘测设计生产经营活动过程自身的安全生产管理工作；二是对建设工程安全的技术服务咨询工作。

(2) 依据合同约定。勘测设计单位在开展勘察、测量和设计工作过程中，除必须履行法定职责外，还有一部分需要在建设工程技术咨询合同、建设工程勘察设计合同、建设工程勘察合同、建设工程设计合同、工程测量合同、工程总承包合同中进行约定，经项目法人授权方可开展。因此，在创建和评审过程中，要充分考虑勘测设计单位所承担项目相关合同约定的内容，避免产生不必要的合同纠纷，并确保相关工作能顺利开展。

(3) 多专业特征。勘测设计单位具有勘察、测量、设计多专业特征，需要针对不同专业特点开展标准化建设、管理等工作。如，设计注重成果对工程安全的影响以及现场设计服务质量；而勘察和测绘，除注重成果质量之外，还应关注其外业作业安全生产。因此在制定安全生产管理体系时应结合专业特点制定具有针对性的体系文件。

(4) 风险管控重点突出。与现场设代服务、施工期监测、现场实验等相比，水上测量、钻探、洞探、槽探等外业作业还具有受自然环境影响大、作业人员队伍不稳定、专业化水平不高等特点，安全风险大。具体到某一个工作面，通常施工周期较短，全部做到标准化、规范化难度大。这些外业作业需要重点监管，岗位达标和专业达标显得尤为重要。

第二章　策划与实施

安全生产标准化建设工作开展之初，勘测设计单位应对建设工作进行整体策划，明确建设程序，使安全生产标准化有计划、有步骤地推进。

第一节　建设程序

水利安全生产标准化建设程序通常包括成立组织机构、制定实施方案、动员培训、初始状态评估、完善制度体系、运行与改进、单位自评等，如图 2-1 所示。在建设程序的各个环节中，教育培训工作应贯穿始终。

一、成立组织机构

为保证安全生产标准化的顺利推进，勘测设计单位在创建初期应成立安全生产标准化建设组织机构，包括领导小组、执行机构、工作职责等内容，并以正式文件发布，作为启动标准化建设工作的标志，并据此计算标准化建设周期。

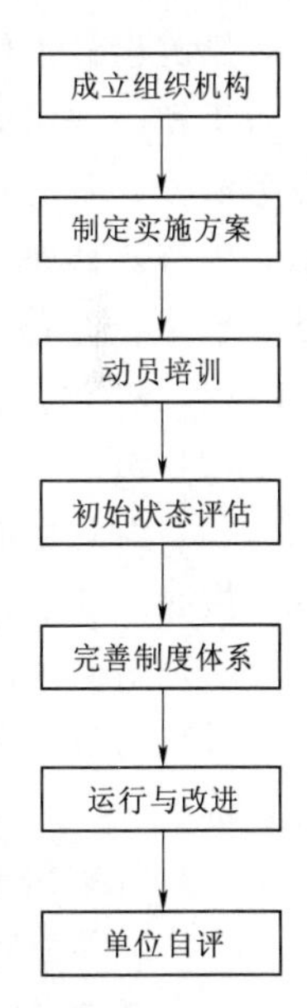

图 2-1　标准化建设流程图

领导小组统筹负责单位安全生产标准化的组织领导和策划，其主要职责包括明确目标和要求、布置工作任务、审批安全标准化建设方案、协调解决重大问题、保障资源投入。领导小组一般由单位主要负责人担任组长，所有相关的职能部门、下属单位和项目部（组）的主要负责人作为成员。

领导小组应下设执行机构，具体负责指导、监督、检查安全生产标准化建设工作，主要职责是制订和实施安全标准化方案，负责安全生产标准化建设过程中的具体工作。执行机构由单位负责人、相关职能部门、下属单位和项目部（组）工作人员组成，同时可根据工作需要成立工作小组分工协作。管理层级较多的勘测设计单位，可逐级建立安全生产标准化建设组织机构，负责本级安全生产标准化建设具体工作。

二、工作策划

勘测设计单位在开展安全生产标准化建设前，应进行全面、系统的策划，并编制标准化建设实施方案，在实施方案的指导下有条不紊地开展各项工作，方案应包括下列内容：

（1）指导思想。

（2）工作目标。

（3）组织机构和职责。

（4）工作内容。

（5）工作步骤。

（6）工作要求。

（7）安全生产标准化建设任务分解表。

三、教育培训

通过多种形式的动员、培训，使单位相关人员正确认识标准化建设的目的和意义，熟悉、掌握水利安全生产标准化建设程序、工作要求、水利安全生产标准化评审管理暂行办法及评审标准、安全生产相关法律法规和其他要求、制定的安全生产标准化建设实施方案、本岗位（作业）危险有害因素辨识和安全检查表的应用等。

教育培训对象一般包括单位主要负责人、安全生产标准化领导小组成员、各部门、各下属单位、各项目部（组）的主要工作人员、技术人员等，有条件的单位应全员参加培训，使全体人员深刻领会安全生产标准化建设的重要意义、工作开展的方法和工作要求，对全面、高效推进安全生产标准化建设，提高安全生产管理意识将起到重要作用。

教育培训作为有效提高安全管理人员工作能力和水平的重要途径，应贯穿整个标准化建设过程的全过程。

四、初始状态评估

勘测设计单位在安全标准化建设初期应对本单位的安全管理现状进行系统调查，通过准备工作、现场调查、分析评价等阶段形成初始状态评估报告，以获得组织机构与职责、业务流程、安全管理等现状的全面、准确信息。目的是系统全面地了解本单位安全生产现状，为有效开展安全生产标准化建设工作进行准备，是安全生产标准化建设工作策划的基础，也是有针对性地实施整改工作的重要依据。主要工作内容包括：

（1）对现有安全生产机构、职责、管理制度、操作规程的评价。

（2）对适用的法律法规、规章、技术标准及其他要求的获取、转化及执行的评价。

（3）对各职能部门、下属单位、项目部（组）安全管理情况、现场设备设施状况进行现状摸底，摸清存在的问题和缺陷。

（4）对管理活动、生产过程中涉及的危险、有害因素的识别、评价和控制的评价。

（5）对过去安全事件、事故和违章的处置，事故调查以及纠正、预防措施制定和实施的评价。

（6）收集相关方的看法和要求。

（7）对照评审规程分析评价安全生产标准化建设工作的差距。

五、完善制度体系

安全管理制度体系是安全生产管理工作的重要基础，是一个单位管理制度体系中重要组成部分，应以全员安全责任制为核心，通过精细管理、技术保障、监督检查和绩效考核手段，促进责任落实。

勘测设计单位在建立安全管理制度体系过程中应满足以下几点要求：

一是覆盖齐全。所建立的安全管理制度体系应覆盖安全生产管理的各个阶段、各个环节，为每一项安全管理工作提供制度保障。要用系统工程的思想建立安全管理制度体系，就必须抛弃那种头痛医头、脚痛医脚的管理思想，把安全管理工作层层分解，纳入生产流程，分解到每一个岗位，落实到每一项工作中去，成为一个动态的有机体。

二是内容合规。在制定安全管理制度体系过程中，应全面梳理本单位生产经营过程中涉及、适用的安全生产法律法规和其他要求，并转化为本单位的规章制度，制度中不能出现违背现行法律法规和其他要求的内容。

三是符合实际。制度本身要逻辑严谨、权责清晰、符合企业实际，制度间应相互衔接、形成闭环，构成体系，避免出现制度与制度相互矛盾，制度与管理“两张皮”的现象。

六、运行与改进

标准化各项准备工作完成后，即进入运行与改进阶段。勘测设计单位应根据编制的制度体系及评审规程的要求按部就班开展标准化工作，在实施运行过程中，针对发现的问题加以完善改进，逐步建立符合要求的标准化管理体系。

七、自主评定

定期开展自评是安全生产标准化建设工作的重要环节，其主要目的是判定安全生产活动是否满足法律法规和《评审规程》的要求，系统验证本单位安全生产标准化建设成效，验证本单位制度体系、管理体系的符合性、有效性、适宜性，及时发现和解决工作中出现的问题，持续改进和不断提高安全生产管理水平。

（一）组建自评工作组

勘测设计单位应组建自评以单位主要负责人为首的自评工作组，明确工作职责，组织相关人员熟悉自主评定的相关要求。

（二）制定自评计划

编制自评工作计划，明确自评工作的目的、评审依据、组织机构、人员、时间计划、自评范围和工作要求等内容。

（三）自评工作依据

应依据相关法律法规、规章、技术标准、《评审规程》以及勘测设计单位的规章制度开展自评工作。

（四）自评实施

安全生产标准化建设应包括勘测设计单位各部门、所属单位和所有在建的现场项目部（组），实现全覆盖。对照《评审规程》的要求对安全标准化建设情况进行全面、翔实记录和描述。

（五）编写自评报告

自评实施工作完成后，应编写自评报告。

（六）问题整改及达标申请

勘测设计单位应根据自评过程中发现的问题，组织整改。整改完成后，根据自愿的原则，自主决定是否向水行政主管部门申请安全生产标准化达标。

第二节 运 行 改 进

勘测设计单位在组织机构、制度管理体系等安全生产标准化管理体系初步建立后，应按管理体系要求，有效开展、运行安全生产标准化即安全生产管理工作，并结合企业实际将安全生产管理体系纳入企业的总体管理体系中，使企业各项生产经营工作系统化。

安全生产标准化管理体系的建立，仅仅是安全生产标准化工作的开始，实现标准化的安全生产管理关键在于体系的运行，严格贯彻落实企业规章制度，才能保证安全生产标准化暨安全生产管理工作持续高质量推进。

一、落实责任

安全生产管理工作最终要落实企业的每位员工，只有各级人员都尽职尽责、工作到位，企业的安全生产才能处于可控的状态。因此，安全生产责任制的管理，是企业安全管理工作的核心。企业安全标准化体系初步建立后，应重点监督各部门、各下属单位及各级岗位人员安全生产责任制的落实情况，加大监督检查力度，提升整体安全管理水平。

勘测设计单位的主要负责人应对本单位的安全生产工作全面负责，严格落实法定安全生产管理职责。其他各级管理人员、职能部门、现场项目部（组）和各岗位工作人员，应当根据各自的工作任务、岗位特点，确定其在安全生产方面应做的工作和应负的责任，并与奖惩制度挂钩。真正使单位各级领导重视安全生产、劳动保护工作，切实执行国家安全生产的法律法规，在认真负责组织生产的同时，积极采取措施，改善劳动条件，减少工伤事故和职业病的发生。

二、形成习惯

安全生产标准化工作，其本质是整合了现行安全生产法律法规和其他要求，按策划、实施、检查、改进，动态循环工作程序建立起的现代安全管理模式。解决以往安全管理不系统、不规范的问题，对勘测设计单位的从业人员而言，接受、适应、掌握新的安全管理模式需要一个过程。

勘测设计单位应以责任制落实为基础，通过教育培训、监督检查、绩效考核等手段，使每个人尽快适应安全生产标准化的管理要求，与日常工作相结合，从思想认识到工作行动上养成标准化管理习惯，而不是当成工作的包袱。

三、监督检查

监督检查是安全生产标准化工作“PDCA”循环中的重要一环，通过监督检查发现标准化工作中存在的问题，通过分析问题的原因提出改进措施，以实现安全管理水平的持续提升。勘测设计单位应在制定规章制度时，明确监督检查的工作要求。

一是内容要全面，包括体系运行状态、责任制落实、规章制度执行和现场管理等；二是监督检查范围应实现全覆盖、无死角，包括单位生产及管理的全过程、各职能部门（下属单位）、各级岗位人员；三是监督检查应严格、认真，能真正发现问题，避免走形式、走过场。

在安全生产标准化管理体系运行期间，勘测设计单位应依据管理文件开展定期的自查与监督检查工作，以发现、总结管理过程中管理文件及现场安全生产管理方面存在的问题，根据自查与监督检查结果修订完善管理文件，使标准化工作水平不断得到提高，最终达到提升单位安全生产管理水平的目的。

四、绩效考核

绩效考核可以验证安全生产标准化工作成效，同时也是促进、提高安全生产工作水平的重要手段。生产经营单位在安全生产标准化建设及运行期间，应加强安全生产方面的考核。将安全生产标准化工作的开展情况作为单位绩效考核的指标，列入年度绩效考核范围。充分利用绩效考核结果，根据考核情况进行奖惩，使绩效考核真正发挥作用。

五、完善与改进

勘测设计单位应根据监督检查、绩效考核、意见反馈、事故总结等途径了解单位安全生产标准化体系运行过程中存在的问题，进行有针对性的措施加以改进和完善，及时堵塞安全管理漏洞，补足安全管理短板，改进安全管理方式方法。

勘测设计单位应加强动态管理，不断提高安全管理水平，促进安全生产主体责任落实到位，形成制度不断完善、工作不断细化、程序不断优化的持续改进机制。

第三章 目 标 职 责

第一节 目 标

安全目标管理是目标管理在安全管理方面的应用，它是指生产经营单位内部各个部门以至每个职工，从上到下围绕单位的安全生产总目标，安排安全工作进度，制定实施有效措施，并对安全成果严格考核的一种管理制度。目标管理的主要内容包括目标管理制度编制，目标的制定、分解、实施、检查、考核与奖惩等内容。

【标准条文】

1.1.1 安全生产目标管理制度应明确目标的制定、分解、实施、检查、考核等内容。

1. 工作依据

《国务院关于进一步加强企业安全生产工作的通知》(国发〔2010〕23号)

GB/T 33000—2016《企业安全生产标准化基本规范》

SL/T 789—2019《水利安全生产标准化通用规范》

SL 721—2015《水利水电工程施工安全管理导则》

2. 实施要点

本条规定了勘测设计单位制定安全生产目标管理制度的要求。勘测设计单位的目标管理制度应满足以下要求：

(1) 以正式文件印发。制度应以本单位正式文件印发。

(2) 内容齐全。目标管理制度中相关要素应齐全，包含制定、分解、实施、检查和考核等全部内容。

(3) 内容合规。目标管理制度要符合国家法律法规及相关规定要求，同时要与勘测设计单位安全生产工作实际相结合。

3. 参考示例

无。

【标准条文】

1.1.2 制定安全生产总目标和年度目标，应包括生产安全事故控制、风险管控、隐患排查治理、职业健康、安全生产管理等目标，并将其纳入单位总体经营目标。

1. 工作依据

《国务院关于进一步加强企业安全生产工作的通知》(国发〔2010〕23号)

GB/T 33000—2016《企业安全生产标准化基本规范》

SL/T 789—2019《水利安全生产标准化通用规范》

SL 721—2015《水利水电工程施工安全管理导则》

2. 实施要点

本条规定了勘测设计单位安全生产总目标和年度目标制定的要求。

（1）目标制定的方式。通常勘测设计单位的安全生产总目标和年度目标，分别在单位的安全生产中长期规划和年度计划中得以体现。目标的制定首先要进行的工作是制定单位的中长期规划及年度安全生产计划。通过规划及计划，详细描述安全管理工作的目标是什么、通过何种措施保证目标的实现，使安全生产管理工作能井然有序、有条不紊地进行。计划不仅是组织、指挥、协调的前提和准则，而且与管理控制活动紧密相连。在安全生产管理过程中，有很多单位未编制安全生产规划和安全生产年度工作计划，直接以文件形式确定的安全生产目标，不符合规定。

（2）目标的制定。目标即单位（项目）安全生产管理工作预期达到的效果。《评审规程》中列出的安全生产目标，在总目标及年度目标中要涵盖。勘测设计单位应根据相关要求及企业实际情况，制定出全面、具体、切实可行的安全生产管理目标。

安全生产目标通常应包含主要的安全生产管理工作，《评审规程》中要求勘测设计单位应制定事故控制目标、风险管控、隐患治理目标、职业健康和安全生产管理目标等五个类别。勘测设计单位在制定安全生产目标时，应以上述类别为基础，结合自身实际情况进一步细化各项目标与指标。事故控制目标中通常包括生产安全事故、重大交通责任事故、火灾责任事故等内容；风险管控目标中包括危险源辨识、风险管控等内容；隐患治理目标中包括一般及重大事故隐患的排查率和治理率；安全生产管理目标包括安全投入、教育培训、规章制度、设施设备、警示标志、应急演练、职业健康管理、人员资格管理等内容。

勘测设计单位应制定安全生产总目标和年度安全生产目标。所承担的工程项目，应根据企业年度目标、项目法人要求和地方政府要求，制定项目周期内的总目标。勘测设计单位在向各项目组（部）分解安全目标时，应考虑各项目的实际情况，根据工程规模、复杂程度、安全风险程度综合考虑，安全生产目标不宜千篇一律。

（3）总目标与年度目标应协调一致。二者之间不应出现目标不一致或指标值有冲突的情况。如部分勘测设计单位的年度目标与总目标的内容、指标不协调。勘测设计单位的二级单位或分支机构应在上级主管单位年度目标基础上，结合自身情况及其他相关方的要求（如地方政府）制定本级的安全管理总目标和年度目标。

（4）目标控制指标应合理，即目标应具有适用性和挑战性且易于评价。应符合以下原则：

1）符合原则：符合有关法律法规、上级单位的管理要求以及其他要求。

2）持续进步原则：比以前的稍高一点，够得着、实现得了。

3）“三全”原则：覆盖全员、全过程、全方位。

4）可测量原则：可以量化测量的，否则无法考核兑现绩效。

5）重点原则：突出重点、难点工作。

首先，制定的目标一般略高于实施者现有的能力和水平，使之经过努力可以完成，应是“跳一跳，够得到”，不能高不可攀。如有的单位将所有事故率均设定为0，所有安全管理目标均达到100%，实施过程中往往是难以实现的。其次，制定的目标不能过低，不费力就可达到，失去目标制定的意义。综上，勘测设计单位安全管理目标和指标应依法合规，既要符合国家、行业的有关要求，又要切合单位的实际安全管理状况和管理水平，使目标的预期结果做到具体化、定量化、数据化。

3. 参考示例

无。

【标准条文】

1.1.3 根据内设部门和所属单位、项目在安全生产中的职能、工作任务，分解安全生产总目标和年度目标。

1. 工作依据

《国务院关于进一步加强企业安全生产工作的通知》（国发〔2010〕23号）

SL 721—2015《水利水电工程施工安全管理导则》

2. 实施要点

本条规定了勘测设计单位对安全生产总目标及年度目标分解的要求。

（1）目标分解包括总目标分解和年度目标分解。

（2）目标分解应分解到每一个部门、单位或项目，做到全覆盖。

（3）目标分解应与管理职责相适应。目标分解前，首先应厘清各部门所承担的安全管理职责，根据职责分担所对应的工作目标。

（4）存在的问题。目标分解存在着两个比较突出的问题：一是分解过程中未考虑到部门所承担的具体职责，安全生产目标与承担职责不匹配。如单位职责规定人力资源部门承担职业健康体检职责，却将职业健康体检率的安全生产目标分解到办公室；二是年度安全生产目标未考虑部门（单位）在安全生产管理中的职责差别，各部门（单位）所承担的目标完全相同，导致工作责任不清、目标不明。

3. 参考示例

无。

【标准条文】

1.1.4 逐级签订安全生产责任书，并制定目标保证措施。

1. 工作依据

《国务院关于进一步加强企业安全生产工作的通知》（国发〔2010〕23号）

《国务院安委会办公室关于全面加强企业全员安全生产责任制工作的通知》（安委办〔2017〕29号）

SL 721—2015《水利水电工程施工安全管理导则》

2. 实施要点

（1）安全生产责任书签订应全覆盖。安全生产管理所涉及的部门、单位、项目或个人均应签订安全生产责任书，做到“安全生产人人有责、事事有人负责”，不应出现遗漏。责任书的签订应按照单位管理层级逐级进行签订。

（2）责任书中的安全生产目标应与分解的目标一致。责任书应根据各部门所承担的目标及职责编写。有些单位存在不同岗位的责任书内容完全相同，责任书中安全生产目标与分解的目标不符等问题。

（3）责任书的内容应包括安全生产职责、目标、考核奖惩标准等。

3. 参考示例

无。

【标准条文】

1.1.5 每季度对安全生产目标完成情况进行检查、评估、考核，必要时，及时调整安全生产目标实施计划。

1. 工作依据

《国务院关于进一步加强企业安全生产工作的通知》（国发〔2010〕23号）

SL 721—2015《水利水电工程施工安全管理导则》

2. 实施要点

（1）安全生产目标检查周期。定期检查目标完成情况的目的是及时调整工作计划，保证目标的实现。部分单位的检查周期设置不合理，只在每年末做一次检查工作，不能发挥监督检查的作用，当年末检查发现目标发生偏差时，已无调整的余地。《水利水电工程施工安全管理导则》3.3.2条规定：各参建单位每季度应对本单位安全生产目标的完成情况进行自查。每年年底对安全生产目标完成情况进行考核。

（2）目标实施计划的调整。在目标实施过程中，如因工作情况发生重大变化，致使目标不能按计划实施的，或检查过程中发现目标发生偏离时，应调整目标实施计划，原则上不应调整目标。部分单位工作过程中，在目标不能完成时，直接对安全生产目标进行了调整，使目标失去严肃性。

（3）监督检查范围。对目标完成情况进行检查时，应对所有签订目标责任书的部门、人员进行检查，不应遗漏，实现全覆盖。（目标检查记录见参考示例1安全生产目标管理考核表和参考示例2项目管理人员安全生产目标管理考核表）

3. 参考示例

[参考示例1]

安全生产目标管理考核表（____年____季度）

序号	被考核部门、班组	伤亡控制指标		安全达标			文明作业目标			隐患治理目标	考核结果	考核人
		“五无”目标	年度轻伤事故频率≤24‰	优良	合格	不合格	优良	合格	不合格	本月查处隐患数量/隐患治理率100%		

说明：1. 本表一式__份，由勘测设计单位用于考核内部部门、项目和责任人。

2. 考核结果分为优良（打“△”）、合格（打“√”）和不合格（打“×”）。

3. “五无”是指无死亡事故、无中毒事故、无重大机械事故、无火灾事故、无重伤事故。

4. 年度轻伤事故频率是指现场受轻伤人数与项目作业的凭据人数之千分比率。

5. 隐患治理率是指本月治理隐患与查出隐患数量之百分比率。

［参考示例 2］

项目管理人员安全生产目标管理考核表（____年）

安全生产管理总目标		一、伤亡控制指标：零死亡、无火灾事故、无坍塌事故、无重大机械事故、无职业中毒事故、零重伤 二、文明作业按照本地标准达到合格等级以上 三、隐患治理率达到100%				
序号	管理人员	目 标 分 解	考核期	考核结论	被考核人	考核负责人
1	项目负责人	贯彻执行企业安全生产规章制度，建立本项目的规章制度，制定本项目的安全生产管理目标，落实本项目的各项安全管理工作，并落实安全管理责任，对所承建的项目的安全生产全面负责				
2	项目副经理	贯彻落实上级安全生产指令，掌握各种安全生产规章制度，协助项目经理做好各项安全生产工作，并有针对性地制定实施细则，落实本项目安全生产管理目标，组织落实分解目标，并监督实施				
3	项目技术负责人	对项目的安全技术管理工作负责，落实项目负责人部署的安全生产管理工作				
4	安全员	落实项目负责人、技术负责人布置的生产安全管理工作，根据不同的作业部位或内容，在开工前向班组进行危险作业告知、书面安全管理交底。巡查作业期间现场设备、设施安全措施的落实情况，对存在的安全隐患提出整改意见并跟进落实情况，按照巡查标准，协助项目经理落实定期安全检查考核工作。发生安全事故应立即组织抢救，报告上级，针对险情组织疏散，保护现场，协助上级进行事故调查				
5	机械设备管理员	负责所属项目的机、电、起重设备的操作人员的专业安全教育，落实项目经理、技术负责人布置的生产安全管理工作和专项作业方案中安全技术措施，向班组或操作人员进行危险作业告知、安全技术交底和安全管理交底。对所负责的作业项目的机具、电气、起重设备、压力容器的安全负责，按制度检查机电设备设施情况，对存在的隐患及时予以处理，严重的应停止作业，并报告项目经理、生产组织人员处理。发生安全事故应立即组织抢救，报告上级，针对险情组织疏散，保护现场，协助上级进行事故调查				
6	材料员	根据工程的需要负责按国家标准采购安全产品、设施、劳动保护用品，选择符合资格的生产商和经销商进货。严格执行材料进场检验、试验制度，供应作业现场使用的一切机具和附件等，在购入时，必须有出厂合格证明，发放时必须保证符合安全要求，回收后必须验收。按作业平面图和有关材料存放规定堆放材料，负责材料的储存安全。按规定填写材料进场检查、检验记录，负责管理材料的合格证和检验报告等资料，按规定定期移交				
7	班组长及分包单位负责人	在项目经理或专业负责人员的领导下负责本单位、本班组工作范围的作业安全，认真执行安全生产规章制度及用人制度，模范遵守安全操作规程。掌握班组人员的技术、身体、精神（情绪）等情况合理安排工作，每日班前检查机具、设备、防护用具及作业环境作业范围的安全情况，并认真做好安全交底。作业中要督促班组人员严格遵守安全制度、安全操作规程和正确使用个人防护用品，纠正违章作业和不安全行为，有权拒绝违章指挥，发现问题要及时解决，不能解决的要采取控制措施，并及时上报。组织开展本单位、班组作业人员进行安全学习活动，经常进行安全意识、安全技术知识教育，特别做好新调人员工、变换工种的员工、复工人员的安全教育，督促工人持证上岗，对新进场的工人要进行安全教育，在未熟悉工作环境前指定专人帮带，负责其人身安全。组织开好班前安全生产会，做好收工前的安全检查，组织一周的安全讲评工作，及时总结交流安全生产先进经验，表扬好人好事。实行互保作业，即班组成员两两结对，互相监督、互相保护、协调配合，实现安全生产。发生工伤事故要立即组织抢救，保护好现场并向项目负责人报告				
审批人（签名）			年 月 日			

说明：本表一式__份，用于考核内部岗位人员，表中目标、管理岗位和班组及其职责等内容仅做参考，可视工程的实际进行增减。

【标准条文】

1.1.6 定期对安全生产目标完成情况进行奖惩。

1. 工作依据

《国务院关于进一步加强企业安全生产工作的通知》(国发〔2010〕23号)

SL 721—2015《水利水电工程施工安全管理导则》

2. 实施要点

(1) 考核周期应明确。勘测设计单位的定期考核,应在目标管理制度中明确具体的考核周期。《水利水电工程施工安全管理导则》3.3.3条规定:各参建单位每季度应对内部各部门和管理人员安全生产目标完成情况进行考核。

(2) 奖惩应以考核结果为依据。考核是奖惩工作的前提,勘测设计单位应定期开展考核工作,根据考核结果对相关部门、人员进行奖惩。部分单位在开展此项工作时,仅仅以文件形式做出奖惩结论,无考核记录作为支撑。

3. 参考示例

无。

第二节 机构与职责

生产经营单位的安全生产管理必须有组织上的保障,否则安全生产管理工作就无从谈起。组织机构与职责部分,规定了勘测设计单位安全生产委员会(领导小组)建立、安全生产管理机构设置、安全生产管理人员配备、安全生产责任制建立与考核、全员参与安全生产管理等内容。

【标准条文】

1.2.1 成立由单位主要负责人、其他班子成员、部门负责人和所属单位主要负责人等组成的安全生产委员会(或安全生产领导小组)。人员变化时及时调整,并以正式文件发布。

1. 工作依据

《安全生产法》(2021年修订)

《水利工程建设安全生产管理规定》(水利部令第26号,2019年修订)

SL 721—2015《水利水电工程施工安全管理导则》

2. 实施要点

(1) 勘测设计单位应成立安全生产委员会(或安全生产领导小组,以下简称安委会),主要职责是定期分析本单位安全生产形势,统筹、指导和督促安全生产工作,研究、协调和解决安全生产重大问题,制订并实施加强和改进本单位安全生产工作的措施等。

(2) 安委会人员组成。安委会主任一般由董事长或总经理担任。副主任一般由单位各副职担任,成员由所属单位(二级单位)和各部门(二级单位)的主要负责人担任。安委会(安全生产领导小组)人员登记情况见参考示例。

(3) 调整发布。安委会人员发生变化时,应及时进行调整,并以正式文件下发。

3. 参考示例

[参考示例]

安委会（安全生产领导小组）成员登记表

序号	姓名	单位	职务	安委会职务	联系电话	备注

【标准条文】

1.2.2 安全生产委员会（安全生产领导小组）每季度至少召开一次会议，跟踪落实上次会议要求，总结分析本单位的安全生产情况，评估本单位存在的风险，研究解决安全生产工作中的重大问题，并形成会议纪要。

1. 工作依据

《安全生产法》(2021年修订)

《水利工程建设安全生产管理规定》(水利部令第26号，2019年修订)

SL 721—2015《水利水电工程施工安全管理导则》

2. 实施要点

(1) 为保证勘测设计单位安全管理最高议事机构工作实现常态化，要求至少每季度召开一次安委会会议。

(2) 安委会是单位安全生产工作的最高议事机构，在召开会议过程中应对单位安全管理工作进行分析、研究、部署、跟踪、落实，处理重大安全管理问题。如安全生产目标、安全生产责任制的制定、安全生产风险分析、安全生产考核奖惩及其他重大事项，日常安全管理工作中的细节问题不宜作为会议的主题。

(3) 针对每次会议中提出的需要解决、处理的问题，除在会议纪要中进行记录外，还应在会后责成责任部门制定整改措施，并监督落实情况。在下次会议时，对上次会议提出问题的整改措施及落实情况进行监督反馈，实现闭环管理。

(4) 会议记录资料应齐全、成果格式规范。通常每召开一次会议，应收集整理会议通知、会议签到、会议记录、会议音像等资料。会后应形成会议纪要，会议纪要应符合公文写作格式的要求。会议记录格式见参考示例“安全生产会议记录表”。

3. 参考示例

［参考示例］

安全生产会议记录表

会议名称		时间	
会议地点		主持人	
参会人员			
会议内容	记录人：		

【标准条文】

1.2.3　按规定设置安全生产管理机构或者配备专（兼）职安全生产管理人员，建立健全安全生产管理网络。

1. 工作依据

《安全生产法》（2021年修订）

《水利工程建设安全生产管理规定》（水利部令第26号，2019年修订）

SL 721—2015《水利水电工程施工安全管理导则》

2. 实施要点

《安全生产法》第二十四条规定：矿山、金属冶炼、建筑施工、运输单位和危险物品的生产、经营、储存、装卸单位，应当设置安全生产管理机构或者配备专职安全生产管理人员。前款规定以外的其他生产经营单位，从业人员超过一百人的，应当设置安全生产管理机构或者配备专职安全生产管理人员；从业人员在一百人以下的，应当配备专职或者兼职的安全生产管理人员。

《安全生产法》第二十五条规定：生产经营单位的安全生产管理机构以及安全生产管理人员履行下列职责：（一）组织或者参与拟订本单位安全生产规章制度、操作规程和生产安全事故应急救援预案；（二）组织或者参与本单位安全生产教育和培训，如实记录安全生产教育和培训情况；（三）组织开展危险源辨识和评估，督促落实本单位重大危险源的安全管理措施；（四）组织或者参与本单位应急救援演练；（五）检查本单位的安全生产状况，及时排查生产安全事故隐患，提出改进安全生产管理的建议；（六）制止和纠正违章指挥、强令冒险作业、违反操作规程的行为；（七）督促落实本单位安全生产整改措施。

（1）勘测设计单位安全生产管理机构设置及专职安全管理人员配备，不仅要满足《安全生产法》的法定要求，同时也要满足单位安全生产工作实际需要。

（2）勘测设计单位的主要负责人及安全生产管理人员应具备与所从事的生产经营活动

相应的安全生产知识和管理能力。

3. 参考示例

[参考示例]

专（兼）职安全生产管理人员登记表

序号	姓名	性别	年龄	文化程度	工作部门	职务	任职时间	安全资格证号	发证部门	备注

说明：专职或兼职安全生产管理人员在备注栏注明。

【标准条文】

1.2.4 建立健全并落实全员安全生产责任制，明确各岗位的责任人员、责任范围和考核标准等内容。主要负责人是本单位安全生产第一责任人，对本单位的安全生产工作全面负责。其他负责人对职责范围内的安全生产工作负责，各级管理人员应按照安全生产责任制的相关要求，履行其安全生产职责；其他从业人员按规定履行安全生产职责。

勘测设计人员的安全生产责任制应符合 SL/T 789 的相关规定。

1. 工作依据

《安全生产法》（2021 年修订）

《国务院安委会办公室关于全面加强企业全员安全生产责任制工作的通知》（安委办〔2017〕29 号）

《水利工程建设安全生产管理规定》（水利部令第 26 号，2019 年修订）

《企业安全生产责任体系五落实五到位规定》（安监总办〔2015〕27 号）

SL 721—2015《水利水电工程施工安全管理导则》

SL/T 789—2019《水利安全生产标准化通用规范》

2. 实施要点

勘测设计单位应当建立横向到边、纵向到底的全员安全生产责任制。安全生产责任制应当做到“三定”，即定岗位、定人员、定安全责任。根据岗位的实际情况，确定相应的人员，明确岗位职责和相应的安全生产职责，实行“一岗双责”。

《安全生产法》第二十二条规定：生产经营单位的全员安全生产责任制应当明确各岗

位的责任人员、责任范围和考核标准等内容。生产经营单位应当建立相应的机制，加强对全员安全生产责任制落实情况的监督考核，保证全员安全生产责任制的落实。

《国务院安委会办公室关于全面加强企业全员安全生产责任制工作的通知》明确：企业全员安全生产责任制是由企业根据安全生产法律法规和相关标准要求，在生产经营活动中，根据企业岗位的性质、特点和具体工作内容，明确所有层级、各类岗位从业人员的安全生产责任，通过加强教育培训、强化管理考核和严格奖惩等方式，建立起安全生产工作“层层负责、人人有责、各负其责”的工作体系。

勘测设计单位在制定安全生产责任制时应注意以下几点：

(1) 责任制内容应全面、完整。勘测设计单位应结合单位自身实际，明确从主要负责人到一线从业人员（含劳务派遣人员、实习学生等）的安全生产责任、责任范围和考核标准。安全生产责任制应覆盖本单位所有组织和岗位，其责任内容、范围、考核标准要简明扼要、清晰明确、便于操作、适时更新。一线从业人员的安全生产责任制，要力求通俗易懂。安全生产责任制应满足“横向到边”，即覆盖单位所有部门，“纵向到底”覆盖各级管理人员，不应出现遗漏。

(2) 责任制应合规。安全生产责任制必须符合法律法规的要求，重要岗位（部门）的职责应符合国家相关法律、法规、标准、规范的强制性规定，《安全生产法》对于生产经营单位的主要负责人、安全管理机构（安全管理人员）和工会等的安全管理职责，进行了明确规定。各单位在编制责任制时，涉及上述人员和部门的职责必须符合《安全生产法》相关规定。

勘测设计单位的工会依法组织职工参加本单位安全生产工作的民主管理和民主监督，维护职工在安全生产方面的合法权益。制定或者修改有关安全生产的规章制度，应当听取工会的意见。

关于生产经营单位主要负责人的安全生产职责，《安全生产法》第二十一条规定：

（一）建立健全并落实本单位全员安全生产责任制，加强安全生产标准化建设；

（二）组织制定并实施本单位安全生产规章制度和操作规程；

（三）组织制定并实施本单位安全生产教育和培训计划；

（四）保证本单位安全生产投入的有效实施；

（五）组织建立并落实安全风险分级管控和隐患排查治理双重预防工作机制，督促、检查本单位的安全生产工作，及时消除生产安全事故隐患；

（六）组织制定并实施本单位的生产安全事故应急救援预案；

（七）及时、如实报告生产安全事故。

关于生产经营单位安全管理机构及安全生产管理人员的安全生产职责，《安全生产法》第二十五条规定：

（一）组织或者参与拟订本单位安全生产规章制度、操作规程和生产安全事故应急救援预案；

（二）组织或者参与本单位安全生产教育和培训，如实记录安全生产教育和培训情况；

（三）组织开展危险源辨识和评估，督促落实本单位重大危险源的安全管理措施；

（四）组织或者参与本单位应急救援演练；

（五）检查本单位的安全生产状况，及时排查生产安全事故隐患，提出改进安全生产管理的建议；

（六）制止和纠正违章指挥、强令冒险作业、违反操作规程的行为；

（七）督促落实本单位安全生产整改措施。

关于勘测设计人员的安全生产责任，SL/T 789—2019《水利安全生产标准化通用规范》中规定：按照适用法律法规、标准规范进行安全设施、职业病防护设施和消防设施设计。在设计文件中按水利部关于水利工程设计概（估）算编制规定和国家有关规定明确安全生产费用。对涉及施工安全的重点部位和环节在设计文件中注明，并对防范生产安全事故提出指导意见。对采用新结构、新材料、新工艺和特殊结构的工程，在设计中提出保障施工作业人员安全和预防生产安全事故的措施建议。在工程开工前，向施工单位和监理单位进行包括施工安全内容的设计交底，解释设计文件等。按合同约定做好施工地质勘察工作，为防止复杂地质条件下的施工安全事故提供意见。

(3) 责任匹配。安全生产责任制应体现"一岗双责、党政同责"的基本要求，各部门（二级单位）、岗位人员所承担的安全生产责任应与其自身职责相适应。

(4) 责任制公示。《国务院安委会办公室关于全面加强企业全员安全生产责任制工作的通知》要求，企业应对全员安全生产责任制进行公示。公示的内容主要包括：所有层级、所有岗位的安全生产责任、安全生产责任范围、安全生产责任考核标准等。

(5) 安全生产责任制教育培训。勘测设计单位主要负责人应组织制定并实施本企业全员安全生产教育和培训计划。勘测设计单位应将全员安全生产责任制教育培训工作纳入安全生产年度培训计划，通过自行组织或委托具备安全培训条件的中介服务机构等实施。要通过教育培训，提升所有从业人员的安全技能，培养良好的安全习惯。要建立健全教育培训档案，如实记录安全生产教育和培训情况。

(6) 全员安全生产责任制考核管理。勘测设计单位应建立健全安全生产责任制管理考核制度，对全员安全生产责任制落实情况进行考核管理。要建立健全激励约束机制，不断激发全员参与安全生产工作的积极性和主动性。

3. 参考示例

无。

第三节 全 员 参 与

安全生产标准化建设和安全生产管理工作，全员参与是取得成效的重要保证。安全生产工作需要全员参与，如果没有全员参与，安全生产各项管理将落不到实处，也形成不了一个企业的安全文化。安全生产全员参与是一种安全理念，是不同层级、岗位的人员参与与自己相匹配、相适应的活动。它不是让员工被动地服从，而是引导、激励其积极自主地参与安全生产管理与安全文化建设。

【标准条文】

1.3.1 定期对各部门、所属单位和从业人员的安全生产职责的适宜性、履职情况进行评估和监督考核。

1.3.2 建立激励约束机制，鼓励从业人员积极建言献策，建言献策应有回复。

1. 工作依据

《安全生产法》(2021年修订)

《水利工程建设安全生产管理规定》(水利部令第26号，2019年修订)

SL 721—2015《水利水电工程施工安全管理导则》

2. 工作要点

(1) 履职情况检查。勘测设计单位应依据责任制度对部门和人员履职情况进行全面、真实的检查。检查其工作记录及工作成果，是否认真尽职履责。如技术负责人，在其安全职责中包括了对项目安全技术措施、专项方案的审批内容，应据此抽查相关工作记录，是否严格执行了此项职责；工会的安全责任制中规定了对企业安全生产进行民主管理和民主监督，应据此抽查工会的相关工作记录，是否履行了此项职责。

检查范围应全面，不应出现遗漏，并留下检查工作记录，定期对尽职履责的情况进行考核奖惩，保证安全生产职责得到有效落实。在落实责任制过程中，通过检查、反馈的意见，应定期对责任制适宜性进行评估，及时调整与岗位职责、分工不符的相关内容。

(2) 建立献言献策机制。勘测设计单位应从安全管理体制、机制上营造全员参与安全生产管理的工作氛围，从工作制度、工作习惯和企业文化上予以保证。建立奖励、激励机制，鼓励各级人员对安全生产管理工作积极建言献策，群策群力共同提高安全生产管理水平。

3. 参考示例

[参考示例]

安全生产管理制度执行情况评估表

<table>
<tr><td>评估主持人</td><td></td><td>职务</td><td></td></tr>
<tr><td>评估日期</td><td></td><td>地点</td><td></td></tr>
<tr><td colspan="4">安全生产管理制度评估概况：</td></tr>
<tr><td colspan="4">安全生产管理制度拟修订理由及修订内容：</td></tr>
<tr><td colspan="4">参加评估人员签名：</td></tr>
</table>

说明：本表一式__份，由评估单位填写，并印发内部各部门。安全生产管理制度是指法律、法规、规章、制度、标准、操作规程和安全生产管理制度等。

第四节 安全生产投入

安全生产投入是勘测设计单位在生产经营过程中防止和减少生产安全事故的重要保障。从众多事故原因分析看出，安全生产资金投入严重不足，导致安全设施、设备陈旧甚至带病运转，防灾减灾能力下降，是事故多发重要原因之一。

《安全生产法》第二十三条规定：生产经营单位应当具备的安全生产条件所必需的资金投入，由生产经营单位的决策机构、主要负责人或者个人经营的投资人予以保证，并对由于安全生产所必需的资金投入不足导致的后果承担责任。

【标准条文】

1.4.1 安全生产费用保障制度应明确费用的提取、使用和管理的程序、职责及权限。

1.4.2 按有关规定保障安全生产所必须的资金投入。

1.4.3 根据安全生产需要编制安全生产费用使用计划，并按程序审批。

1. 工作依据

《安全生产法》(2021 年修订)

《建设工程安全生产管理条例》(国务院令第 393 号)

《企业安全生产费用提取和使用管理办法》(财资〔2022〕136 号)

SL 721—2015《水利水电工程施工安全管理导则》

2. 实施要点

(1) 投入保证。安全生产费用是安全生产工作的保障。《安全生产法》第二十三条规定：生产经营单位应当具备的安全生产条件所必需的资金投入，由生产经营单位的决策机构、主要负责人或者个人经营的投资人予以保证，并对由于安全生产所必需的资金投入不足导致的后果承担责任。有关生产经营单位应当按照规定提取和使用安全生产费用，专门用于改善安全生产条件。安全生产费用在成本中据实列支。

(2) 勘测设计单位的安全生产措施费用计取无明确标准，应以满足实际需要为原则。部分省（自治区、直辖市）有地方标准者，也可以适用。

(3) 安全生产费用使用计划。勘测设计单位每年应根据需要制定安全生产费用使用计划，按规定履行审批程序。费用计划编制应满足详细、具体、范围准确、符合安全管理实际需要的原则。(见参考示例“安全生产费用使用计划表”)

勘测设计单位结合以往的数据及单位实际支出的需要，编制年度安全生产费用使用计划，范围应符合《企业安全生产费用提取和使用管理办法》的要求：

(一) 购置购建、更新改造、检测检验、检定校准、运行维护安全防护和紧急避险设施、设备支出 [不含按照“建设项目安全设施必须与主体工程同时设计、同时施工、同时投入生产和使用”(以下简称“三同时”) 规定投入的安全设施、设备]；

(二) 购置、开发、推广应用、更新升级、运行维护安全生产信息系统、软件、网络安全、技术支出；

(三) 配备、更新、维护、保养安全防护用品和应急救援器材、设备支出；

（四）企业应急救援队伍建设（含建设应急救援队伍所需应急救援物资储备、人员培训等方面）、安全生产宣传教育培训、从业人员发现报告事故隐患的奖励支出；

（五）安全生产责任保险、承运人责任险等与安全生产直接相关的法定保险支出；

（六）安全生产检查检测、评估评价（不含新建、改建、扩建项目安全评价）、评审、咨询、标准化建设、应急预案制修订、应急演练支出；

（七）与安全生产直接相关的其他支出。

（4）安全生产费用使用台账。对投入的安全生产费用，按规定建立使用台账，如实、及时记录每笔费用支出使用情况。对于规模较大的单位，可分级汇总统计。

3. 参考示例

安全生产费用使用计划表

序号	费用项目	金额/万元	使用日期	备注
1	购置购建、更新改造、检测检验、检定校准、运行维护安全防护和紧急避险设施、设备支出			
2	购置、开发、推广应用、更新升级、运行维护安全生产信息系统、软件、网络安全、技术支出			
3	配备、更新、维护、保养安全防护用品和应急救援器材、设备支出			
4	企业应急救援队伍建设（含建设应急救援队伍所需应急救援物资储备、人员培训等方面）、安全生产宣传教育培训、从业人员发现报告事故隐患的奖励支出			
5	安全生产责任保险、承运人责任险等于安全生产直接相关的法定保险支出			
6	安全生产检查检测、评估评价（不含新建、改建、扩建项目安全评价）、评审、咨询、标准化建设、应急预案制修订、应急演练支出			
7	与安全生产直接相关的其他支出			
	合计			

说明：本表一式__份，由勘测设计单位填写，用于归档和备查。

【标准条文】

1.4.4 落实安全生产费用使用计划，并保证专款专用，建立安全生产费用使用台账。

1.4.5 定期对安全生产费用使用计划的落实情况进行检查，对存在的问题进行整改，并以适当方式公开安全生产费用提取和使用情况。

1. 工作依据

《安全生产法》（2021年修订）

《建设工程安全生产管理条例》（国务院令第393号）

《企业安全生产费用提取和使用管理办法》（财资〔2022〕136号）

SL 721—2015《水利水电工程施工安全管理导则》

2. 实施要点

(1) 使用范围。勘测设计单位的安全生产费用使用范围，可参照《企业安全生产费用提取和使用管理办法》执行。《企业安全生产费用提取和使用管理办法》第五条规定，企业安全生产费用可由企业用于以下范围的支出：

(一) 购置购建、更新改造、检测检验、检定校准、运行维护安全防护和紧急避险设施、设备支出［不含按照“建设项目安全设施必须与主体工程同时设计、同时施工、同时投入生产和使用”(以下简称“三同时”) 规定投入的安全设施、设备］；

(二) 购置、开发、推广应用、更新升级、运行维护安全生产信息系统、软件、网络安全、技术支出；

(三) 配备、更新、维护、保养安全防护用品和应急救援器材、设备支出；

(四) 企业应急救援队伍建设 (含建设应急救援队伍所需应急救援物资储备、人员培训等方面)、安全生产宣传教育培训、从业人员发现报告事故隐患的奖励支出；

(五) 安全生产责任保险、承运人责任险等与安全生产直接相关的法定保险支出；

(六) 安全生产检查检测、评估评价 (不含新建、改建、扩建项目安全评价)、评审、咨询、标准化建设、应急预案制修订、应急演练支出；

(七) 与安全生产直接相关的其他支出。

上述使用范围，应结合安全管理的实际需要进一步细化。工作过程中应检查是否用于安全生产直接相关的内容，是否有超范围使用的情况，如用于安全管理人员工资、奖金等，不应计入安全费用。

(2) 费用计划的落实。在使用过程中，应本着专款专用的原则，在计划编制符合相关规定 (重点是使用范围) 的前提下，应严格按计划落实，不得出现超范围使用、与计划出入较大的情况发生。在管理过程中确需调整的，应按程序调整使用计划，履行审批手续。

安全生产费用支出后，应及时收集、汇总使用凭证，并按规定的格式建立费用使用台账，详细记录每笔费用使用情况。使用凭证一般包括发票、结算单、设备租赁合同和费用结算单等，并应与台账记录相符。(见参考示例“安全生产费用投入台账”)

(3) 安全生产费用使用情况检查。勘测设计单位要定期检查安全生产措施费用使用情况。检查的时间及频次应在管理制度中明确，可结合单位组织的其他检查工作一并进行，如在组织的综合检查中增加费用使用情况的内容。

每年年末应对安全生产措施费用使用情况进行一次全面的检查、总结和考核工作。重点检查安全生产措施费用计划的落实情况、使用范围等。总结安全生产措施费用使用过程中是否存在问题；考核安全生产责任制和费用使用制度中相关部门和人员的职责是否得到有效落实。检查、总结和考核材料应系统、全面、真实反映单位一年来安全生产措施费用的使用情况，考核工作纳入企业安全生产管理考核体系指标中，以专项报告、财务报告形式记录检查、总结和考核的结果，也可以包含在其他年终总结材料中。

3. 参考示例

安全生产费用投入台账

序号	登记时间	费用项目名称	费用使用部门	项目负责人	批准人	金额/万元	备注

【标准条文】

1.4.6 按照有关规定，为从业人员及时办理相关保险。

1. 工作依据

《安全生产法》(2021 年修订)

《建筑法》(主席令第四十六号)

《建设工程安全生产管理条例》(国务院令第 393 号)

《工伤保险条例》(国务院令第 586 号)

《人社部 交通部 水利部 能源局 铁路局 民航局关于铁路、公路、水运、水利、能源、机场工程建设项目参加工伤保险工作的通知》(人社部发〔2018〕3 号)

2. 实施要点

针对勘测设计单位，相关保险主要是指工伤保险和意外伤害保险。工伤保险的作用是为了保障因工作遭受事故伤害或者患职业病的职工获得医疗救治和经济补偿；意外伤害是指意外伤害所致的死亡和残疾，不包括疾病所致的死亡，投保该险种，是为了弥补工伤保险补偿不足的缺口。

《安全生产法》第五十一条规定：生产经营单位必须依法参加工伤保险，为从业人员缴纳保险费。国家鼓励生产经营单位投保安全生产责任保险；属于国家规定的高危行业、领域的生产经营单位，应当投保安全生产责任保险。

《工伤保险条例》第二条规定：中华人民共和国境内的企业、事业单位、社会团体、民办非企业单位、基金会、律师事务所、会计师事务所等组织和有雇工的个体工商户应当依照本条例规定参加工伤保险，为本单位全部职工或者雇工缴纳工伤保险费。

《国务院办公厅关于促进建筑业持续健康发展的意见》（国办发〔2017〕19号）要求：建立健全与建筑业相适应的社会保险参保缴费方式，大力推进建筑施工单位参加工伤保险，明确了做好建筑行业工程建设项目农民工职业伤害保障工作的政策方向和制度安排。确保在各类工地上流动就业的农民工依法享有工伤保险保障。

《人社部　交通部　水利部　能源局　铁路局　民航局关于铁路、公路、水运、水利、能源、机场工程建设项目参加工伤保险工作的通知》（人社部发〔2018〕3号）要求：按照“谁审批，谁负责”的原则，各类工程建设项目在办理相关手续、进场施工前，均应向行业主管部门或监管部门提交施工项目总承包单位或项目标段合同承建单位参加工伤保险的证明，作为保证工程安全施工的具体措施之一。未参加工伤保险的项目和标段，主管部门、监管部门要及时督促整改，即时补办参加工伤保险手续，杜绝“未参保，先开工”甚至“只施工，不参保”现象。各级行业主管部门、监管部门要将施工项目总承包单位或项目标段合同承建单位参加工伤保险情况纳入企业信用考核体系，未参保项目发生事故造成生命财产重大损失的，责成工程责任单位限期整改，必要时可对总承包单位或标段合同承建单位启动问责程序。

3. 参考示例

[参考示例]

意外伤害保险登记表

<table>
<tr><td>工程名称</td><td colspan="2"></td><td colspan="2"></td><td colspan="2"></td><td></td></tr>
<tr><td>工程地点</td><td colspan="2"></td><td colspan="2"></td><td colspan="2"></td><td></td></tr>
<tr><td>作业单位</td><td colspan="2"></td><td colspan="2"></td><td colspan="2">项目负责人</td><td></td></tr>
<tr><td>开工日期</td><td></td><td colspan="2">结束日期</td><td></td><td colspan="2">工程规模</td><td></td></tr>
<tr><td>承险单位</td><td colspan="7"></td></tr>
<tr><td colspan="2">保险合同号</td><td colspan="4">保险费用</td><td colspan="2">保险期限</td></tr>
<tr><td colspan="2"></td><td colspan="4"></td><td colspan="2"></td></tr>
<tr><td colspan="2"></td><td colspan="4"></td><td colspan="2"></td></tr>
</table>

说明：本表一式__份，由勘测设计单位填写，用于归档和备查。保险合同复印件附在表后，以备查验。

第五节　安全文化建设

企业安全文化是企业在实现企业宗旨、履行企业使命而进行的长期管理活动和生产实践过程中，积累形成的全员性的安全价值观或安全理念、员工职业行为中所体现的安全性特征以及构成和影响社会、自然、企业环境、生产秩序的企业安全氛围等的总和。

真正建设好企业的安全文化，并不断将其推动和发展，不能仅停留在对安全文化理念的空洞宣教上，也不能仅着眼于局部的、个别的文化形式，企业安全文化建设问题应该作为一个系统工程常抓不懈。

【标准条文】

1.5.1 确立本单位安全生产和职业病危害防治理念及行为准则，并教育、引导全体人员贯彻执行。

1.5.2 制定安全文化建设规划和计划，按 AQ/T 9004、AQ/T 9005 开展安全文化建设活动。

1. 工作依据

AQ/T 9004—2008《企业安全文化建设导则》

AQ/T 9005—2008《企业安全文化建设评价准则》

2. 实施要点

（1）确立安全生产管理理念和行为准则。勘测设计单位应根据自身安全生产管理特点及要求，建立安全生产管理的理念和行为准则，并经常性教育引导单位全体人员贯彻执行。

（2）长期建设。安全文化建设是一项长期、系统性的工程。勘测设计单位应当编制安全文化建设的中长期规划，明确安全文化建设的目标、实现途径、采取的方法等内容，每年应当制定安全文化建设计划，也可放在年度安全生产工作计划中一并制定，安全文化建设规划和计划应当以正式文件印发。勘测设计单位应当结合企业自身情况，策划丰富多彩、寓教于乐的安全文化活动，使安全生产深入人心，形成良好的安全生产氛围和行为习惯。

（3）管理者示范。企业安全文化建设关键在各级管理者的带头示范作用，因此《评审规程》中要求企业主要负责人应参加安全文化建设活动。工作过程中应注意收集安全文化建设活动的档案资料，并对企业主要负责人参加相关活动进行记载。

3. 参考示例

无。

第六节 安全生产信息化建设

当今经济社会各领域，信息已经成为重要的生产要素，渗透到生产经营活动的全过程，融入安全生产管理的各环节。安全生产信息化就是利用信息技术，通过对安全生产领域信息资源的开发利用和交流共享，提高安全生产管理水平，推动安全生产形势稳定好转。

【标准条文】

1.6.1 根据实际情况，建立安全生产电子台账管理、重大危险源监控、职业病危害防治、应急管理、安全风险管控和隐患自查自报、安全生产预测预警等信息系统，利用信息化手段加强安全生产管理工作。

1. 工作依据

《安全生产法》（2021 年修订）

《水利部关于贯彻落实〈中共中央国务院关于推进安全生产领域改革发展的意见〉实施办法》（水安监〔2017〕261 号）

《关于印发安全生产信息化总体建设方案及相关技术文件的通知》（安监总科技〔2016〕143号）

2. 实施要点

《安全生产法》第四条规定："生产经营单位应加强安全生产信息化建设。"安全生产信息化建设是加强安全生产管理的重要手段和途径，可以大幅提升企业安全生产工作效率和工作成效。因此在评审规程中要求勘测设计单位根据自身实际情况，建立安全生产管理信息系统，系统内容包括电子台账、重大危险源监控、职业病危害防治、应急管理、安全风险管控和隐患自查自报、安全生产预测预警等功能模块。

3. 参考示例

无。

第四章　制度化管理

第一节　法规标准识别

【标准条文】

2.1.1　安全生产法律法规、标准规范管理制度应明确归口管理部门、识别、获取、评审、更新等内容。

1. 工作依据

GB/T 33000—2016《企业安全生产标准化基本规范》

SL/T 789—2019《水利安全生产标准化通用规范》

2. 实施要点

（1）建立安全生产法律法规和标准规范的管理制度，并以正式文件发布实施。制度应明确安全生产法律法规和标准规范识别、获取、评审、更新等各环节工作，不得缺项。

（2）制度应明确安全生产法律法规和标准规范管理工作的归口部门，一般为单位的安全生产管理部门。根据“管业务必须管安全、管生产经营必须管安全”的要求，结合职能分工，明确各相关部门负责各自业务领域法规标准的管理职责。如财务部门负责辨识获取安全生产费用的相关文件，设备管理部门负责辨识特种设备管理相关文件。

（3）制度应明确获取法律法规和标准规范的主要途径，如上级发文、报刊杂志登载、安全会议、法律法规和标准规范发行处，也可通过政府机构、行业协会、网络等获取。

3. 参考示例

无。

【标准条文】

2.1.2　职能部门和所属单位应及时识别、获取适用的安全生产法律法规和其他要求，归口管理部门每年发布一次适用的清单，建立文本数据库。

1. 工作依据

GB/T 33000—2016《企业安全生产标准化基本规范》

SL/T 789—2019《水利安全生产标准化通用规范》

SL 721—2015《水利水电工程施工安全管理导则》

2. 实施要点

（1）及时识别。及时识别获取适用的安全生产法律法规和其他要求，是确保勘测设计活动符合法律法规和标准规范的前提。新的法律法规和标准规范一经发布，归口管理部门和相关业务部门应按照职责分工及时识别获取。

（2）识别对象。与安全生产相关的法律、行政法规、地方性法规、规章（包括部门规章和地方政府规章）、规范性文件以及技术标准均纳入识别范围。

法律，如《安全生产法》《职业病防治法》《特种设备安全法》《消防法》等。

行政法规，如《建设工程安全生产管理条例》《生产安全事故应急条例》《生产安全事故报告和调查处理条例》等。

地方性法规，包括省级地方性法规和较大的市地方性法规、自治条例和单行条例，辨识单位或工程所在地的地方性法规，如《北京市安全生产条例》《青海省危险化学品管理条例》等。

规章，包括部门规章和地方政府规章，如《水利工程建设安全生产管理规定》《水上水下活动通航安全管理规定》等。

规范性文件，是除国务院的行政法规、决定、命令以及部门规章和地方政府规章外，由行政机关或者经法律、法规授权的具有管理公共事务职能的组织（以下统称行政机关）依照法定权限、程序制定并公开发布，涉及公民、法人和其他组织权利义务，具有普遍约束力，在一定期限内反复适用的公文，如《国务院关于全面加强应急管理工作的意见》《国务院关于进一步加强企业安全生产工作的通知》《关于印发标本兼治遏制重特大事故工作指南的通知》《水利部关于开展水利安全风险分级管控的指导意见》《水利部关于进一步加强水利生产安全事故隐患排查治理工作的意见》等。

技术标准，《标准化法》（2017 年修订）第二条规定，标准包括国家标准、行业标准、地方标准和团体标准、企业标准。国家标准分为强制性标准、推荐性标准，行业标准、地方标准是推荐性标准。

（3）识别获取。从众多安全生产法律法规和标准规范中，筛选出与勘测设计专业安全生产相关且适用的部分。单位所属各部门要结合本部门的工作实际，在单位清单的基础上进一步识别，获取适用于本部门的法律法规和标准规范。鼓励法律法规辨识到适用条款。通过官方网站下载、书店采购、第三方服务等方式是获取法律法规和标准规范常见的三种方式。

（4）版本有效。辨识过程中应注意法律法规和标准规范的有效性，避免将过期或废止的法规、规范纳入清单。如 SL 425—2017《水利水电起重机械安全规程》已经由《水利部关于废止水电新农村电气化规划编制规程等 87 项水利行业标准的公告》（2020 年第 4 号）宣布废止，但部分单位仍在引用。

（5）定期更新发布。按评审标准要求，及时对清单进行更新，每年发布一次适用的清单。在实际工作过程中，各部门应及时关注业务范围内所涉及的法规、规范的修订、发布情况，及时把最新的法律法规和标准规范传达到单位相关部门或岗位。

（6）建立文本数据库。适用的法律法规和标准规范一经正式发布后，单位应及时建立相应文本数据库，方便查阅、执行。数据库的形式为纸质版和电子版均可。

3. 参考示例

无。

【标准条文】

2.1.3　及时向员工传达并配备适用的安全生产法律法规和其他要求。

1. 工作依据

GB/T 33000—2016《企业安全生产标准化基本规范》

SL/T 789—2019《水利安全生产标准化通用规范》

2. 实施要点

(1) 及时传达。勘测设计单位应及时向公司员工传达安全生产法律法规和标准规范。结合工作实际，传达方式可采用文件告知、会议宣贯、宣传栏公示、专题培训等。(法律法规、标准规范教育培训记录见参考示例1“职工安全生产教育培训记录表”)

(2) 及时配备。勘测设计单位应当将法律法规和标准规范配发给相关部门和岗位人员。根据工作需要，可采用电子版或纸质版。文件发放领用应留有记录。(见参考示例2“安全生产相关文件发放记录表”)

3. 参考示例

[参考示例1]

职工安全生产教育培训记录表

<table>
<tr><td>单位名称</td><td></td><td>教育日期</td><td></td></tr>
<tr><td>教育部门</td><td></td><td>教育者</td><td></td></tr>
<tr><td>受教育者</td><td></td><td>培训学时</td><td></td></tr>
<tr><td colspan="4">教育内容：

记录人：</td></tr>
<tr><td colspan="4">受教育人签名：</td></tr>
</table>

[参考示例2]

安全生产相关文件发放记录表

<table>
<tr><td>序号</td><td>文件名称</td><td>领用份数</td><td>领用部门(人)</td><td>领用日期</td><td>发放单位</td></tr>
<tr><td>1</td><td></td><td></td><td></td><td></td><td rowspan="6"></td></tr>
<tr><td>2</td><td></td><td></td><td></td><td></td></tr>
<tr><td>3</td><td></td><td></td><td></td><td></td></tr>
<tr><td>4</td><td></td><td></td><td></td><td></td></tr>
<tr><td>5</td><td></td><td></td><td></td><td></td></tr>
<tr><td>⋮</td><td></td><td></td><td></td><td></td></tr>
</table>

第二节 规 章 制 度

【标准条文】

2.2.1 及时将识别、获取的安全生产法律法规和其他要求转化为本单位规章制度，结合本单位实际，建立健全安全生产规章制度体系。

规章制度内容应包括但不限于：1. 目标管理；2. 全员安全生产责任制；3. 安全生产考核奖惩管理；4. 安全生产费用管理；5. 安全生产信息化；6. 法律法规标准规范管理；7. 文件、记录和档案管理；8. 教育培训；9. 特种作业人员管理；10. 设备设施管理；11. 文明施工、环境保护管理；12. 安全技术措施管理；13. 安全设施“三同时”管理；14. 交通安全管理；15. 消防安全管理；16. 汛期安全管理；17. 用电安全管理；18. 危险物品管理；19. 劳动防护用品（具）管理；20. 班组安全活动；21. 相关方安全管理（包括工程分包方安全管理）；22. 职业健康管理；23. 安全警示标志管理；24. 危险源辨识、风险评价与分级管控；25. 隐患排查治理；26. 变更管理；27. 安全预测预警；28. 应急管理；29. 事故管理；30. 绩效评定管理。

1. 工作依据

《安全生产法》（2021 年修订）

GB/T 33000—2016《企业安全生产标准化基本规范》

SL/T 789—2019《水利安全生产标准化通用规范》

SL 721—2015《水利水电工程施工安全管理导则》

2. 实施要点

安全生产规章制度，是以全员安全生产责任制为核心制定的，指引和约束人们在安全生产方面行为的制度，是安全生产的行为准则。其作用是明确各岗位安全职责，规范安全生产行为，建立和维护安全生产秩序。安全生产规章制度是生产经营单位制定的组织生产过程和进行生产管理的规则和制度的总和，也称为内部劳动规则，是生产经营单位内部的“法律”。勘测设计单位应将法律法规和标准规范的相关要求，转化为内部规章制度贯彻执行。

（1）合规性。安全生产规章制度中不应出现与法律法规和规程规范要求相违背的内容。

（2）适用性。在满足合规性的前提下，安全生产规章制度应与单位现有管理体制做好衔接，不能出现“两张皮”。不要求制度名称与评审规程所列清单完全一致，根据单位实际情况，可将部分制度合并或分解。

（3）可操作性。安全生产规章制度应在满足合规性和适用性的前提下，重点解决做什么、谁去做、如何做的问题。如目标管理制度中应明确安全生产总目标应由谁来制定、如何制定、应将哪些作为安全生产总目标；年度目标应由谁组织制定、应制定哪些目标、如何制定等。再如目标分解的相关规定，分解到哪些部门、人员，由谁来分解，怎么去分解；检查工作、考核、奖惩等工作如何开展。建议制度中提供相关工作记录表单，如目标分解表、目标考核记录表等。

（4）层次清晰。勘测设计单位总部应编制各项规章制度。二级、三级单位根据工作需要，决定是否制定规章制度；如单位规模较小、管理层次少，总部管理制度编制的深度能满足二级单位工作的需要，二级单位可不必另行制定规章制度，否则应根据总部规章制度，制定本单位规章制度。设代处、勘测项目部落实安全生产责任制度，原则上不需要单独制定制度。集团公司内部有独立法人资格的单位应各自制定安全生产规章制度。

（5）内容齐全。一是制度要涵盖勘测设计单位生产经营活动各个方面，《评审标准》中所列举的安全生产规章制度，是勘测设计单位最基本的制度，而不是全部，各单位可结合实际进行补充完善，确保各项工作均有章可循。二是制度要素齐全。针对每项制度，制度至少包括工作内容、责任人（部门）的职责与权限、基本工作程序及标准。

（6）正式发布。安全生产规章制度应以红头文件正式印发。制度可单独印发，如“关于印发安全教育培训制度的通知”；也可若干制度一并印发，如“关于印发安全生产费用管理等制度”的通知。

3. 参考示例

无。

【标准条文】

2.2.2　及时将安全生产规章制度发放到相关工作岗位，并组织培训。

1. 工作依据

《安全生产法》（2021年修订）

SL 721—2015《水利水电工程施工安全管理导则》

2. 实施要点

《安全生产法》第二十八条规定：生产经营单位应当对从业人员进行安全生产教育和培训，保证从业人员具备必要的安全生产知识，熟悉有关的安全生产规章制度和安全操作规程，掌握本岗位的安全操作技能，了解事故应急处理措施，知悉自身在安全生产方面的权利和义务。未经安全生产教育和培训合格的从业人员，不得上岗作业。

（1）制度发放。勘测设计单位应及时将安全生产规章制度印发到各部门、各岗位，做到工作岗位发放齐全，制度发放齐全。根据需要，采用纸质版或电子版。制度发放应有记录。（制度发放记录见第四章第一节标准条文2.1.3中“安全生产相关文件发放记录表”）

（2）教育培训。勘测设计单位应定期组织安全生产规章制度培训。相关培训学习应纳入年度教育培训计划，确保从业人员知晓、掌握、落实本单位的安全生产规章制度。教育培训要有记录。（教育培训记录见第四章第一节标准条文2.1.3中“职工安全生产教育培训记录表”）

3. 参考示例

安全生产规章制度发放和培训记录格式请参考第四章第一节标准条文2.1.3中“安全生产相关文件发放记录表”和“职工安全生产教育培训记录表”。

第三节 操 作 规 程

【标准条文】

2.3.1 引用或编制勘测、检测、监测、科研试验等作业活动和仪器设备安全操作规程，并确保从业人员参与编制和修订。

1. 工作依据

《安全生产法》（2021年修订）

《职业病防治法》（2018年修订）

《建设工程安全生产管理条例》（国务院令第393号）

《水利工程建设安全生产管理规定》（水利部令第26号，2019年修订）

GB/T 33000—2016《企业安全生产标准化基本规范》

SL/T 789—2019《水利安全生产标准化通用规范》

2. 实施要点

（1）全面有效。勘测设计单位应梳理本单位生产经营过程中可能涉及的相关岗位，如电工、电焊工、气焊工、槽探工、动火作业、水上钻探等，梳理作业过程中使用到的各类机械设备，如风动凿岩机、砂轮机、卷扬机、空压机等。操作规程应覆盖本单位所涉及的全部相关岗位、作业和机械设备。操作规程可自行编制，也可结合实际引用、借鉴国家或行业已经颁布的标准规范，如《岩土工程勘察安全标准》《水利水电工程施工作业人员安全操作规程》《建筑机械使用安全技术规程》等。操作规程内容必须符合标准规范和设备使用说明书要求。

（2）从业人员参与编制。相关岗位的从业人员应参与操作规程的编制和修订工作，以提高操作规程的有效性，帮助作业人员认识到操作规程重要性，也有利于作业人员开展危险源辨识。作业人员参与编制或修订操作规程应有记录。

3. 参考示例

无。

【标准条文】

2.3.2 在新技术、新材料、新工艺、新设备设施投入使用前，组织编制或修订相应的安全操作规程，并确保其适宜性和有效性。

1. 工作依据

《安全生产法》（2021年修订）

《职业病防治法》（2018年修订）

《建设工程安全生产管理条例》（国务院令第393号）

《水利工程建设安全生产管理规定》（水利部令第26号，2019年修订）

2. 实施要点

根据《安全生产法》释义，“新技术、新材料、新工艺、新设备，是指在我国首次使用的技术、材料、工艺、设备”。因生产经营单位对所采用的新技术、新材料、新工艺、新设备了解与认识不足，对其安全技术性能掌握得不充分，没有采取必要的有针对性的安全防护措施，导致生产安全事故的发生；或者是在发生生产安全事故时，没能实施正确的、有针对性的处理措施，导致事故损失扩大。

（1）编制修订操作规程。对“四新”采用预先危险性分析的方法，分析应用过程中可能存在的危险因素，明确正确的操作流程、要求和应当注意的安全事项，明确有效的安全防护措施，指导作业人员安全操作。

（2）内容合规。“四新”操作规程必须确保其适宜性和有效性。具体可参考 2.3.1 实施要点。

3. 参考示例

无。

【标准条文】

2.3.3 安全操作规程应发放到相关作业人员，并组织培训学习。

1. 工作依据

《安全生产法》（2021 年修订）

《职业病防治法》（2018 年修订）

《建设工程安全生产管理条例》（国务院令第 393 号）

《水利工程建设安全生产管理规定》（水利部令第 26 号，2019 年修订）

2. 实施要点

《安全生产法》第二十八条规定：生产经营单位应当对从业人员进行安全生产教育和培训，保证从业人员具备必要的安全生产知识，熟悉有关的安全生产规章制度和安全操作规程，掌握本岗位的安全操作技能，了解事故应急处理措施，知悉自身在安全生产方面的权利和义务。未经安全生产教育和培训合格的从业人员，不得上岗作业。

（1）规程发放。勘测设计单位应当在作业前将安全操作规程发放给相关岗位作业人员，以便于作业人员日常查阅学习，安全操作规程可采用卡片形式由作业人员随身携带，也可在设备使用现场显著位置设置安全操作规程牌，方便从业人员随时查阅。操作规程发放应有记录。

（2）规程培训。安全操作规程的教育培训工作应纳入单位的教育培训计划。对新进场的工人，必须进行三级安全教育培训，经考核合格后，方可上岗。其中班组级培训主要内容是安全操作规程。教育培训应有记录。安全操作规程培训的形式采用理论讲解和现场教学相结合的方式。

3. 参考示例

无。

第四节 文 档 管 理

【标准条文】

2.4.1 文件管理制度应明确文件的编制、审批、标识、收发、使用、评审、修订、保管、废止等内容，并严格执行。

1. 工作依据

GB/T 33000—2016《企业安全生产标准化基本规范》

SL/T 789—2019《水利安全生产标准化通用规范》

2. 实施要点

(1) 理解文件、记录和档案术语含义。

文件、记录和档案是档案学中的专业术语。2015 年第 6 期《档案学通讯》中《论文件、记录和档案的术语含义及其生命周期》一文认为，文件是一个个体性术语概念、记录是一个集合性术语概念、档案则是一个经过价值选择的集合性术语概念。

文件是国家机构、社会组织或个人在履职或处理事务中直接形成的一种办事工具，通常以个体形式存在并发挥传递信息、表达意图、业务留痕的作用，其内容包含有单一的证据性和查考性信息。原始记录是伴随着国家机构、社会组织或个人的各种社会活动逐步积累而形成的文件集合，可以为人类社会的某项活动（工作）提供系统的业务证据和法律证据。其内容包含有较为完整系统的证据性和查考性的信息。档案是国家机构、社会组织或个人在社会活动中直接形成的有价值的各种形式的历史记录，其内容中含有经过鉴定的、相对系统和完整的证据性和查考性信息。

文件是人们在从事社会活动中，为了沟通信息、表达（思想）意图、固化数据或信息、留存业务活动痕迹等目的的需要，而自觉形成的一种管理工具。在“物理”意义上，每一份文件都相当于具有独立“物理属性”的“分子”。

记录是被人们有意识固化下来的，作为人们所从事的社会活动的系统证据，由相关文件组成的集合。在“物理”意义上，每个记录相当于由具有相同或相似“物理属性”的文件“分子”构成的“聚合物”。

档案是被人们有意识选留出来，作为人们所从事社会活动的可信业务证据和法律证据，定期或长久保存的记录中的“精华”。在“物理”意义上，档案相当于人们通过价值选择后自觉留存的各种记录“聚合物”中的“精华”部分。

(2) 制度内容应包括文件的编制、审批、标识、收发、使用、评审、修订、保管、废止等，不得缺项。

(3) 制度要严格执行，记录齐全。

3. 参考示例

无。

【标准条文】

2.4.2 记录管理制度应明确记录管理职责及记录的填写、收集、标识、保管和处置等内容，并严格执行。

1. 工作依据

GB/T 33000—2016《企业安全生产标准化基本规范》

SL/T 789—2019《水利安全生产标准化通用规范》

2. 实施要点

制定记录管理制度，制度中应包括填写、收集、标识、保管和处置等内容，不得缺项。制度要严格执行，记录齐全。

3. 参考示例

无。

【标准条文】

2.4.3 档案管理制度应明确档案管理职责及档案的收集、整理、标识、保管、使用和处置等内容，并严格执行。

1. 工作依据

《档案法》（2020年修订）

《档案法实施办法》（2017年修订）

《企业文件材料归档范围和文书档案保管期限规定》（国家档案局令第10号）

《水利部关于印发水利工程建设项目档案管理规定的通知》（水办〔2021〕200号）

《水利档案工作规定》（水办〔2020〕195号）

《水利科学技术档案管理规定》（水办〔2010〕80号）

《企业档案管理规定》（档发〔2002〕5号）

GB 9705—2008《文书档案案卷格式》

DA/T 22—2015《归档文件整理规则》

2. 实施要点

勘测设计单位做好文书档案工作的同时，应重点加强项目档案管理。项目档案是指水利工程建设项目在前期、实施、竣工验收等各阶段过程中形成的，具有保存价值并经过整理归档的文字、图表、音像、实物等形式的水利工程建设项目文件（以下简称“项目文件”）。项目档案应完整、准确、系统、规范和安全，满足水利工程建设项目建设、管理、监督、运行和维护等活动在证据、责任和信息等方面的需要。勘测设计单位应将安全生产档案管理纳入日常工作，明确管理部门、人员及岗位职责，健全制度，安排经费，确保安全生产档案管理正常开展。

（1）制定档案管理制度。制度中应包括档案管理职责及档案的收集、整理、标识、保管、使用和处置等内容，不得缺项。制度要严格执行，记录齐全。

（2）档案室建设。勘测设计单位应建设与档案工作任务相适应的、符合规范要求的档案库房，配备必要的档案装具和设施设备。应建立档案库房管理制度，采取相应措施做好防火、防盗、防水、防潮、防有害生物等防护工作，确保档案实体安全和信息安全。

（3）严格落实档案管理制度，定期对档案工作进行检查。

3. 参考示例

无。

【标准条文】

2.4.4 根据评估、检查、自评、评审、事故调查等发现的相关问题，及时修订安全生产规章制度、操作规程，确保其有效和适用。

1. 工作依据

GB/T 33000—2016《企业安全生产标准化基本规范》

SL/T 789—2019《水利安全生产标准化通用规范》

2. 实施要点

勘测设计单位应根据评估、检查、自评、评审、事故调查等发现的问题，查找法律法规、标准规范、规范性文件、规章制度、操作规程等存在的问题，并及时修订，确保各类体系文件有效和适用。（安全生产体系文件修订情况汇总见参考示例1“安全生产体系文件修订汇总表”，安全生产管理制度执行情况评估记录见参考示例2“安全生产管理制度执行情况评估表”）

3. 参考示例

[参考示例1]

安全生产体系文件修订汇总表

序号	文件名称	修订原因、内容说明	修订页次	修订日期	发布日期	批准人	备注

[参考示例2]

安全生产管理制度执行情况评估表

评估主持人		职务	
评估日期		地点	
安全生产管理制度评估概况：			
安全生产管理制度拟修订理由及修订内容：			
参加评估人员签名：			

第五章 教育培训

第一节 教育培训管理

【标准条文】

3.1.1 安全教育培训制度应明确归口管理部门、培训的对象与内容、组织与管理、检查和考核等要求。

3.1.2 定期识别安全教育培训需求，编制并发布培训计划，按计划进行培训，对培训效果进行评价，并根据评价结论进行改进，建立教育培训记录、档案。

1. 工作依据

《安全生产法》（2021年修订）

《水利部关于进一步加强水利安全培训工作的实施意见》（水安监〔2013〕88号）

《生产经营单位安全培训规定》（安监总局令第80号）

GB/T 33000—2016《企业安全生产标准化基本规范》

SL/T 789—2019《水利安全生产标准化通用规范》

SL 721—2015《水利水电工程施工安全管理导则》

2. 实施要点

（1）以文件形式明确本单位安全生产归口管理部门。

（2）归口管理部门按相关规定和评审规程建立健全安全生产教育培训制度，并以正式文件发布。

（3）安全生产教育培训制度应包含以下内容（见参考示例1“安全生产教育培训制度”）：

1）制定制度的目的和依据。

2）培训归口管理部门。

3）培训对象。

4）培训内容。

5）培训的组织和管理。

6）检查和考核等。

7）其他。

（4）归口管理部门定期识别安全生产教育培训需求，制定各类人员培训计划，并按规定明确培训时间和培训内容。（见参考示例2“安全教育培训计划表”）

（5）根据培训计划，积极组织安排各类相关人员开展安全生产教育培训工作。

（6）培训计划中应包含对以下人员的教育培训：

1）单位主要负责人。

2）安全管理人员。

3）特种作业人员。

4）对新上岗和入职员工。

5）其他需要培训的人员。

3. 参考示例

[参考示例1]

安全生产教育培训制度

一、目的

……

二、依据

……

三、管理机构

……

四、培训制度

（一）培训对象

……

（二）培训内容

……

（三）培训组织

……

（四）培训管理

……

（五）培训检查

……

（六）培训考核

……

五、其他

[参考示例2]

安全教育培训计划表

序号	培训主题	培训时间	培训方式	培训对象	授课人员
1					
2					
3					
4					
5					
6					
7					

续表

序号	培训主题	培训时间	培训方式	培训对象	授课人员
8					
9					
10					
11					
12					
13					
14					
15					
16					
17					

第二节 人员教育培训

【标准条文】

3.2.1 单位主要负责人、专（兼）职安全生产管理人员应经过安全培训并考核合格，具备与本单位所从事的生产经营活动相适应的安全生产知识与能力。

3.2.2 对其他管理人员进行教育培训，确保其具备正确履行岗位安全生产职责的知识与能力。

3.2.3 新员工上岗前应接受三级安全教育培训，培训学时和内容应满足相关规定；在新工艺、新技术、新材料、新设备设施投入使用前，应根据技术说明书、操作技术要求能，对有关管理、操作人员进行培训；作业人员转岗、离岗一年以上重新上岗前，均应进行部门、班组安全教育培训，经考核合格后上岗。

3.2.4 勘测外业作业人员应熟悉现场地貌、气象、水文、生物等自然地理和人文条件，了解相应的安全知识，掌握当地野外生存、避险和相关应急技能。

3.2.5 监（检）测人员、特种作业人员等应接受规定的安全作业培训，取得资格证后方可上岗作业；特种作业人员离岗6个月以上重新上岗，应经实际操作考核合格后上岗作业；健全特种作业人员档案。

3.2.6 每年对在岗从业人员进行安全生产教育培训，培训学时和内容应符合有关规定。

3.2.7 督促检查相关方（分包单位）的作业人员进行安全生产教育培训及持证上岗情况。

3.2.8 对外来人员进行安全教育及危险告知，主要内容应包括：安全规定、可能接触到的危险有害因素、职业病危害防护措施、应急知识等。由专人带领做好相关监护工作。

1. 工作依据

《安全生产法》(2021年修订)

《生产经营单位安全培训规定》(安监总局令第80号)

SL/T 789—2019《水利安全生产标准化通用规范》

SL 721—2015《水利水电工程施工安全管理导则》

2. 实施要点

(1) 勘测设计单位应对以下人员进行安全教育培训：

1) 组织单位主要负责人、安全管理人员、特种作业人员参加培训考核。

2) 对新上岗和入职员工进行单位级、部门级、班组级等“三级”安全培训教育。

3) 实施新工艺、新技术或者使用新设备、新材料时，应当对有关从业人员重新进行有针对性的安全培训。

4) 转岗或者离岗6个月以上的人员，在上岗前，进行安全教育培训并进行考核，合格后方可上岗。

5) 有野外作业的单位，开展作业前应对作业人员开展安全知识和野外生存技能培训。

6) 其他从业人员每年应接受再培训，再培训时间和内容应符合《生产经营单位安全培训规定》。

7) 外来人员进入现场之前，应当对其进行必要的安全教育和告知（外来人员包括前来参观、检查、学习和临时工作人员)，主要内容包括：可能接触到的危险有害因素、安全防护和应急措施、其他注意事项等。

(2) 安全教育培训应当包含以下内容：

1) 各级主要负责人安全培训应当包括下列内容：

a. 国家安全生产方针、政策和有关安全生产的法律、法规、规章及标准。

b. 安全生产管理、安全生产技术、职业卫生等知识。

c. 重大危险源管理、重大事故防范、安全生产事故调查处理的有关规定。

d. 应急管理、应急预案编制以及应急处置的内容和要求。

e. 职业危害及其预防措施。

f. 国内外先进的安全生产管理经验。

g. 典型事故和应急救援案例分析。

h. 其他需要培训的内容。

2) 安全生产管理人员安全培训应当包括下列内容：

a. 国家安全生产方针、政策和有关安全生产的法律、法规、规章及标准。

b. 安全生产管理、安全生产技术、职业卫生等知识。

c. 伤亡事故统计、报告及职业危害的调查处理方法。

d. 应急管理、应急预案编制以及应急处置的内容和要求。

e. 国内外先进的安全生产管理经验。

f. 典型事故和应急救援案例分析。

g. 其他需要培训的内容。

3）新上岗和入职员工“三级”安全教育应当包括以下内容：

a. 单位级岗前安全培训内容应当包括：公司安全生产情况及安全管理制度；公司安全生产劳动纪律；从业人员安全生产权利和义务；事故应急救援、事故应急预案演练及防范措施；有关事故案例等。

b. 部门级岗前安全培训内容应当包括：工作环境及危险因素；所从事岗位可能遭受的职业伤害和伤亡事故；所从事岗位的安全职责、操作技能及强制性标准；自救互救、急救方法、疏散和现场紧急情况的处理；安全设备设施、个人防护用品的使用和维护；本单位安全生产状况及规章制度；预防事故和职业危害的措施及应注意的安全事项；有关事故案例；其他需要培训的内容。

c. 班组级岗前安全培训内容应当包括：岗位安全操作规程；岗位自检、互检和交接检查的重点、方法及程序；岗位之间工作衔接配合的安全与职业卫生事项；有关事故案例；其他需要培训的内容。

（3）安全培训及学时应满足以下要求：

1）各级主要负责人和安全生产管理人员初次安全培训时间不得少于32学时；每年再培训时间不得少于12学时。各级主要负责人和安全生产管理人员需经安全生产监管部门或相关行业主管部门考核认定的，由具备相应资质的培训机构培训合格后，颁发相应的培训合格证书。

2）各单位应对新上岗的从业人员（包括公司合同制员工、劳务派遣人员、临时用工、劳务用工等）进行岗前安全培训，保证其具备本岗位安全操作、应急处置等知识和技能，并经考核合格后，方能安排上岗作业。新上岗从业人员岗前培训时间不得少于24学时，以后每年接受教育培训的时间不得少于8学时。

3）为确保安全生产教育培训不是走形式，需对安全生产教育结果进行检测评价。对培训效果评价可采用试卷考试方式，了解培训对象掌握情况，并根据考试结果不断改进培训方法，最终实现培训目的。

4）安全生产教育培训和检测过程要有相应的记录，并建立档案，以备查询。培训记录内容包括：培训时间、培训内容、主讲人员和参加人员，参与人员可以做成签到表。检测记录包括：试卷，对试卷的分析及分析结果。所有的培训记录和检测记录需收集在一起，以便建立专门档案备查。

5）培训记录和检测评价应建立专门档案备查。

（4）勘测设计单位定期监督检查相关方（分包、外委等单位）对其人员教育培训的管理，主要包括以下三方面：

1）进场人员数量、工种、执业资格等基本资料。

2）对进场人员分工种进行的教育培训和考核合格记录。

3）专职安全管理人员、特种作业人员等是否持证上岗且人证相符。

4）人员培训学时是否符合要求。

3. 参考示例

安全教育培训记录见参考示例1，员工岗前三级安全教育培训卡见参考示例2，安全生产教育培训监督检查见参考示例3，外来人员安全风险告知单见参考示例4。

[参考示例1]

安全教育培训记录表

受教育单位				日期	
地点		教育类别		主讲人	
参加人员签到栏（可另附签到表）：					
教育培训方式：				学时	
教育培训内容（具体教育培训素材另附）：					
过程记录：					
效果评价：					

填表人：　　　　　　　　　　　　　　　　填表日期：　　年　　月　　日

［参考示例 2］

员工岗前三级安全教育培训卡

<table>
<tr><td>姓名</td><td colspan="2"></td><td>性别</td><td></td><td>工号</td><td></td></tr>
<tr><td>单位</td><td colspan="2"></td><td>岗位（职务）</td><td></td><td>入职时间</td><td>年　月　日</td></tr>
<tr><td rowspan="2">单位级岗前安全教育培训内容</td><td colspan="6">1. 单位概况介绍；
2. 国家安全生产法律法规；
3. 安全管理有关规定及劳动纪律；
4. 安全生产情况及安全基本知识；
5. 从业人员安全生产权利和义务；
6. 安全事故预防的基本知识；
7. 有关事故案例等</td></tr>
<tr><td>讲课人</td><td></td><td>听课人</td><td></td><td>教育日期及学时</td><td>日期：　学时：</td></tr>
<tr><td>效果评价</td><td colspan="6"></td></tr>
<tr><td rowspan="2">部门级岗前安全教育培训内容</td><td colspan="6">1. 本部门工作任务、工作环境及危险因素；
2. 所从事工种可能遭受的职业伤害和伤亡事故；
3. 所从事工种安全职责、操作技能及强制性标准；
4. 自救互救急救方法、疏散和现场紧急情况处理；
5. 安全设备设施、个人防护用品的使用和维护；
6. 本部门安全生产状况及规章制度；
7. 预防事故和职业危害措施及应注意安全事项；
8. 有关事故案例；
9. 其他需要培训的内容</td></tr>
<tr><td>讲课人</td><td></td><td>听课人</td><td></td><td>教育日期及学时</td><td>日期：　学时：</td></tr>
<tr><td>效果评价</td><td colspan="6"></td></tr>
<tr><td rowspan="2">班组级岗前安全教育培训内容</td><td colspan="6">1. 岗位安全操作规程；
2. 岗位自检、互检和交接检查重点、方法及程序；
3. 岗位之间工作衔接配合的职业健康安全事项；
4. 有关事故案例；
5. 其他需要培训的内容</td></tr>
<tr><td>讲课人</td><td></td><td>听课人</td><td></td><td>教育日期及学时</td><td>日期：　学时：</td></tr>
<tr><td>效果评价</td><td colspan="6"></td></tr>
<tr><td>备注</td><td colspan="6"></td></tr>
</table>

［参考示例 3］

安全生产教育培训监督检查表

受检单位：____________________　　　　日期：　年　月　日

序号	检查项目	要　求	检查情况及整改要求
1	安全管理人员教育培训	人员档案信息齐全	
		岗位证书符合要求	
		每年再培训时间不少于 12 学时	
2	新员工“三级”安全教育培训	新员工上岗前应接受“三级”安全教育培训，培训时间满足规定学时要求	

续表

序号	检查项目	要求	检查情况及整改要求
3	特种作业人员教育培训	人员档案信息齐全，岗位证书符合要求，特种作业人员持证上岗	
4	岗位操作人员教育培训	人员档案信息齐全，每年再培训时间不少于12学时	

检查人： 受检人：

[参考示例4]

外来人员安全风险告知单

<table>
<tr><td>参观时间</td><td></td><td>参观部位</td><td colspan="2"></td></tr>
<tr><td>外来人员</td><td colspan="2"></td><td>告知人</td><td></td></tr>
<tr><td colspan="5">1. 可能接触到的危险有害因素告知
……

2. 安全防护和应急措施
……

3. 其他注意事项
……

4. 被告知人员签字
……</td></tr>
</table>

第六章 现 场 管 理

第一节 设 备 设 施 管 理

【标准条文】

4.1.1 设备设施管理制度应明确采购（租赁）、安装（拆除）、验收、检测、使用、检查、保养、维修、改造、报废和工程安全设施设计职责、内容及要求等内容。

4.1.2 设置设备设施管理部门，配备管理人员，明确管理职责，形成设备设施安全管理网络。

1. 工作依据

《安全生产法》(2021 年修订)

《特种设备安全法》(主席令第四号)

《建设工程安全生产管理条例》(国务院令第 393 号)

GB 50706—2011《水利水电工程劳动安全与工业卫生设计规范》

GB/T 50585—2019《岩土工程勘察安全标准》

AQ 2004—2005《地质勘探安全规程》

2. 实施要点

(1) 以正式文件发布设备设施管理制度。制度应至少包含适用范围、编制依据、工作内容、负责人（部门）的职责与权限、基本工作程序及标准。制度需明确设备设施管理部门、安全管理部门、生产单位和项目部对设备设施的管理责任；明确设备设施的采购、验收、台账、安装、拆卸、搬迁、运行、使用、检测、检查、维修、保养、改造、报废管理要求；明确租赁设备及分包单位设备管理、工程安全设施设计、安全设施管理、特种设备管理及设备设施操作人员管理要求；明确设备设施管理过程中需要保留的管理记录及样表。(制度内容见参考示例 1“设备设施管理制度目录”，正式文件见参考示例 2“设备设施管理机构、人员和管理网络”)

(2) 制度内容需符合相关规定。满足《安全生产法》《特种设备安全法》《建设工程安全生产管理条例》《水利水电工程劳动安全与工业卫生设计规范》《岩土工程勘察安全标准》《地质勘探安全规程》等法律法规、规范标准关于设备设施的管理要求。

(3) 明确设备设施管理机构及人员。单位安全管理部门是对设备设施安全的监督管理部门，单位设备设施管理机构一般为财务部或综合部，勘察设计项目部中的勘测现场设置设备设施管理人员。单位应正式发文明确各部门、生产单位的设备设施管理人员，形成设备设施管理网络，勘测项目在策划文件中明确设备设施管理人员。

3. 参考示例

［参考示例1］

设备设施管理制度目录

1 目的

2 适用范围

3 主要职责

3.1 管理部门

3.2 生产单位

3.3 项目部

4 管理要求

4.1 设备设施的采购、验收及台账

4.2 设备设施的安装、拆卸和搬迁

4.3 设备设施运行管理

4.4 设备设施检查、维修及保养

4.5 租赁设备和分包单位设备管理

4.6 工程安全设施设计

4.7 安全设施管理

4.8 设备设施报废

4.9 特种设备管理

4.10 设备设施操作人员管理

5 保留成文信息（记录）

6 附则

7 附表

［参考示例2］

设备设施管理机构、人员和管理网络

勘测设计研究院有限公司文件

设计〔2021〕1号

关于明确公司设备设施管理机构、任命设备设施管理人员的通知

公司各部门、各项目部：

为进一步加强和规范公司设备设施管理工作，经研究，由设备管理部负责公司设备设施管理工作，各单位、部门（下属单位）设备设施管理人员名单如下：

序号	单位	部门（下属单位）	设备设施管理员

勘测设计研究院有限公司

2023年5月4日

【标准条文】

4.1.3 设备设施采购及验收严格执行设备设施管理制度，购置合格的设备设施，验收合格后方能投入使用。

4.1.4 建立设备设施台账并及时更新；设备设施档案资料齐全、清晰，管理规范。

1. 工作依据

(1)《安全生产法》(2021年修订)

(2)《特种设备安全法》(主席令第四号)

(3)《建设工程安全生产管理条例》(国务院令第393号)

2. 实施要点

(1) 购置合格的设备设施。购置的所有设备设施应符合有关法律法规、标准规范要求，采购合同应明确验收质量标准，按照标准进行验收，保证采购的设备设施符合安全生产和职业健康安全要求。(见参考示例1“设备到货验收单”)

(2) 建立设备设施台账并及时更新。单位和勘测项目现场分别建立设备设施台账，单位设备设施台账应包括编码、资产名称、规格型号、类别（如：地质专用设备、勘探专用设备、测绘专用设备、物探专用设备、通用仪器、其他等）、开始使用日期、使用人及所属单位（部门）等。(见参考示例2“单位设备设施基本台账”)

勘测项目现场设备设施台账应包括编码、名称、来源（自有、租赁或分包方）、规格型号、开始使用日期、进场或安装调试完成日期、技术性能、退场日期、管理人等。(见参考示例3“项目部现场设备设施管理台账”)

需要检定仪器设备的单位和工期超过1年的监测、检测项目部还需建立仪器检定台账，应基本包括仪器检定单位、检定时间、检定结论、有效期等。(见参考示例4“仪器检定管理台账”)

(3) 规范管理设备设施档案。单位和勘测项目现场应按照管理责任和管理权限分别建立设备设施管理档案，各项安全技术性能及技术档案齐备，不得使用应当淘汰的危及生产安全的工艺、设备。应当建立的设备设施档案包括但不限于以下内容：

1) 设备设施履历——用于记录设备设施自投产运行以来所发生的主要事件，如设备设施调动、产权变更、使用地点变化、安装、改造、重大维修、事故等。

2) 设备设施技术资料——包括设备的主要技术性能参数；设备制造厂提供的设计文件、产品质量合格证明、安装及使用维修说明、监督检验证明等文件；安装、改造、维修单位提供的施工技术资料；与设备安装、运行相关的技术图纸及其数据、检验报告；安全保护装置的型式试验合格证明等。

3) 设备设施运行记录——用于记载该设备日常检查、润滑、保养情况，以及设备运行状况、运行故障及处理、事故记录等。

4) 设备设施维修记录——用于记载该设备的定期维修、故障维修和事故维修情况；设备维护检修试验的依据或文件号（含检修任务书、作业指导书、各类技术措施）；设备维护检修时更换的主要部件；检修报告、试验报告、试验记录、验收报告和总结等。

5) 设备设施安全检查记录——包括该设备定期进行的自行安全检查、全面安全检查、专项安全检查记录，安全检查所发现隐患的整改报告等。

6）设备设施其他相关证书等。

3. 参考示例

[参考示例1]

设备到货验收单

验收单编号：

使用单位			
设备名称		设备编号	
生产厂家		出厂日期	
规格型号		到货日期	
设备外包装情况		合格	不合格
说明书、合格证、检验证、使用手册、维护手册、装箱清单等其他技术文档检查		齐全	不齐全
设备外观质量检查（损伤、损坏、锈蚀情况，零件是否齐全）		合格	不合格
随箱附零配件、工具（按装箱单检查）		有	无
设备规格型号是否符合现场需要（按采购合同检查）		合格	不合格
机械部件检查（包括产品名称、型号；出厂编号；标准编号；质量等级标志；厂名、商标；出厂日期等）		合格	不合格
生产厂家（供应商）	代表： 年 月 日		
安装单位检查结果	负责人： 年 月 日		
使用单位检查结果	负责人： 年 月 日		
遗留问题及处理意见			

[参考示例2]

单位设备设施基本台账

第 页 共 页

编码	资产名称	规格型号	类别	开始使用日期	使用人	单位（部门）

[参考示例3]

项目部现场设备设施管理台账

项目名称：

序号	编码	名称	来源（自有、租赁或分包方）	规格型号	开始使用日期	进场或安装调试完成日期	技术性能	退场日期	管理人	备注

负责人：　　　　复核人：　　　　制表人：

[参考示例4]

仪器检定管理台账

单位（项目）名称：

序号	名称	型号	编号	数量	检定单位	检定时间	检定结论	有效期	备注

负责人：　　　　复核人：　　　　制表人：

【标准条文】

4.1.5　勘测、检测、监测或试验设备设施的安装、拆卸、搬迁应符合相关安全管理规定，安装后应进行验收，并对相关过程及结果进行记录。大中型设备设施拆除、搬迁前应制定方案，作业前进行安全技术交底，现场设置警示标志并采取隔离措施，按方案实施拆除、搬迁。

1. 工作依据

（1）GB/T 50585—2019《岩土工程勘察安全标准》

（2）AQ 2004—2005《地质勘探安全规程》

(3) GB 6067.1—2010《起重机械安全规程　第1部分：总则》

2. 实施要点

(1) 设备设施安装、拆卸、搬迁安全管理要求。应符合《地质勘探安全规程》《岩土工程勘察安全标准》及其他有关法律法规、标准规范要求，使用起重机装卸、迁移勘察设备的，还应符合《起重机械安全规程　第1部分：总则》的规定。主要要求有：

1) 勘察作业人员应按勘察设备使用说明书要求正确安装、拆卸、操作和使用设备，不得超载、超速或任意扩大使用范围。

2) 勘察设备的各种安全防护装置、报警装置和监测仪表应齐全、有效。

3) 勘察设备地基应根据设备的安全使用要求修筑或加固，钻塔、三脚架和千斤顶基础应坚实牢固。

4) 勘察设备机架与基台应用螺栓牢固连接，设备安装应稳固、水平。

5) 勘察设备搬迁、安装和拆卸应由专人统一指挥，并应符合下列规定：按顺序拆卸和迁移设备，不得将设备或部件从高处滚落或抛掷；汽车运输设备时应装稳绑牢，不得人货混装；非汽车驾驶员不得移动、驾驶车装勘察设备；当采用人力装卸设备时，起落跳板应有足够强度，坡度不得超过30°，下端应有防滑装置；当使用葫芦装卸设备时，三脚架架腿定位或架腿间拉结应稳固。

6) 钻塔安装和拆卸应符合下列规定：钻塔天车应安装过卷扬防护装置；天车轮前缘切点、立轴或转盘中心与钻孔中心应在同一轴线上；整体起落钻塔应控制起落速度，不得将钻塔自由摔落；钻塔及其构件起落范围内不得放置设备和材料，不得停留或通过人员；钻塔应与基台牢固连接，构件应安装齐全，不得随意改装；安装或拆卸时作业人员不得在钻塔上下同时作业；钻塔上工作平台防护栏杆高度不应小于0.9m；平台踏板可选用防滑钢板或厚度不小于50.0mm的木板；斜塔或高度大于10.0m的直塔应安装钻塔绷绳，钻塔绷绳采用12.5mm以上钢丝绳；斜塔应安装提引器导向绳。

7) 钻探机组迁移时钻塔应落下，非车装钻探机组不得整体迁移。

8) 勘察设备和仪器撤离污染场地时，应进行防腐蚀和去除有害污染物的清理和保养工作。

(2) 安装后验收。设备设施安装完毕后，勘察设计单位或现场管理机构应按照相关技术标准、规范和设备生产厂家的技术要求对设备设施进行验收，一般勘探钻机、水上钻探设备设施、平洞竖井开挖辅助设施（风、水、电等）、溜索等设备设施在作业前由勘测项目部组织开展检查验收（见参考示例1～参考示例4），溜索等重大设施应进行负荷试验试运行（见参考示例5）后验收，现场其他重要设备设施需经验收合格后方可投入使用（见参考示例6），应对验收过程拍照进行记录。其中，特种设备由经国务院特种设备安全监督管理部门核准的检验检测机构按进行监督检验合格后方可使用，如涉及放射品库房，其设施应由专业卫生部门验收。

(3) 大中型设备设施安装、拆卸、搬迁管理。勘察设计单位或现场管理机构结合实际情况，对大中型设备设施编制单独的安装、拆卸、搬迁方案或在专项方案中明确安装、拆卸、搬迁相关内容，方案应由项目相关专业技术负责人审查，项目经理批准。涉及的大中型设备设施主要包括：

1）公用类：起重设备、办公场所锅炉、燃气、变电设施等安拆。

2）钻探：深井钻机安拆（见参考示例7）。

3）水工模型场：桥式起重机、大型葫芦吊等安拆。

4）试验室：大型吨位压力或拉拔试验设备等安拆。

5）新建营地及现场用电、新建炸药库。

6）水上钻场安拆（排架、浮筒、非标浮船等），勘探（钻机等）设备起重、移动设施安拆（简易起重装置、缆索吊、溜索），索桥或浮桥安拆；高脚手架的安拆。

7）压桩平台等现场试验设施安拆等。

大中型设备设施安装、拆卸、搬迁过程应满足以下要求：

1）设备设施安装拆卸搬迁作业实施前应由项目相关专业技术负责人对所有作业人员进行安全技术交底，保留交底记录。

2）设备设施安装、拆卸、搬迁过程应由专人统一指挥，现场设置警示标识标牌并采取隔离措施，专人进行现场监护，按制定的方案组织实施。警示标识标牌应对现场可能存在安全风险进行警示提示，现场可根据实际采用全封闭围挡、警戒围栏、安全警示带等方式确保作业人员、第三方人员的安全。

3）特种设备的安装、拆除单位应具有相应的专业承包资质。

4）勘测设计单位及现场机构操作人员应严格按照操作规程作业。如存在分包单位，勘测设计单位及现场机构应对分包单位设备安装、拆卸、搬迁方案进行审查或者要求分包单位执行本单位经审批的设备安装、拆卸、搬迁方案并向分包单位进行交底，对作业现场进行监控。

5）进入作业现场人员必须穿戴安全防护设施，高空作业时需设置防护栏和作业走道等安全防护设施，作业人员必须系好安全带，防止高空坠落。

3. 参考示例

[参考示例1]

钻机开孔前安全检查验收确认单

钻孔编号						
机长						
检查验收时间						
检查项目	对照检查的内容					
作业人员	现场作业人员正确佩戴了安全帽、服装。现场配备了安全带					
钻探设备	钻探设备安装可靠，运转正常。钻机平台坚实、稳固。钢丝绳无破损、断丝现象。钻机立轴水龙头胶管设置防缠绕装置。现场配备了合格的标贯器、取样器和测试器具。记录报表以及取芯钻具等均配备齐全					
现场布置	1. 钻机位于放样孔位或地质人员指定孔位。钻机位置与地下管线、高空电线保持了安全距离					

续表

检查项目	对照检查的内容					
现场布置	2. 钻机运转部位设置了安全防护措施。钻机倾覆范围外侧设置了安全警示带。现场配备了安全标识标牌					
	3. 林区/易燃区域钻孔，配备了灭火器，开辟了5m防火道					
	4. 钻机临边设置了不低于1.2m的安全防护设施，并坚固可靠					
	5. 在有边坡滚石隐患区域钻孔，应尽量清除上部松动石块，并设置安全防护措施					
	6. 公路上钻孔（公路边）钻孔，钻机应用不低于1.8m挡板封闭，道路上下游50m位置设置车辆缓行警示牌。设置不少于10个橡胶路锥，用安全警示带连接。交管部门有要求则按其要求执行					
	7. 雷雨季节钻探、空旷地带钻探、山顶等高处钻探作业应设置避雷设施					
	8. 其他（根据实际补充）					
钻探负责人签字						
现场负责人签字						
不符合要求的具体情况及整改措施						
整改情况复查						

说明：一般钻孔由专业负责人对现场检查并填写，重点钻孔应由现场负责人检查验收确认。满足要求标识“√”，不符合要求标识“×”，不涉及项标记“不涉及”，检查、整改内容填报应标注孔号，整改情况证明文件作为附件附后。

［参考示例2］

水上钻探设备设施检查验收表

工程名称：

钻孔号			平台类型	
交通工具		钻机型号	机长	
检查项目	检　查　要　求		检　查　结　果	
总要求	施工方案审批符合要求		□合格　□整改合格　□不合格	
	安全技术交底记录		□合格　□整改合格　□不合格	
	施工、应急组织机构健全		□合格　□整改合格　□不合格	
钻探平台	钻船选用符合方案要求		□合格　□整改合格　□不合格	
	钻船拼装符合规范要求		□合格　□整改合格　□不合格	
	钻船设置位置符合施工方案要求		□合格　□整改合格　□不合格	
	钻船的载重量不超过其额定荷载		□合格　□整改合格　□不合格	

续表

检查项目	检 查 要 求	检 查 结 果
工作索验收	承重索张力值符合溜索施工方案	□合格 □整改合格 □不合格
	钢丝绳出厂合格证明和检验报告	□合格 □整改合格 □不合格
工作索验收	牵引索插接的环绳其插接长度不小于钢丝绳直径的100倍，插接的钢丝绳制作样品并做承载125%允许负荷时的试验	□合格 □整改合格 □不合格
	钢丝绳套插接长度不小于钢丝绳直径的15倍，且不得小于300mm	□合格 □整改合格 □不合格
	承重索不得有接头	□合格 □整改合格 □不合格
	拉线钢丝绳用绳卡固定连接时，绳卡压板应在钢丝绳主要受力的一边，不准正反交叉设置；绳卡间距不应小于钢丝绳直径的6倍，数量满足要求	□合格 □整改合格 □不合格
吊篮验收	吊篮标明额定载荷，运输人员，物料的吊篮标明额定容积	□合格 □整改合格 □不合格
	吊篮焊接结构无裂纹、夹渣等缺陷	□合格 □整改合格 □不合格
	吊篮裸露表面进行防腐处理	□合格 □整改合格 □不合格
滑车验收	滑车与承重索穿绕正确	□合格 □整改合格 □不合格
	滑车转动灵活，无卡滞现象	□合格 □整改合格 □不合格
	滑车转动轮保证润滑	□合格 □整改合格 □不合格
基座验收	导向滑轮转动灵活，无卡滞现象	□合格 □整改合格 □不合格
	导向滑轮保证润滑	□合格 □整改合格 □不合格
绞磨机验收	绞磨机出厂合格证明和检验报告	□合格 □整改合格 □不合格
	绞磨机运转平稳、无漏油、漏水等异常现象，离合器、换挡手柄操作灵活	□合格 □整改合格 □不合格
	绞磨机传动部分设置防护罩	□合格 □整改合格 □不合格
	绞磨机制动安全有效，能承受频繁的启动和制动	□合格 □整改合格 □不合格
	绞磨机进出牵引索方向、角度正确	□合格 □整改合格 □不合格
	绞磨机设置在溜索线路侧面的10m以外安全位置上，可靠锚固，良好接地	□合格 □整改合格 □不合格
地锚验收	地锚规格、埋深与施工方案一致	□合格 □整改合格 □不合格
	卸扣、钢丝绳套等与施工方案一致	□合格 □整改合格 □不合格
	马道与钢丝绳受力方向一致	□合格 □整改合格 □不合格
安全警示标识标牌	安全警示标识标牌设置合理，数目足够	□合格 □整改合格 □不合格
维修保养	配置了维修保养人员	□合格 □整改合格 □不合格
制度保证	溜索安全管理规定	□合格 □整改合格 □不合格
	编制了应急预案并进行应急演练	□合格 □整改合格 □不合格

参与验收人： 日期：

[参考示例5]

溜索试运行记录表

编号		位置	
试验名称	载荷试验	试运行人	
时间			
空载试验			
高速50%荷载			
中速80%荷载			
额定速度100%荷载			
慢速110%荷载			
试运行意见：			

[参考示例6]

设备验收记录表

设备单位名称			设备类型	自购□ 租赁□ 分包□
设备名称			型号规格	
验收内容	设备技术状况要求	□满足要求 □不满足要求，原因：		
	安全设施和装置的检查	□满足要求 □不满足要求，原因：		
	生产（制造）许可证	□有 □无		
	产品合格证	□有 □无		
	安装使用说明书	□有 □无		
	检测合格证明	□有 □无		
	其他证明文件			
其他情况说明				
验收意见： □符合要求，安全性能满足。 □不完全符合要求，需进一步处理。 □不符合要求，安全性能不满足。 验收人（签名）： 日期： 年 月 日				

［参考示例 7］

深井钻井进场搬迁、安装、拆除方案提纲

1 工程概况

2 进场转运搬迁（钻机及发电机组等辅助设施进场及转运搬迁）

3 安装拆除主要机械和劳动力计划

4 班前准备

5 安装方案

6 拆除方案

7 安全措施

【标准条文】

4.1.6 设备设施运行操作人员应严格按照操作规程作业，采取可靠的安全风险控制措施，对设备能量和危险有害物质进行屏蔽或隔离。放射性同位素技术装置应执行使用、维护保养和保管有关的辐射防护安全要求，单独存放、专人保管，防止放射源丢失。

1. 工作依据

(1)《安全生产法》(2021 年修订)

(2)《特种设备安全法》(主席令第四号)

(3)《放射性同位素与射线装置安全和防护条例》(2019 年修订)

(4) GB/T 50585—2019《岩土工程勘察安全标准》

(5) AQ 2004—2005《地质勘探安全规程》

2. 实施要点

(1) 设备设施运行应遵守相关法规和操作规程。《安全生产法》第五十七条规定：从业人员在作业过程中，应当严格落实岗位安全责任，遵守本单位的安全生产规章制度和操作规程，服从管理，正确佩戴和使用劳动防护用品。设备操作人员应提前了解设备性能、主要技术参数，掌握操作技术和熟悉操作规程。

1) 设备启动运行前，操作人员应按操作规程做好各项检查工作，确认设备性能及运行环境满足设备运行要求后，方可启动运行。设备启动运行前的主要检查项目主要有：设备金属结构、运转机构、电气控制系统无缺陷，各部位润滑良好；安全保护装置齐全可靠；防护罩、盖板、梯子、护栏完备可靠；设备醒目的位置悬挂有标识牌、检验合格证及安全操作规程；设备干净整洁；基础、轨道符合要求；作业区域无障碍物；同一区域有两台以上设备运行可能发生碰撞时，应有相应的安全措施。检查内容包括：电源电压、各开关或节门状态、油温、油压、液位、安全防护装置以及现场操作环境等。发现异常应及时处理，禁止不经检查强行运行设备。

2) 设备运行时，操作人员应认真执行岗位责任制，严格按照操作规程正确、精心运行设备，不违章操作；按规定进行现场监视或巡视；按要求检查设备运行状况以及进行必要的检测；根据经济实用的工作原则，调整设备处于最佳工况，降低设备的能源消耗；认真按时、按要求做好设备的日常保养；及时、准确填写设备运行记录和交接班记录。

3) 当设备出现故障或发生异常情况，或检查过程中发现安全隐患，应向现场管理人员和单位有关负责人报告；当事故隐患或者其他不安全因素直接危及人身安全时，应立即

停止作业，并在采取可能的应急措施后撤离作业现场，防止发生人身事故；同时应对设备进行全面检查、分析原因、排除故障、整改隐患，并在设备未恢复正常前不得重新投入使用；严禁设备在故障状态下运行。

（2）设备设施运行过程中的屏蔽、隔离。利用物理的屏蔽或隔离措施将设备能量和危险有害物质进行局限、约束，能够有效保护设备操作人员的人身安全和职业健康。例如在带电体外部加上绝缘物，防止漏电；利用防护罩、防护栅等把设备的转动部件、高温热源或危险区域屏蔽起来；高危设备设施场所周边设置隔离带等。

（3）放射性同位素管理。勘测设计单位的部分勘测、检测、监测或试验设备可能会使用放射性同位素技术装置，其使用、维护保养、保管和废弃应满足《放射性同位素与射线装置安全和防护条例》（国务院令第709号，2019年修订）的有关要求。

3. 参考示例

无。

【标准条文】

4.1.7 制定设备设施检查、维修及保养计划或方案，及时对设备设施进行检查、维修及保养，确保设备设施始终处于安全可靠的运行状态。维修及保养作业应落实安全风险控制措施，并明确专人监护；维修结束后应组织验收；应保留设备设施运行检查、维修及保养记录。

1. 工作依据

（1）《安全生产法》（2021年修订）

（2）《消防法》（2021年修订）

（3）《生产安全事故应急条例》（国务院令第708号）

（4）《危险化学品安全管理条例》（国务院令第645号）

（5）《机关、团体、企业、事业单位消防安全管理规定》（公安部令第61号）

（6）《工作场所职业卫生监督管理规定》（安监总局令第47号）

（7）《安全生产监管监察职责和行政执法责任追究的规定》（2015年修正）

2. 实施要点

（1）制定设备设施检查、维修及保养计划。设备设施的维护保养是设备在使用过程中自身运动的客观要求，是设备维护的基础工作。做好设备的维护保养工作，及时的检查处理本身的各种问题，改善设备设施的运行或运转状况，就能防患于未然，消除不应有的摩擦和损坏，把事故消灭在发生之前。

《安全生产法》第三十六条规定：生产经营单位必须对安全设备进行经常性维护、保养，并定期检测，保证正常运转。《机关、团体、企业、事业单位消防安全管理规定》第二十七条规定，单位应当按照建筑消防设施检查维修保养有关规定的要求，对建筑消防设施的完好有效情况进行检查和维修保养。《工作场所职业卫生监督管理规定》第十八条规定：用人单位应当对职业病防护设备、应急救援设施进行经常性的维护、检修和保养，定期检测其性能和效果，确保其处于正常状态，不得擅自拆除或者停止使用。单位和勘测项目部在制定设备设施检查、维修及保养计划时，应考虑常规设备设施、建筑消防设施、职业病防护设备和应急救援设施，需要检定的设备设施应制定检定计划。

在年初或设备设施投入使用前，设备设施的管理单位或使用单位、勘测项目部应制定设备设施的检查、维修及保养计划或方案。计划或方案必须符合设备设施的技术资料及参数要求和生产厂家保养细则要求，以及安全技术规范（如《水利水电工程施工通用安全技术规程》《水利水电工程土建施工安全技术规程》《水利水电工程施工安全防护设施技术规范》）的要求等规定。

设备设施的检查、维修及保养计划或方案的内容主要包括：

1）设备设施检查、维修及保养目的和范围。

2）设备设施检查、维修及保养职责。

3）设备设施检查、维修及保养工作程序。

4）设备设施检查、维修及保养计划安排及制度。

5）安全风险控制措施。

目前，设备设施的检查、维修及保养计划或方案无须外部机构或政府部门的批准，计划或方案制定后，宜听取工会意见并经设备设施管理单位或运行单位批准后即可实施。

在制定设备设施的检查、维修及保养计划或方案过程中，要考虑以下内容：

1）根据设备技术说明要求、安全技术规范的要求和设备具体情况，设备设施的定期检查的频度要满足安全生产的需要，保养频度和保养方法按各设备设施使用说明书的规定。

2）设备使用单位开展设备设施检查、维修及保养隐患排查，一般按照“谁主管，谁负责”的原则，针对各岗位可能发生的隐患建立安全检查制度，在规定时间、内容和频次对该岗位进行检查，及时收集、查找并上报发现的事故隐患，并积极采取措施进行整改。

（2）设备设施检查、维修、保养及验收。设备设施检查、维修及保养及验收工作的目的之一，就是预防发生事故，确保设备的安全性能符合要求，从而使设备安全运行。设备作业和检验检测人员直接面对设备的使用和运行，掌握着设备使用和运行情况的第一手资料和信息，生产、经营和使用单位配备数量和技术能力均满足要求的检验检测和作业人员，通过必要的安全教育和技能培训，按照安全技术规范的要求对设备进行检验检测和操作，保证设备的安全使用和设备的正常运行。

单位和勘测项目部应当根据制定的检查、维修及保养计划或方案中确定的自行检验检测、检查和维护保养时间，按照国家标准、行业标准或者国家有关规定和生产厂家和使用运行单位的规定进行检查、维修及保养并如实记录。发现的异常情况也必须做好记录，并采取措施进行处理。这些记录为以后的设备大修和技术改造提供参考依据。

1）设备检查通常有两种方式，分别为日常巡视检查（简称：巡检）和定期检查。

巡检是指按照一定的标准、一定的周期、一定的方法对设备设施规定的部位、项目进行检查，以便早期发现设备设施故障隐患，及时加以修理调整，使设备设施保持其规定功能的设备管理方法。

定期检查是指按规定的检查周期，由修理工对设备性能进行全面检查和测量，发现问题除现场能立即解决之外，应将检查结果做好记录，作为日后决策该设备设施修理方案的依据。

2）设备设施检查、维修及保养安全风险控制措施：设备检查、维修实施前应由设备使用单位或现场管理机构技术负责人组织对检查、维修作业人员进行安全技术交底，并保留交底记录；设备检查、维修实行定人、定机、凭证操作和交接班制度；检查、维修作业人员应熟识设备结构，关键危险岗位要实行两人或多人互保、联保制，遵守操作规程，合理使用，细心保养，确保平安无事故；设备安全部件做到经常维护，达到安全可靠的目的。

3）设备设施维修后应组织验收。验收标准一般如下。①设备设施基础稳固，无裂痕、塌陷、倾斜、变形；无腐蚀或者浸油粉化；连接牢固，无松动、断裂，脱落现象。②结构完整，零部件及附件齐全，外表清洁，整齐；腐蚀、磨损和变形程度在技术允许范围内，经小修可以处理。③设备设施性能良好，能满足工艺要求，可随时启动；能达到安全运转，无振动、无异音，并能达到能力要求（设计能力、铭牌规定能力）。④设备设施润滑良好，无漏油现象，其他水、风、汽（气）等无明显跑冒滴漏现象。⑤各种仪器仪表、控制装置、安全保护装置齐全、灵敏可靠。⑥设备设施运行参数（温度、压力、速度、电流、电压等）符合技术要求。⑦备用设备设施可以随时正常启动、投入使用。⑧国家标准或者行业标准或者生产经营单位其他的验收标准。

3. 参考示例

设备设施检查、保养计划表见参考示例1，设备设施检查记录表见参考示例2，设备设施安全检查表见参考示例3，设备设施维修及保养、验收记录表见参考示例4，设备设施检查、维修、保养记录表见参考示例5。

[参考示例1]

设备设施检查、保养计划表

单位（项目）名称： 年度： 年

序号	设施设备名称	规格型号	使用部门	计划检查日期	检查单位/人	计划保养日期	保养单位/人	备注
1								
2								
3								
4								
5								
⋮								

[参考示例2]

设备设施检查记录表

单位（项目）名称： 年度： 年

序号	设施设备名称	检查日期	使用部门	规格型号	检查、维修过程中安全风险控制措施	检查人	检查结果	处理情况	检查、维修过程中是否落实安全风险控制措施	验证人	备注
1							□正常 □不正常		□是 □否		
2							□正常 □不正常		□是 □否		
⋮											

［参考示例3］

设备设施安全检查表

设备名称：

序号	项目	检 查 内 容	检查结果	检查、维修过程中安全风险控制措施	检查、维修过程中是否落实安全风险控制措施	验证人	存在问题及整改要求	整改情况/整改结论
1	设备安全防护设施	各种机械传动设备、输送装置等外露运动部件，如皮带轮、明齿轮、连轴器、传动带（链）、飞轮，螺旋机构和转轴等，是否安装有效的防护装置	□是 □否 □不适用					
2		机械设备高速运转中易飞出的零、部件，是否有放松脱装置或急停连锁装置以及防护装置	□是 □否 □不适用					
3		各设备的操纵机构位置应舒适，其功能是否有明显标记，脚踏操纵机构是否有护罩和自动复位装置且防滑	□是 □否 □不适用					
4		各设备的负荷制动器、行程限制器、制动机限速装置是否有效	□是 □否 □不适用					
5		危险性较大的设备是否安装了急停开关	□是 □否 □不适用					
6		设备的危险部位是否设置了醒目的安全警示标志	□是 □否 □不适用					
7		各种设备设施的光电（感应）保护装置和双手按钮开关是否齐全、可靠、灵敏	□是 □否 □不适用					
8		各种设备设置的安全联锁保护装置和限位装置是否齐全、可靠、灵敏	□是 □否 □不适用					
9		设备及管道有无“跑、冒、滴、漏”现象	□是 □否 □不适用					
10	设备电气安全设施	各种设备的PE连接是否规范可靠	□是 □否 □不适用					
11		配电箱是否保持线路整洁，安装漏电保护器，箱内的元器件及线路是否安装牢固、接触良好、连接可靠，配电箱的门是否完好，门锁有专人保管，电箱旁边无堆放杂物（包括每台设备配电箱）	□是 □否 □不适用					

续表

序号	项目	检查内容	检查结果	检查、维修过程中安全风险控制措施	检查、维修过程中是否落实安全风险控制措施	验证人	存在问题及整改要求	整改情况/整改结论
12	设备电气安全设施	手持电动工具、移动电气设备、电焊机的防护盖（网）是否牢固，有无定期检测电阻	□是 □否 □不适用					
13		工作台灯的电压是否为24V以下的安全电压，超过24V时，是否采取防直接接触带电体的保护措施	□是 □否 □不适用					
14		电气防火防爆：可燃物质、助燃物质、火源及爆炸物品、易燃物品、氧化剂等是否防止与以下四种情况在同一场所：①电气线路和电气设备过热；②电火花和电弧；③静电放电；④照明器具和电热设备使用不当	□是 □否 □不适用					

检查单位（项目）： 检查人员： 检查时间： 年 月 日

［参考示例4］

设备设施维修及保养、验收记录表

单位（项目）名称			使用人	
防护设备名称			维修及保养时间	年 月 日
维修及保养情况	维修及保养的原因			
	维修及保养情况			
	维修及保养费用			
	检查、维修过程中安全风险控制措施			
检查、维修过程中是否落实安全风险控制措施： □是 □否 □其他： 验证人（签名）： 日期： 年 月 日			验收意见： □处理后，符合安全使用要求。 □处理后，符合安全使用要求，需进一步处理。 □其他： 设备管理员、安全员（签名）： 设备使用人（签名）： 日期： 年 月 日	

[参考示例5]

设备设施检查、维修、保养记录表

编号： 时间： 年 月份 单位（项目）名称：

序号	设备设施名称	故障情况	检查、维修、保养记录	检查、维修、保养人员签名	检查日期	备注

【标准条文】

4.1.8 设备租赁或业务分包合同应明确双方的设备管理安全责任和设备技术状况要求等内容；租赁设备或分包单位的设备应符合国家有关法规规定，满足安全性能要求，应经验收合格后投入使用；租赁设备或分包单位的设备应纳入本单位管理范围。

1. 工作依据

(1)《安全生产法》(2021年修订)

(2)《特种设备安全法》(主席令第四号)

(3)《建设工程安全生产管理条例》(国务院令第393号令)

(4)《建筑起重机械安全监督管理规定》(建设部令第166号)

(5)《水利工程建设安全生产管理规定》(水利部令第26号，2019年修订)

2. 实施要点

(1) 租赁设备管理。

出租单位一般是设备产权所有者，理应负责其使用管理和维护保养，即提供给承租人的应当是合法、能够安全使用的设备。租赁的方式一般有两种形式：第一种是出租单位只提供设备，其实际使用操作由承租单位进行。这种形式有长期租用，也有短期临时租用。第二种是既提供设备，又提供人员，即承租的设备由出租单位的人员进行使用操作，这种形式一般是临时租用。

通常来说，设备产权人或产权共有人或出租单位是设备安全管理的责任主体。《民法通则》规定：建筑物或者其他设施以及建筑物上的搁置物、悬挂物发生倒塌、脱落、坠落造成他人损害的，它的所有人或者管理人应当承担民事责任。两人以上共同侵权造成他人损害的，应当承担连带责任。按照以上规定，设备产权人或产权共有人或出租单位应当对所拥有的设备履行管理义务，并共同承担相应责任。但是在现实中，往往是设备产权人或产权共有人或出租单位将设备以合同等方式委托承租单位进行管理，其管理权和责任就发生转移，受托单位和人员应当履行设备使用单位的义务，并承担相应责任。因此在这种情况下，租赁的设备必须纳入承租单位的管理范围。

设备使用管理包括资料和文件的保管，安全管理和作业人员的配备、教育和操作，自行检查，安全附件和安全保护装置的校验、检修，进行维护保养工作等。维护保养作为使用管理中的一项重要工作，如为短期租赁或者临时租赁，一般由出租单位负责；对于长期租赁，也可以由承租单位负责。租赁期间这些责任的要求应当在设备租赁合同中作出明确规定。

生产经营单位使用外租施工设施设备时，应签订租赁合同和安全协议书，明确出租方提供的施工设施设备应符合国家相关的技术标准和安全使用条件，确定双方的安全责任。设备租赁或业务分包合同中应包括如下内容：

1）双方的设备安全生产管理责任（包括设备租赁期间的使用管理和维护保养、维修义务、使用安全培训、安全设施和装置的检查）。

2）设备技术状况要求。

3）保险、限位等安全设施和装置清单。

4）生产（制造）许可证。

5）产品合格证。

6）检测合格证明。

7）其他证明文件。

在设备进场前，承租单位应查验安装使用说明书和检测合格证明文件，并对设备的合格性以及安全性能验收，验收合格后纳入本单位管理范围投入使用。

承租单位不得租赁或使用国家明令淘汰和已经报废等危及生产安全的设备。查询目录包括但不限于（以国家相关部门最新发布的文件为准）：

可限期淘汰产生严重污染环境的工业固体废物的落后生产工艺设备名录（中华人民共和国工业和信息化部公告 2021 年第 25 号）；

应急管理部办公厅关于印发《淘汰落后危险化学品安全生产工艺技术设备目录（第一批）》的通知；

推广先进与淘汰落后安全技术装备目录（第二批）（国家安全生产监督管理总局、科学技术部、工业和信息化部公告 2017 年第 19 号）；

淘汰落后安全技术装备目录（2015 年第一批）；

淘汰落后安全技术工艺、设备目录（2016 年）；

金属非金属矿山禁止使用的设备及工艺目录（第一批）；

金属非金属矿山禁止使用的设备及工艺目录（第二批）；

金属冶炼企业禁止使用的设备及工艺目录（第一批）；

高耗能落后机电设备（产品）淘汰目录（第一批）；

高耗能落后机电设备（产品）淘汰目录（第二批）；

高耗能落后机电设备（产品）淘汰目录（第三批）；

高耗能落后机电设备（产品）淘汰目录（第四批）；

《高耗水工艺、技术和装备淘汰目录（第一批）》；

住房和城乡建设部发布的《房屋建筑和市政基础设施工程危及生产安全施工工艺、设备和材料淘汰目录（第一批）》。

出租单位应当对出租的机械设备和施工机具及配件的安全性能进行检测，在签订租赁协议时，应当出具检测合格证明。

禁止出租检测不合格的机械设备和施工机具及配件。

(2) 分包单位设备管理。

分包单位一般提供勘测及配套设备设施从事现场勘测作业。分包单位为设备产权所有者，应负责其使用管理和维护保养。分包单位的设备还须纳入承租单位的管理范围。

设备使用管理包括资料和文件的保管，安全管理和作业人员的配备、教育和操作，自行检查，安全附件和安全保护装置的校验、检修，进行维护保养工作等。

分包单位设施设备进入勘测设计现场前，勘测设计单位应与分包单位签订业务合同和安全协议书，明确分包方进入现场的设施设备应符合国家相关的技术标准和安全使用条件，明确双方的安全责任。业务分包合同中应包括如下内容：

1) 分包方的设备安全生产管理责任（包括现场作业期间的使用管理和维护保养、维修义务、使用安全培训、安全设施和装置的检查）。

2) 设备技术状况要求。

3) 保险、限位等安全设施和装置清单。

4) 生产（制造）许可证。

5) 产品合格证。

6) 检测合格证明。

7) 其他证明文件。

在设备进场前，勘察设计现场机构应对设备的合格性以及安全性能验收，验收合格后纳入本单位管理范围投入使用。

分包单位不得将国家明令淘汰和已经报废等危及生产安全的设备投入勘察设计现场。查询目录以国家相关部门最新发布的文件为准。

3. 参考示例

设备租赁合同部分条文见参考示例1，租赁设备/分包单位的设备明细表见参考示例2，设备验收记录表见参考示例3。

[参考示例1]

设备租赁合同部分条文

1. 双方责任和权力：在设备租赁期间，合同及附件中所列租赁设备的所有权属于甲方（出租方），乙方（承租方）对租赁设备只有使用权，没有所有权。乙方收到设备后，应以甲方名义向当地保险公司投保综合险，保险费由乙方负责，乙方应将投保合同交甲方作为本合同附件，因乙方未按规定投保造成设备财产损失而无法得到赔付的，应由乙方负责全部赔偿。

2. 甲方责任和义务：甲方确保租赁给乙方的设备质量合格，出厂时运行正常（或设备技术状况良好）、机件齐全，安全设施和装置齐备完好，安全性能合格。

3. 乙方责任和义务

(1) 在租赁期内，乙方不得转让或作为财产抵押，未经甲方书面同意乙方不得将租赁设备转租给第三人，亦不得在设备上改善、增加或拆除任何部件和迁移安装地点，甲方有权随时检查设备的使用和完好情况，乙方应提供配合。

(2) 甲方负责乙方人员安全使用培训工作。设备的验收、安装、调试、使用、维护保养、维修、管理，以及安全设施和装置的检查等，均由乙方自行负责，设备的质量问题由甲方负责。

(3) 租赁期内发生和各类机械事故，乙方均应及时如实填写事故报告，并通知甲方，对隐瞒不报或避重就轻，甲方有权向乙方提出赔偿要求，情节严重者，甲方有权终止租用权。

(4) 使用结束后，乙方一次结清费用并且必须做好设备的退场工作，完好退还到甲方指定地点。

4. 租赁设备的交货和验收

(1) 租赁设备交货地点为甲方设备仓库，由甲方向乙方交货。因不可预见、不能避免并不能克服的客观情况造成租赁设备延迟交货，甲方不承担责任。

(2) 乙方应自收货时起 24 小时内在交货地点检查验收租赁设备，同时将盖章后的租赁设备的验收收据交给甲方。

(3) 如果乙方未按前款规定的时间办理验收，甲方则视为租赁设备已在完整状态下由乙方验收完毕，并视同乙方已经将租赁设备的验收收据交付给甲方。

5. 如果乙方在验收时发现租赁设备的型号、规格、数量和技术性能等有不符，不良或瑕疵等属于甲方的责任时，乙方应在交货当天，最迟不超过交货日期 3 天内，立即将上述情况书面通知甲方，由甲方负责处理，否则视为租赁设备符合本合同及附件的约定要求。

6. 租赁设备的使用、维修、保养和费用

(1) 租赁设备在租赁期内由乙方使用，乙方应负责日常机油、维修、保养，使设备保持良好状态，并承担由此产生的全部费用。因设备质量问题造成维修的，由甲方负责维修费用，但因乙方操作不当而引起的维修费用则由乙方承担。

(2) 乙方在使用过程中更换易损件，应提前 1 天向甲方提出购买清单。

(3) 在工作过程中乙方若不能对设备故障进行排除，应及时通知甲方进行维修，甲方维修设备所产生的差旅费用由乙方承担。甲方正常维修一般不超过 3 天，如超过 3 天，每超 1 天，应免收乙方相应天数租金；若是乙方操作不当原因造成设备故障的，乙方租金不能免除。

(4) 租赁设备在安装、保管、使用等过程中致使第三者遭受损失时，由乙方对此承担全部责任。

合同附件一：保险、限位等安全设施和装置清单表

保险、限位等安全设施和装置清单表

序号	安全设施名称	配置数量	规格型号	生产厂家	设备位置	备注

合同附件二：相关证明文件［生产（制造）许可证；产品合格证；检测合格证明；其他证明文件］

[参考示例 2]

租赁设备/分包单位的设备明细表

设备使用单位：

序号	设备名称	设备型号及规格	设备编号	设备安装/使用地点	设备来源	设备起租日期	设备开始使用日期	设备状态	设备的安全设施和装置是否完好	使用人	使用人是否完成使用和安全培训	备注
					□租赁 □分包单位提供				□是 □否		□是 □否	

[参考示例 3]

设备验收记录表

<table>
<tr><td colspan="2">出租设备的单位名称</td><td></td><td>租赁设备的单位名称</td><td></td></tr>
<tr><td colspan="2">设备名称</td><td></td><td>型号规格</td><td></td></tr>
<tr><td rowspan="7">验收内容</td><td>设备技术状况要求</td><td colspan="3">□满足要求　□不满足要求，原因：</td></tr>
<tr><td>安全设施和装置的检查</td><td colspan="3">□满足要求　□不满足要求，原因：</td></tr>
<tr><td>生产（制造）许可证</td><td colspan="3">□有　□无</td></tr>
<tr><td>产品合格证</td><td colspan="3">□有　□无</td></tr>
<tr><td>安装使用说明书</td><td colspan="3">□有　□无</td></tr>
<tr><td>检测合格证明</td><td colspan="3">□有　□无</td></tr>
<tr><td>其他证明文件</td><td colspan="3"></td></tr>
<tr><td colspan="2">其他情况说明</td><td colspan="3"></td></tr>
<tr><td colspan="5">验收意见：
□符合要求，安全性能满足。
□不完全符合要求，需进一步处理。
□不符合要求，安全性能不满足。
验收人（签名）：
日期：　年　月　日</td></tr>
</table>

【标准条文】

4.1.9　工程的安全设施设计应符合 GB 50706 的规定，确保建设项目的安全设施和职业病防护设施与建设项目主体工程同时设计。在进行技施设计和施工图设计时，应落实初步设计中的安全专篇内容和初步设计审查通过的安全专篇的审查意见。

1. 工作依据

《安全生产法》(2021年修订)

《劳动法》(2018年修订)

《建筑法》(2019年修订)

《职业病防治法》(2018年修订)

《建设工程安全生产管理条例》(国务院令第393号)

《水利工程建设安全生产管理规定》(水利部令第26号，2019年修订)

《建设项目安全设施“三同时”监督管理办法》(安监总局令第36号)

《建设项目职业病防护设施“三同时”监督管理办法》(安监总局令第90号)

《水利部关于进一步加强水利建设项目安全设施“三同时”的通知》(水安监〔2015〕298号)

GB 50706—2011《水利水电工程劳动安全与工业卫生设计规范》

SL 721—2015《水利水电工程施工安全管理导则》

SL/T 618—2021《水利水电工程可行性研究报告编制规程》

SL/T 619—2021《水利水电工程初步设计报告编制规程》

2. 实施要点

(1) 安全设施的设计内容。

1) 工程安全设施设计的原则：安全设施设计应针对我国水利水电工程的特点与施工现状，依据本条工作依据所列的相关规程规范明确规定的安全防护设施设置标准和“技术可行、经济适用”的基本要求，按照保障安全、提供服务、利于管理的原则进行设计。设计标准要符合国情，既不能标准过低影响安全运行，又不宜标准过高增加大量的工程投资，脱离当前的实际水平。

2) 设计单位的工程安全设施设计责任和义务：设计单位应对建设项目施工安全提供技术保证与支持。大型安全防护设施应纳入工程施工图设计；对于在一般安全防护设施施工中，涉及工程结构或与工程地质、水文地质相关的技术问题，应及时帮助解决。施工临建、辅助设施的防护，应由工程设计单位依据工程规模、工期和工程施工现场实况，具体设计确定。设计人、设计单位对因安全设施设计问题造成的后果负责。设计人、设计单位应对在建项目的安全设计进行交底。

3) 工程安全设施设计内容。建设项目安全设施设计应当包括《建设项目安全设施“三同时”监督管理办法》(国家安全生产监管总局令第36号)第十一条规定的相关内容。

根据《水利水电工程劳动安全与工业卫生设计规范》，安全设计内容主要包括：基本规定、工程总体布置、劳动安全(防机械伤害、防电气伤害、防坠落伤害、防气流伤害、防洪防淹、防强风和防雷击、交通安全、防火灾爆炸伤害)、工业卫生(防噪声防振动、防电磁辐射、采光与照明、通风及温度与湿度控制、防水和防潮、防毒防泄漏、防止放射性和有害物质危害、防尘防污、水利血防、饮水安全、环境卫生)、安全卫生辅助设施。

可研阶段：根据《水利水电工程可行性研究报告编制规程》，安全设计内容主要包括：危害与有害因素分析、劳动安全措施、工业卫生措施、安全卫生评价。

初设阶段：根据《水利水电工程初步设计报告编制规程》，安全设计内容主要包括：危害与有害因素分析、劳动安全措施、工业卫生措施、安全卫生管理。

施工图设计阶段：设计单位应明确提出安全设计技术要求专题报告文件，做好安全技术交底。

在施工图设计中应落实初步设计中的安全专篇内容和初步设计审查通过的安全专篇的审查意见，注明施工安全重点部位、环节和影响安全的周边环境，并提出预防生产安全事故的指导意见和措施建议。

对于采用新结构、新材料、新工艺和特殊结构的工程，还应在设计报告中的《劳动安全与工业卫生》专篇中提出保障施工作业人员安全和预防生产安全事故的措施建议。

(2) 安全设施设计内容应符合的标准或规定。

1) 设计单位应当严格按照技术标准和合同约定进行设计，加强设计过程的质量控制，保证设计文件符合国家现行的有关法律、法规、工程设计技术标准和合同的规定：设计文件的深度，应当满足相应设计阶段的技术要求，设计质量必须满足工程质量、安全需要并符合设计规范的要求；施工图应配套，细部节点应交代清楚，标注说明应清楚、完整；设计中选用的材料、设备等，应注明其规格、型号、性能、色泽等，并提出符合国家规定的质量要求。

2) 工程安全设施设计的执行标准和内容：

设计单位要严格按照《水利水电工程可行性研究报告编制规程》《水利水电工程初步设计报告编制规程》和《水利水电工程劳动安全与工业卫生设计规范》中关于劳动安全和工业卫生设计的要求，及时识别适用的安全生产法律、法规、规章、制度和标准（例如《水利水电工程施工通用安全技术规程》《水利水电工程土建施工安全技术规程》《水利水电工程施工安全防护设施技术规范》《建设项目安全设施“三同时”监督管理办法》等），编写《劳动安全与工业卫生》专篇，厘清建设工程项目存在的危险、有害因素的种类和程度（例如水利血防等），提出安全技术设计和建设项目安全管理措施。劳动安全与工业卫生设计要对危险源和有害因素以及相应的危害程度进行分析，并给出解决的对策和措施，同时明确相应的机构设施设置。

设计单位应按照文件规定在工程投资估算和设计概算阶段科学计算，为满足工程建设施工现场安全作业环境及安全施工需要足额计列安全措施费。

水利水电工程在可行性研究和初步设计阶段，应分别提出建设项目（工程）劳动安全与工业卫生专项投资估算和概算。劳动安全与工业卫生专项投资由建筑工程费用、设备及安装工程费用以及独立费用等部分组成，具体内容包括：①建筑工程费用，指专项用于工程运行期作业场所内为预防、减少、消除和控制危险有害因素而建设的永久性劳动安全与工业卫生设施，如安全防护工程、应急设施、卫生设施、房屋工程及其他工程等；②设备及安装工程费用，指专项用于工程运行期作业场所内为预防、减少、消除和控制危险有害因素而购置的永久性劳动安全与工业卫生设备、仪器、用品及其安装、率定等，如劳动安全与工业卫生监测设备及安装工程、防护工具及器材、应急设备、防灾监控预警系统以及其他设备及安装工程等；③独立费用，指劳动安全与工业卫生专项评价、验收等相关独立费用，如专项咨询服务费、专项评审及验收费，以及需要对重大安全生产课题进行研究等费用。

(3) 职业病防护设施。

职业病防护设施是指消除或者降低工作场所的职业病危害因素的浓度或者强度，预防和减少职业病危害因素对劳动者健康的损害或者影响，保护劳动者健康的设备、设施、装置、构（建）筑物等的总称。职业病防护设施与建设项目主体工程应自可研阶段开始同时设计。

职业病防护设施设计，是指产生或可能产生职业病危害的建设项目，在初步设计（含基础设计）阶段，由建设单位委托具有资质的设计单位对该项目依据国家职业卫生相关法律、法规、规范和标准，针对建设项目施工过程和生产过程中产生或可能产生的职业病危害因素采取的各种防护措施及其预期效果编制的专项报告。

建设项目职业病防护设施设计内容：设计依据；建设项目概况及工程分析；职业病危害因素分析及危害程度预测；拟采取的职业病防护设施和应急救援设施的名称、规格、型号、数量、分布及防控性能分析；辅助用室及卫生设施设置情况；对预评价报告中拟采取的职业病防护设施、防护措施及对策措施采纳情况说明；职业病防护设施和应急救援设施投资预算明细表；职业病防护设施和应急救援设施可达到预防效果及评价。

职业病防护设施设计专篇编写是职业卫生“三同时”的一部分，建设项目的职业病防护设施所需费用应当纳入建设项目工程预算，并与主体工程同时设计，同时施工，同时投入生产和使用，通过专业的建议使项目建成后职业病防治各项工作可以正常运行，从而避免或减少职业病的发生。

根据建设项目可能产生的职业病危害因素，对应采取的防尘、防毒、防暑、防寒、降噪、减振、防辐射等防护设施的设备选型、设置场所和相关技术参数等内容进行设计；另外还包括与之相关的防控措施，如总平面布置、生产工艺及设备布局、建筑卫生学、辅助卫生设施、应急救援设施等的设计方案，并对职业病防护设施投资进行预算，最后对职业病防护设施的预期效果进行评价。

3. 参考示例

工程安全设施设计内容见参考示例。

[参考示例]

工程安全设施设计内容

一、设计依据

(1) 国家、地方主管部门的有关法律法规。

1)《安全生产法》;

2)《劳动合同法》;

3)《劳动法》;

4)《防洪法》;

5)《可再生能源法》;

6)《消防法》;

7)《电力法》;

8)《防震减灾法》;

9)《道路交通安全法》;
10)《职业病防治法》;
11)《放射性污染防治法》;
12)《突发事件应对法》;
13)《气象法》;
14)《建筑法》;
15)《特种设备安全法》;
16)《女职工劳动保护特别规定》;
17)《水库大坝安全管理条例》;
18)《中华人民共和国防汛条例》;
19)《电力设施保护条例》;
20)《国务院关于特大安全事故行政责任追究的规定》;
21)《使用有毒物品作业场所劳动保护条例》;
22)《建设工程安全生产管理条例》;
23)《地质灾害防治条例》;
24)《安全生产许可证条例》;
25)《道路交通安全法实施条例》;
26)《道路运输条例》;
27)《劳动保障监察条例》;
28)《电力监管条例》;
29)《生产安全事故报告和调查处理条例》;
30)《特种设备安全监察条例》;
31)《电力安全事故应急处置和调查处理条例》;
32)《气象灾害防御条例》;
33)《工伤保险条例》。
(2) 采用的主要技术标准(版本按最新发布的更新)。
1) GB 50706《水利水电工程劳动安全与工业卫生设计规范》;
2) NB 35074《水电工程劳动安全与工业卫生设计规范》;
3) GB 18306《中国地震动参数区划图》;
4) GB 50011《建筑抗震设计规范》;
5) GB 50223《建筑工程抗震设防分类标注》;
6) GB 50034《建筑照明设计标准》;
7) GB 50033《建筑采光设计标准》;
8) GB 6067《起重机安全规程》;
9) GB 50016《建筑设计防火规范》;
10) GB 50872《水电工程设计防火规范》;
11) GB/T 25295《电气设备安全设计总则》;
12) DL/T 5352《高压配电装置设计技术规程》;

13）GB 5083《生产设备安全卫生总则》；

14）GB 2893《安全色》；

15）GB 2894《安全标志》；

16）GB 50201《防洪标准》；

17）LD 80《噪声作业分级》；

18）GB 50087《工业企业噪声控制设计规范》；

19）GB 6722《爆破安全规程》；

20）DL/T 5372《水电水利工程金属结构与机电设备安装安全技术规程》；

21）GB 18218《危险化学品重大危险源辨识》；

22）DL/T 5274《水电水利工程施工重大危险源辨识及评价导则》；

23）GB 5749《生活饮用水卫生标准》；

24）SL 303《水利水电工程施工组织设计规范》；

25）SL 378《水工建筑物地下开挖工程施工规范》；

26）SL 398《水利水电工程施工通用安全技术规程》；

27）SL 399《水利水电工程土建施工安全技术规程》；

28）SL 714《水利水电工程施工安全防护设施技术规范》；

29）SL 401《水利水电工程施工作业人员安全操作规程》。

二、工程概述

简要说明建设工程地理位置概况、水文气象、地质情况、对外交通条件等因素，简要介绍工程设计概况，包括建筑及场地布置方面。

三、危险与有害因素分析

分析项目工程影响安全的主要危险因素，主要分析如下：

(1) 在工程建设和运行中影响劳动安全与工业卫生的主要危险和有害因素，以及危害程度。

(2) 各类水工建筑物、机电设备的选型和布置中危害劳动安全与工业卫生的因素和程度。

(3) 仓库、营地等施工临时建筑物的选型和布置中危害劳动安全与工业卫生的因素和程度。

例如：工程选址、枢纽总体布置及周边环境安全分析、施工期主要危险因素分析、运行期主要危险因素分析、施工期和运行期影响工业卫生的主要有害因素（如尘埃、污染、腐蚀、毒性物质危害；噪声及振动；采光与照明不良；疾病传播；温度、湿度不良及高海拔的危害；电磁辐射危害等）。

四、劳动安全措施

针对工程项目实际设计情况：

(1) 确定可能产生机械伤害、电气伤害、坠落伤害、坍塌伤害、起重伤害、物体打击伤害、火灾伤害、放炮（爆破）伤害、场内车辆伤害、淹溺伤害、灼烫伤害、有限空间作业中毒和窒息伤害、大件设备吊装伤害、临近带电体作业事故伤害、泥石流、滑坡、崩塌事故伤害、水电工程压力管道安装事故伤害、竖（斜）井载人提升机械安装和使用事故伤害、地下工程开挖作业事故伤害和雷击伤害等场所，有针对性地提出防范防护措施。

（2）确定可能产生洪水淹没伤害、火灾爆炸伤害和交通事故伤害的场所，有针对性地提出防范防护措施。

（3）针对不同危害劳动安全的因素，分别提出避险逃生、报警救援、警示宣传等设施设计。并对安全预评价报告中的安全对策及建议采纳情况进行阐述。

例如：

1. 防机械伤害

（1）机械在运行中严禁进行检修或调整；严禁用手触摸其转动、传动等运动部位；当机械发生异常情况时，必须立即停机；检修、调整或中断使用时，必须将其动力断开。

（2）机械设备的传动、转动等运动部位必须设安全防护装置；各种指示灯、仪表、制动器、限制器、安全阀、闭锁机构等安全装置齐全、完好。电动机械严禁使用倒顺开关。严禁戴手套操作转动设备。

（3）砂轮机安全罩必须保持完整，砂轮片有缺损或裂纹时严禁使用；使用砂轮机时，操作人员必须站在侧面并戴防护眼镜，严禁在砂轮片的侧面打磨工件，严禁两人同时使用同一个砂轮机。

（4）空气压缩机压力表、安全阀及调节器等必须定期进行校验；气压、机油压力、温度、电流等表计的指示值突然超出规定范围或指示不正常时必须立即停机进行检修。

（5）混凝土及砂浆搅拌机进料、运转时，严禁将头或手伸进料斗与机架之间或滚筒内；料斗升起时，严禁在料斗下通过或停留；清理料坑时，料斗必须可靠固定并锁紧；检修或维护时，必须先切断电源，并悬挂警示牌；人员进入滚筒作业时，外面必须有人监护。

（6）喷浆机必须按作业要求调整风压，严禁空气压缩机超压运行；作业时在喷嘴的前面及左右5m范围内严禁有人；暂停工作时，喷嘴严禁对着有人的方向；处理输料管堵塞故障时，必须先切断动力源，确认输料管疏通后再重新作业。

（7）钢筋切断机操作时，严禁非操作人员在钢筋摆动范围内及切刀附近停留。带钩的钢筋严禁上机除锈。钢筋调直到末端时，操作人员必须避开钢筋甩动范围。在弯曲钢筋的作业半径内和机身不设固定销的一侧严禁站人。

（8）射钉枪枪口严禁对人，严禁用手掌推压钉管。在使用结束或更换零件时，在断开射钉枪之前，严禁装射钉弹。经两次扣动扳机子弹还不能击发时，应保持原射击位置30s后，再将射钉弹退出。

【标准条文】

4.1.10 勘测、检测、监测或试验现场安全设施必须执行“三同时”制度。

应有专人负责管理各种安全设施及重大危险源安全监测监控系统，定期检查维护并做好记录。

现场临边、沟、坑、孔洞、交通梯道等危险部位的栏杆、盖板等设施齐全、牢固可靠；高处作业等危险作业部位按规定设置安全网等设施；作业通道稳固、畅通；垂直交叉作业等危险作业场所设置安全隔离棚；机械、传送装置等的转动部位安装可靠的防护栏、罩等安全防护设施；临水和水上作业护栏等设施可靠，救生设施完备；临时营地及仓储等设施的排水、挡墙、防护网、涵洞、大门等防护设施正常、完好，配置的消防器材、防雷装置、门卫值班、应急物资等状态良好。暴雨、台风、暴风雪等极端天气前后组织有关人员对安全设施进行检查或重新验收。

安全设施和职业病防护设施不应随意拆除、挪用或弃置不用；确因检维修拆除的，应经审批并采取临时安全措施，检维修完毕后立即复原。

1. 工作依据

《安全生产法》（2021年修订）

《建设工程安全生产管理条例》（国务院令第393号）

《建设项目安全设施“三同时”监督管理办法》（安监总局令第36号）

GB/T 3068—2008《高处作业分级》

GB 5083—1999《生产设备安全卫生设计总则》

GB 50706—2011《水利水电工程劳动安全与工业卫生设计规范》

SL 714—2015《水利水电工程施工安全防护设施技术规范》

2. 实施要点

（1）做好安全设施和职业危害防护设施设计。《建设项目安全设施“三同时”监督管理办法》第四条规定：生产经营单位是建设项目安全设施建设的责任主体。建设项目安全设施必须与主体工程同时设计、同时施工、同时投入生产和使用。勘测、检测、监测或试验现场的安全设施和职业危害防护设施应在策划文件和专项方案中进行设计。

策划文件中安全设施设计应包括：所有设施设备应当符合有关法律法规、标准规范的要求。按照国家及行业有关规定对设施设备进行规范化管理，严格验收程序，建立设备设施管理台账，定期检查、维护、保养，保证其安全运行。对存在较大危险因素的设备设施及作业场所设置安全防护和警示标志，按照规定编制岗位安全生产和职业卫生操作规程，并发放到相关岗位员工严格执行，组织相关培训。

1）项目现场：临边、沟、坑、孔洞、交通梯道等危险部位的栏杆、盖板等设施齐全、牢固可靠。高处作业等危险作业部位按规定设置安全网等设施。作业通道稳固、畅通。垂直交叉作业等危险作业场所设置安全隔离棚。机械、传送装置等的转动部位安装可靠的防护栏、罩等安全防护设施。临水和水上作业护栏等设施可靠，救生设施完备。

2）临时营地及仓储：排水、挡墙、防护网、涵洞、大门等防护设施正常、完好，配置的消防器材、防雷装置、门卫值班、应急物资等状态良好。

3）管理规定：暴雨、台风、暴风雪等极端天气前后组织有关人员对安全设施进行检查或重新验收。安全设施和职业病防护设施不应随意拆除、挪用或弃置不用；确因检维修拆除的，应经审批并采取临时安全措施，检维修完毕后立即复原。

策划文件中职业危害防护设施设计应包括：项目部应有效预防、控制和消除职业健康危害，保障员工在劳动过程中的身心健康及相关权益，全面履行《职业病防治法》规定职业健康管理要求，有效识别项目涉及职业健康危害可能导致的疾病、危害因素并制定管控措施，地下硐室和有限空间作业可能产生有毒有害气体、粉尘的场所配备有害气体检测仪和通风设备，进行职业健康危害因素检测，确保空气良好。

需在专项方案中对安全设施和职业危害防护设施进行设计的作业主要有：①水域钻探、物探、测绘作业；②高海拔钻探、物探、测绘作业；③高空溜索运输作业，栈桥、索桥、排架作业；④管网排查及管道清淤作业；⑤隧洞超前地质预报作业；⑥高边坡安全监测作业；⑦地震勘探爆炸作业；⑧平洞、竖井、斜井、探槽开挖爆破、出渣作业；⑨城区勘探、封道作业；⑩无人机测绘；⑪临时营地、炸药库；⑫临近带电体作业、危险场所动火作业；⑬四新作业及其他危险性较大作业；⑭重大危险源安全监测监控系统。

(2) 安全设施及重大危险源安全监测监控管理。勘察设计单位应将安全设施管理工作以及重大危险源安全监测监控工作落实到岗到人，一般按照“谁使用，谁负责，谁管理”的原则，负责对所管辖区的安全设施的日常检查、维护保养并做好记录，同时进行隐患排查工作，保证正常运行。勘察设计单位应利用信息技术对重大危险源进行监控，通过有效地对危险源进行实时运行数据监控和视频监控，在第一时间实行预警通告，实现早发现、早报告、早处置的目的。

(3) 勘测作业场所安全设施管理主要内容。安全设施是为保证安全生产所必须具备的设施和外部环境，主要包括：

1) 安全平台及安全围栏。

2) 安全标志牌、安全墩。

3) 孔洞盖板及临时防护栏杆。

4) 栈桥、栈道、悬空通道。

5) 通风除尘设施及配套装置。

6) 安全网。

7) 安全自锁装置。

8) 速差自控器。

9) 隔音值班室。

10) 排水及废弃物处置设施。

11) 钢扶梯、爬梯、简易木梯。

12) 排架、井架、施工用电梯。

13) 漏电保护器。

14) 安全低压照明设施。

15) 喷洒水车。

16) 易燃易爆物品储存设施。

17) 起重设备重新配置的限位装置。

18) 临时营地及仓储排水、挡墙、防护网、涵洞、大门防护设施，消防器材、防雷装置、门卫值班、应急设施等。

19) 安全监视测量装置、仪器、仪表（如尘、毒、噪检测仪、起重设备警示装置、应力应变监测装置）等。

(4) 安全设施施工和运行。安全设施的实施必须依照《水利水电工程施工安全防护设施技术规范》《水利水电工程施工安全管理导则》《水利工程建设安全生产管理规定》执行，文明生产是指生产作业场所整齐、规范，使得事故隐患易于发现、易于排除。作业现场安全设施通常应符合如下规定：

1）防护栏杆、盖板、安全网等防护设施。根据现行国家标准《高处作业分级》中在作业基准面 2m 以上属高处作业的规定，以及《生产设备安全卫生设计总则》中 2m 以上的平台必须设防坠落的栏杆、安全圈及防护板的规定，设置防护栏杆或盖板和采取防护措施均是为了防止工作人员的意外坠落或滑倒伤害，或者防止意外进入机械旋转等作业区域带来的意外伤害。防护栏杆应能阻止人员无意超出防护区域。防护栏杆的高度应满足《水利水电工程劳动安全与工业卫生设计规范》4.3.4 条和《水利水电工程施工安全防护设施技术规范》3.2.2 条要求。

当栏杆影响工作而在孔口上设盖板时，设置的盖板可为钢盖板或铁栅盖板，并应设有供活动式临时防护栏杆固定用的槽孔等。

应按照《水利水电工程劳动安全与工业卫生设计规范》《水利水电工程施工安全防护设施技术规范》《建筑施工高处作业安全技术规范》中的相关规定布设防护栏杆、盖板、安全网等防护设施，并做好日常检查和维护维修工作。

2）各种勘测设备的安全运行，应按国家有关技术规定，要求其本身具有安全防护装置、附件、指示仪表，如连锁保险，绝缘、接地、接零、限位、限重、限压装置开关等。

对于各种勘测设备、设施、临建等安全运行所必须具备的技术标准及安全防护装置，各项施工生产计划实施所必须具有安全技术措施和施工生产人员必须遵守的安全操作技术规程和技术技能的行为规范，均应按国家有关标准执行。

机械上外露的活动零部件，如开式齿轮、联轴器、传动轴、链轮、链条、传动带、皮带轮等，有条件的均宜装设防护罩。但难以装设防护罩的，需要采取另外的措施例如用栏杆分离危险区域，布设警示标识等。

3）作业通道应保持稳固和畅通，存放设备和材料的场所应按规划区域有序存放，堆高应符合安全要求，防止垮塌等事故。

4）应尽量避免同一垂直方向上同时进行多层作业。如必须同时进行多层作业，下方作业面的上方必须设立防护棚等隔离措施，并经常进行检查和维护，保持防护设施完好，以避免高处坠落、物体打击等伤害发生。

5）临水和水上作业护栏应满足《水利水电工程施工安全防护设施技术规范》第 4.2.2 条的相关规定。配备救生圈、救生交通船只、通信联络设备等，人员穿戴救生衣。

6）临时营地及仓储等设施的排水、挡墙、防护网、涵洞、大门等防护设施正常、完好，配置的消防器材、防雷装置、门卫值班、应急物资等状态良好。

7）暴雨、台风、暴风雪等极端天气前后使用单位或项目部应组织有关人员对安全设施进行检查或重新验收并保留记录。

8）安全设施和职业病防护设施不应随意拆除、挪用或弃置不用。确因检维修拆除的，应经审批并采取临时安全措施，检维修完毕后立即复原。保留防护设施拆除审批记录，检修完成后复原的验收记录。

9）安全防护设施管理。

a. 勘测设计单位在工程实施前，应全面布设各类设施、设备、器具的安全防护设施。作业前，安全防护设施应齐全、完善、可靠。

b. 作业单位应在作业现场的临边、洞、孔、井、坑、升降口、漏斗口等危险处，设置围栏或盖板；在建（构）筑物、施工电梯出入口及物料提升机地面进料口，设置防护棚；在门槽、闸门井、电梯井等井道口（内）安装作业时，设置可靠的水平安全网。

c. 作业单位必须在高处作业面的临空边缘设置安全护栏和夜间警示红灯；脚手架作业面高度超过3.2m时，临边应挂设水平安全网，并于外侧挂立网封闭；在同一垂直方向上同时进行多层交叉作业时，应设置隔离防护棚。

d. 作业单位在不稳定岩体、孤石、悬崖、陡坡、高边坡、深槽、深坑下部及基坑内作业时，应设置防护挡墙或积石槽。

e. 工程（含脚手架）的外侧边缘、各种起重设备（门机、塔机、缆机等）与输电线路之间的距离必须大于标准规定的最小安全距离；最小安全距离不能满足要求时，必须采取停电作业或增设屏障、遮栏、围栏、保护网等安全防护措施；不得在外电架空线路正下方施工、搭设作业棚、建造生活设施或堆放构件、架具、材料及其他杂物等。

f. 作业单位在高处施工通道的临边（栈桥、栈道、悬空通道、架空皮带机廊道、垂直运输设备与建筑物相连的通道两侧等）必须设置安全护栏；临空边沿下方需要作业或用作通道时，安全护栏底部应设置高度不低于0.2m的挡脚板；排架、井架、施工用电梯、大坝廊道、隧道等出入口和上部有施工作业通道的，应设置防护棚。

g. 各种机电设备的传动与转动的外露部分（传动带、开式齿轮、电锯、砂轮、接近于行走面的联轴节、转轴、皮带轮和飞轮等）必须安装方便拆装、网孔尺寸符合要求的封闭的钢防护网罩或防护挡板、防护栏等安全防护装置。

h. 各种机械设备的监测仪表（电压表、电流表、压力表、温度计等）和安全装置（制动机构、限位器、安全阀、闭锁装置、负荷指示器等）必须齐全、配套，灵活可靠，并应定期校验合格。

i. 施工用电配电系统应达到“三级配电两级漏电保护”和“一机、一闸、一漏”配电标准。

j. 作业现场的发电机、电动机、电焊机、配电盘、控制盘及变压器等电气设备的金属外壳及铆工、焊工的工作平台和集装箱式办公室、休息室、工具间等设施的金属外壳均应装设接地或接零保护。

k. 现场储存易燃易爆物品的场所，起重机、金属井字架、龙门架等机械设备，钢脚手架和工程的金属结构，当在相邻建筑物构筑物等设施的防雷装置接闪器的保护范围以外时，应设置防雷装置。

l. 露天使用的电气设备应选用防水型或采取防水措施。

m. 大量散发热量的机电设备（电焊机、气焊与气割装置、电热器、碘钨灯等）不得靠近易燃物，必要时应采取隔热措施。

n. 手持电动工具宜选用Ⅱ类电动工具；若使用Ⅰ类电动工具，必须采用漏电保护器、安全隔离变压器等安全措施。

在潮湿或金属构架等导电良好的作业场所，必须使用Ⅱ类或Ⅲ类电动工具；在狭窄场地（锅炉、金属容器、管道等）内，应使用Ⅲ类电动工具。

3. 参考示例

重大危险源监控制度见参考示例1，安全设施和职业病防护设施、重大危险源安全监测监控系统管理台账表见参考示例2，安全设施和职业病防护设施、重大危险源安全监测监控系统检查、保养计划表见参考示例3，安全设施和职业病防护设施、重大危险源安全监测监控系统检查记录表见参考示例4，安全设施和职业病防护设施、重大危险源安全监测监控系统维修、保养记录表见参考示例5，安全设施和职业病防护设施拆除申请记录表见参考示例6。

[参考示例1]

重大危险源监控制度

第一条　为了加强对重大危险源的监督管理，预防事故发生，保障施工人员生命安全和项目财产安全，根据《安全生产法》结合本项目实际情况，制定本制度。

第二条　本办法所称重大危险源，是指本单位危险源清单中所辨识出的重大危险源。

第三条　存在重大危险源的部门，其部门安全负责人全面负责本单位主要危险源的安全管理与监控工作。

第四条　对重大危险源存在的事故隐患以及在安全生产方面的违法行为，任何单位或者个人均有权向本单位负有安全生产监督管理职责的相关部门举报。

第五条　监控值班采取三班制，上、下班时间与公司规定的交接班时间一致，各值班人员要严格交接班，确保24小时有人值班。

第六条　监控值班人员要熟知被监控危险源的现场情况，监控数据参数和监控的其他要求。

第七条　加强监控技能。熟知监控原理和设备性能，熟练掌握设备操作。

第八条　值班人员不得改动监控机内设置的程序、技术参数和乱动各接线插头，不得随意删除监控记录和人为损坏监控设施。

第九条　值班人员不得利用电脑等设备上网聊天和玩游戏，不得干与工作无关的事情。

第十条　值班人员必须对各监控点进行即时监控巡查，如实做好记录。

第十一条　当监控屏幕出现预警和报警时，监控员要马上联系报警所在单位，前往查明原因。如通过屏幕已确定为事故报警的，要马上报告事故所发生单位的领导和办公室，并协助办公室组织抢险救援。抢险救援结束后要积极参与事故的调查分析。

第十二条　值班人员必须坚守工作岗位，不得串岗、脱岗、睡岗。

第十三条　负责对室内监控设备的维护保养，确保设备的正常运行，保持室内卫生清洁。

第十四条　定期对现场安装的监控设备进行巡查，并对发现的问题提出整改意见，责令被监控单位整改。单位自有技术力量无法解决的，上报领导后联系厂家前来维修。

第十五条　未经本单位领导批准，无关人员严禁进入监控室。

第十六条　若值班人员不遵守本规定，将按照公司的有关规定进行处理。

［参考示例 2］

安全设施和职业病防护设施、重大危险源安全监测监控系统管理台账表

设施使用单位：

序号	安全设施和职业病防护设施、重大危险源安全监测监控系统名称	安全设施和职业病防护设施型号及规格	安全设施和职业病防护设施、重大危险源安全监测监控系统编号	安全设施和职业病防护设施、重大危险源安全监测监控系统安装/使用地点	安全设施和职业病防护设施、重大危险源安全监测监控系统开始使用日期	安全设施和职业病防护设施、重大危险源安全监测监控系统是否完好	使用人/管理人	使用人/管理人是否完成使用和安全培训	备注
						□是 □否		□是 □否	

说明：安全设施、职业病防护设施包括：气体检测/报警设施、设备安全防护设施（防护罩、传动设备安全锁闭设施。电器过载保护设施。静电接地设施等）、作业场所防护设施（防噪声、通风除尘/排毒、防护栏/网、防滑等）、警示标识等。

［参考示例 3］

安全设施和职业病防护设施、重大危险源安全监测监控系统检查、保养计划表

单位名称： 年度： 年

序号	安全设施和职业病防护设施、重大危险源安全监测监控系统名称	规格型号	使用部门	计划检查日期	检查单位/人	计划保养日期	保养单位/人	备注
1								
2								
3								
4								
5								
6								
7								
8								
9								

[参考示例4]

安全设施和职业病防护设施、重大危险源安全监测监控系统检查记录表

单位名称： 检查日期： 年 月

序号	安全设施和职业病防护设施、重大危险源安全监测监控系统名称	规格型号	使用部门	检查原因（日常、计划检查/暴雨、台风、暴风雪等极端天气前后检查）	检查部门	检查时间	检查人签名	备注
1								
2								
3								
4								

[参考示例5]

安全设施和职业病防护设施、重大危险源安全监测监控系统维修、保养记录表

<table>
<tr><td colspan="2">单位名称</td><td></td><td>使用人</td><td></td></tr>
<tr><td colspan="2">安全设施和职业病防护设施、重大危险源安全监测监控系统名称</td><td></td><td>维修及保养时间</td><td>年 月 日</td></tr>
<tr><td rowspan="4">维修及保养情况</td><td>维修及保养的原因</td><td colspan="3"></td></tr>
<tr><td>维修及保养情况</td><td colspan="3"></td></tr>
<tr><td>维修及保养费用</td><td colspan="3"></td></tr>
<tr><td>检维修过程中安全风险控制措施</td><td colspan="3"></td></tr>
<tr><td colspan="3">检维修过程中是否落实安全风险控制措施：
□是
□否
□其他：
验证人（签名）：
日期： 年 月 日</td><td colspan="2">验收意见：
□处理后，符合安全使用要求。
□处理后，符合安全使用要求，需进一步处理。
□其他：
设备管理员（签名）：
设备使用人（签名）：
日期： 年 月 日</td></tr>
</table>

［参考示例 6］

安全设施和职业病防护设施拆除申请记录表

单位名称			安全设施和职业病防护设施名称	
拆除申请人			拆除申请时间	年 月 日
申请拆除	申请拆除原因			
	拆除后拟采取的临时安全措施			
	拟复原时间			
	拆除意见	拆除意见： 批准人（签名）： 日期： 年 月 日		
安全设施拆除后，检维修过程中是否落实临时安全措施		□是 □否 □其他： 验证人（签名）： 日期： 年 月 日		
复原情况		复原完成时间： 年 月 日 时 复原人（签名）： 日期： 年 月 日		
验收意见		验收意见： □复原处理后，符合安全使用要求。 □复原处理后，符合安全使用要求，需进一步处理。 □其他： 设备管理员（签名）： 设备使用人（签名）： 日期： 年 月 日		

【标准条文】

4.1.11 按规定进行登记、建档、使用、维护保养、自检、定期检验以及报废；有关记录规范；制定特种设备事故应急措施和救援预案；达到报废条件的及时向有关部门申请办理注销；建立特种设备技术档案（包括设计文件、制造单位、产品质量合格证明、使用维护说明等文件以及安装技术文件和资料；定期检验和定期自行检查的记录；日常使用状况记录；特种设备及其安全附件、安全保护装置、测量调控装置及有关附属仪器仪表的日常维护保养记录；运行故障和事故记录；高耗能特种设备的能效测试报告、能耗状况记录以及节能改造技术资料）；安全附件、安全保护装置、安全距离、安全防护措施以及与特种设备安全相关的建筑物、附属设施，应当符合有关规定。

1. 工作依据

《特种设备安全法》（主席令第四号）

《节约能源法》（2018 年修订）

《建设工程安全生产管理条例》（国务院令第 393 号）

《特种设备安全监察条例》（2009 年修订）

TSG 08—2017《特种设备使用管理规则》

GB 2894—2008《安全标志及其使用导则》

《小型和常压热水锅炉安全监察规定》（国家质量技术监督局令第 11 号）

《建筑起重机械安全监督管理规定》（建设部令第 166 号）

2. 实施要点

（1）特种设备的注册登记及管理。生产经营单位应按照《特种设备安全法》和《特种设备使用管理规则》第 3 条的规定，按照安全技术规范的要求向负责使用登记的特种设备安全监督管理部门提交特种设备的有关文件资料和使用单位的管理机构和人员情况、持证作业人员情况、各项规章制度建立情况等，并填写特种设备使用登记表，附产品数据表，完成特种设备的登记手续。登记后，特种设备使用单位取得使用登记证书。允许生产经营单位在使用后的 30 天内办理登记手续，但施工过程必须经过检验机构检验合格，保留检验合格记录。

特种设备使用单位实施使用管理的总体要求可归纳为“三落实、两有证”。“三落实”的内容为：落实安全生产责任制；落实安全管理机构、人员和各项管理制度及操作规程；落实定期检验。“两有证”的含义是：特种设备凭使用登记证（合格标志）使用；特种设备作业人员持证上岗。

特种设备的生产工艺、使用管理影响环保，如特种设备的热处理、除锈喷漆、无损检测、燃料的处理等。在进行安全生产工作中，将节能环保密切结合。

（2）特种设备的警示标志悬挂。特种设备使用过程中应悬挂安全警示标志，并应按《特种设备安全法》的规定配备专职或者兼职的特种设备安全管理人员，对特种设备作业人员作业情况进行检查，及时纠正违章作业行为，并对发现的特种设备事故隐患，立即进行处理。

（3）特种设备安全技术档案和记录要求。根据《特种设备安全法》释义，特种设备安全技术档案包括设备本身技术文件和使用管理、检查有关记录等两个方面。

1）证明特种设备本身质量的文件资料，包括设计单位、制造单位、安装单位提供的设计、制造、安装文件，有设计文件资料、制造质量证明书、监督检验证明、特种设备使用说明书、安装质量证明书等。特种设备在使用中，因工作需要进行改变性能的改造，应当如同设计、制造、安装的有关规定，做好改造的设计、施工的各项检查等，需要设计、施工单位出具设计文件和施工质量证明等资料。特种设备在运行中发生问题或者在自行检验检测、检验中发现缺陷，需要进行修理，一般修理只要求做好记录；对一些重大修理，如承压设备的承压部件修理、电梯等重要部件的修理应该由负责修理的单位出具证明，并需要由检验单位出具监督检验报告。这些文件是反映特种设备基本本身状况的原始文件，证明了特种设备本身安全性能，是设计、制造、安装、改造、修理单位出示的一种安全性能保证。

2）使用过程的记录文件，包括定期检验、改造、维修证明；自行检查记录；设备日常运行状况记录；日常维护保养记录；运行故障和事故记录。

定期检验记录主要是将由特种设备检验检测机构按照安全技术规范进行定期检验的情况进行记载，检验报告也应该存档。为及时发现特种设备运行中的各种隐患，并对设备安全使用状况进行分析，特种设备使用单位或管理单位组织对使用过程中的特种设备进行年度检查和定期巡回检查。一般情况下，自行检查和巡回检查是在不停机的情况下进行的，反映了设备在当时的安全运行状况，应如实记录存档。

特种设备在运行过程中，必须控制其运行参数，如锅炉、压力容器的运行压力、温度等，虽然许多设备已经利用自动仪表进行自动记录，但还必须由人进行观察并记录这些运行参数。特种设备在运行过程中，通过按照规定进行的维护保养保持正常的可靠的运行状况，如电梯的维护保养等，维护保养情况应如实记录存档。特种设备在运行过程中，出现的故障和发生的事故及其处理情况也应如实记录存档。对特种设备使用过程中进行记录，是强化责任的一种手段，是确保安全运行的一种措施，是使出现问题有据可查，便于分析，提出处理意见，也为设备以后的大修和技术改造提供参考依据。

（4）特种设备的维护保养、自检、定期检验。勘测设计单位对在用特种设备应按照《特种设备安全法》和《特种设备使用管理规则》的规定进行经常性维护保养和定期自行检查，及时排查和消除事故隐患，对在用特种设备的安全附件、安全保护装置及其附属仪器仪表进行定期校验（检定、校准）、检修，及时提出定期检验和能效测试申请，接受定期检验和能效测试，并且做好相关配合工作。

《特种设备安全法》释义中提及，特种设备在使用过程中，由于内在原因和外界的因素，会出现各种各样的问题，需要经常性的自行检验检测和维护保养，才能保持正常的运行状况。定期做好自行检验检测工作，可使一些问题及时发现，及时处理，保证设备的安全运行。特种设备的使用单位做好自行检验检测、检查和维护保养工作，是使用单位的一项义务，也是提高设备的使用年限的一项重要手段。如锅炉需要经常的清理水垢、清理炉胆等，电梯等需要经常的上油、调整等，都可以使设备在使用周期内安全使用得到保证。

特种设备生产、经营和使用单位应当根据安全技术规范的要求和设备具体情况，制订具体的自行检验检测、检查和维护保养时间。自行检验检测的项目、要求应该按照安全技术规范的规定和设备使用维修保养说明进行。自行检验检测情况必须加以记录。在自行检验检测、检查和维护保养中，发现的异常情况也必须做好记录，并采取措施进行处理。

定期检验是国家对特种设备实施的法定的强制性检验。特种设备在运行和使用过程中，因腐蚀、疲劳、磨损，都随着使用的时间，产生一些新的问题，或原来允许存在的问题逐步扩大，产生事故隐患，通过定期检验可以及时的发现和消除危及安全的缺陷隐患，防止事故发生，以便采取措施进行处理，保证特种设备能够运行至下一个周期。

根据特种设备本身结构和使用情况，在有关检验检测的安全技术规范中，规定了特种设备的检验周期，如锅炉一般为 2 年、压力容器为 3～6 年，电梯为 1 年等。经过检验，其下次检验日期，都在检验报告或检验合格证明中注明。特种设备使用单位应当按照安全技术规范的要求，在检验合格有效期届满前 30 天向所在辖区内有相应资质的特种设备检验机构提出定期检验要求。

特种设备在使用过程中，受环境、工况等因素的影响，会产生裂纹、腐蚀等新生缺陷以及安全附件和安全保护装置失效等问题，会直接导致发生事故或增加发生事故的概率。

在使用单位自行检查、检验检测和维修保养的基础上，通过定期检验，可以进一步加强和及时发现特种设备的缺陷和存在的问题，有针对性地采取相应措施，消除事故隐患，是特种设备在具备规定安全性能的状态下，能够在规定周期内，将发生事故的概率控制在可以接受的程度内。

特种设备的定期检验应符合：①按照《特种设备安全监察条例》的定期检验要求，在安全检验合格有效期届满前1个月向特种设备检验检测机构提出定期检验要求；②根据自身情况，安排定期检验计划，主动与检验单位落实检验时间和检验有关的工作要求，确保检验工作如期实施；③特种设备使用单位应当将定期检验标志置于该特种设备的显著位置。未经定期检验或者检验不合格的特种设备，不得继续使用。

(5) 安全附件管理要求。安全附件、安全保护装置、安全距离、安全防护措施以及与特种设备安全相关的建筑物、附属设施，应当符合特种设备设计文件、使用维护说明等文件以及安装技术文件等规定的要求。与特种设备安全相关的建筑物、构筑物及其附属设施，应当满足特种设备设计、施工、使用和检验、检测的需要，并不得影响特种设备安全。《特种设备安全法》释义中提及，与特种设备安全相关的建筑物，附属设置的设计，建造和施工应满足建筑法，消防法、建筑安全生产监督管理规定，建设工程施工现场管理规定，实施工程建设强制性标准监督规定等内容。

1) 特种设备的使用应当具有规定的安全距离。

安全距离是指一个危险源和可能受其伤害的对象（人、设备或环境）之间的最小分开距离。安全距离的作用是减轻可预见的偶然性事故的影响，防止小事故逐步上升为大事故。安全距离包括了防火间距。防火间距是防止着火建筑的辐射热在一定的时间内引燃相邻建筑，且便于消防扑救的间隔距离。

同时，安全距离也为特种设备提供保护，防止来自外部的可预见的损害（如道路行车、火焰）或运行操作行为以外的其他行为的干扰（如装置的边界围栏）。安全距离并不试图对灾难性事故或重大释放提供保护。对灾难性事故或重大释放一般是通过重大危险评估或其他方法，其目标是将重大事故的频率或后果降低到一个可以接受的水平。

安全距离取决于危险的种类（如介质毒性、易燃性、氧化性、窒息性、易爆性，高压力等）、特种设备设计和运行状态（如压力、温度、速度等）以及物质在这些状态下的物理性质、减少事故升级的外部缓解措施（如设置防火墙、围堤、排洪系统等）及其有效性、潜在的伤害对象（如人、环境或设备）。

特种设备安全距离的设置来源于使用经验或对较小的产品释放事故的计算。基于特种设备的使用经验、装设的安全保护装置、材料的性质和设备的结构等，设置合理的安全距离是预防特种设备突发事故或防止较小事故升级的重要手段。

2) 特种设备的使用应当具有规定的安全防护措施。

安全防护是指通过设置防护设备设施或利用空间距离等手段做好准备和保护，以应付或者避免人、设备或环境受害，从而使被保护对象处于没有危险、不受侵害、不出现事故的安全状态。显而易见，安全防护是改善劳动条件、降低劳动强度、避免或减少职业危害和预防安全事故所采取的技术措施或装备。

常见的安全防护，例如转动设备设施上设置各种完全固定或半固定密闭罩；设置各种手限制装置、手脱开装置；设置各类限制导致危险行程及过载保护装置；设置各种防止误动作或误操作装置；在各危险场所设置的安全监控、通风、防火、灭火、防爆、泄压、除尘、防毒、防雷、防静电、防腐、防渗漏和安全隔离装置以及各类警示标志；梯台的护栏、护笼；各种防滑、防倒及防垮塌装置。

例如对于操作人员立足地点距离地面或运转层高于 2m 的锅炉，应当设置平台、扶梯和防护栏杆等设施，且这些设施应当满足相关安全技术规范的要求。

3）与特种设备安全相关的建筑物、附属设施。应当符合有关法律、行政法规的规定。

特种设备用途广泛，涉及千家万户，特种设备如电梯与民用建筑、承压设备与工程建筑等都是离不开的，因此与特种设备安全相关的建筑物、附属设施的设计、建造和施工应满足建筑法、消防法、建筑安全生产监督管理规定、建设工程施工现场管理规定、实施工程建设强制性标准监督规定等内容。

例如压力容器、压力管道等都属于典型特种设备，其设计、制造、使用、检验等都需要遵守本法以及相关安全技术规范的要求，而与这些特种设备相关的建筑物、土建工程、附属的消防设施、电气、报警装置等必须满足建筑、消防等相关法律法规的要求。

（6）特种设备应急管理。特种设备使用单位应结合本单位所使用的特种设备的主要失效模式、失效后果，建立应急措施或预案，即针对特种设备引起的突发、具有破坏力的紧急事件而有计划地、有针对性和可操作性地采取预防、预备、应急处置、应急救援和恢复活动的安全管理制度。

特种设备使用单位制定的应急预案，应当突出针对性和可操作性，即结合本单位使用的特种设备的特性，制定专项应急预案，重在对事故现场的应急处置和应急救援上。特种设备事故应急预案的内容一般应当包括：应急指挥机构、职责分工、现场涉及设备危险性评估、应急响应方案、应急队伍及装备等保障措施、应急演练及预案修订等。

（7）特种设备报废。特种设备存在严重事故隐患，无改造、维修价值，或者超过安全技术规范规定使用年限，生产经营单位应当及时予以报废。特种设备报废应根据《特种设备安全法》和《特种设备使用管理规则》的规定，按生产经营单位的相关条例完成报废手续，采取必要措施对报废特种设备进行去功能化处理，如将承压部件割孔、电梯部件拆解等，使其不再具备再次使用的条件，并应当向原登记的特种设备安全监督管理部门办理注销。没有报废期限规定但超过设计使用年限的特种设备，生产经营单位应当申请有相应资质的检验检测机构对设备的主要承压部件或者主要受力部位以及控制部件进行安全评估和延寿分析，对评估合格的特种设备可适当延长使用年限，同时可以根据情况在评估报告中附加缩短检验周期、实行监控使用等限制条件。

《特种设备安全法》释义中提及，特种设备本身存在的严重事故隐患可包括下列情况：

1）非法生产的特种设备存在严重事故隐患的；

2）超过特种设备规定的参数范围使用的；

3）缺少安全附件、安全装置或者安全附件、安全装置失灵而继续使用的；

4）经检验检测结论为不允许使用而继续使用特种设备的；

5）使用有明显故障、异常情况或者责令改正而未予以改正的特种设备的。

特种设备存在严重事故隐患，无修理、改造价值主要指改造、维修无法达到安全使用要求或者其他情形。

因设备材料、结构及其使用的影响，设备在使用一个时期后，会失去其原有的安全性能，而改造、修理无法解决内在的安全性能，满足不了安全使用要求，根据相关安全技术规范中对特种设备规定的报废条件，如气瓶规定 15 年报废等，达到条件应当予以报废。

3. 参考示例

特种设备注册登记管理台账表见参考示例 1，特种设备运行记录表见参考示例 2，特种设备定期检验记录表见参考示例 3，特种设备安全附件定期检验记录表见参考示例 4，特种设备作业人员台账表见参考示例 5，特种设备安全技术档案见参考示例 6，特种设备保养维修记录见参考示例 7，特种设备运行故障和事故记录见参考示例 8。

[参考示例 1]

特种设备注册登记管理台账表

序号	特种设备名称	内部编号	特种设备注册代码	使用证编号	制造单位	制造日期	安装单位	设备所在地点	启用日期	设备完好状况	检验有效期	设备操作责任人员

[参考示例 2]

特种设备运行记录表

设备名称		设备编号		
使用岗位		注册代码		
日期	起止时间	运行情况	操作人	备注
	： 起 ： 止	□正常 □不正常：		
	： 起 ： 止	□正常 □不正常：		
	： 起 ： 止	□正常 □不正常：		
	： 起 ： 止	□正常 □不正常：		
	： 起 ： 止	□正常 □不正常：		
	： 起 ： 止	□正常 □不正常：		
	： 起 ： 止	□正常 □不正常：		

注 1. 特种设备操作人员应按照规定认真填写记录。

2. 记录主要内容：每班首次作业前试验情况；各安全装置、电气线路检查情况；设备作业情况。

3. 运行中如发现设备有异常情况，应立即停用，排除故障后方可继续运行，同时将故障情况填入《特种设备运行故障和事故记录》表。

4. 填完后送交××科存档。

[参考示例 3]

特种设备定期检验记录表

设备注册代码	使用证编号	设备名称（型号）	出厂编号	单位内部编号	投用日期	安装地址	使用状态
定期检验记录							
检验日期	下次检验日期	检验情况记录	检验报告编号	检验结论	检验单位	检验员	备注

[参考示例 4]

特种设备安全附件定期检验记录表

安全附件名称	型号	出厂编号	所属特种设备名称（型号）	所属特种设备出厂编号		安全附件安装位置		使用状态
定期检验记录								
检验日期	下次检验日期	检验情况记录	检（校）验报告编号	检验结论		检验单位	检验员	备注

[参考示例 5]

特种设备作业人员台账表

序号	姓名	证书编号	批准单位	作业种类	资格项目	有效期	操作设备名称	备注

[参考示例 6]

特种设备安全技术档案

单位名称：

设备名称：

设备型号：

注册代码：

档案建立日期：

归档号：

建档人：

特种设备安全技术档案材料清单

档案号：

设备名称：　　　　　　　　　　设备编号：

序号	材料名称		备注
1	特种设备使用登记证（复印件）		
2	设计文件	设计图样	
		强度计算书	
		设计或安装、使用说明书	
3	制造技术文件	竣工图样	
		产品质量证明书	
		产品铭牌的拓印件	
		安全附件合格证	
4	特种设备产品安全性能监督检验证书		
5	安装技术文件和资料		
6	特种设备定期检验、定期检查、安装监督检验报告等		
7	修理改造方案、实际修理情况记录，以及有关技术文件和资料		
8	安全附加校验、检定证书		
9	日常运行记录、保养维修记录（电梯的日常维保记录由维保单位提供，使用单位保存维保记录）		
10	设备运行故障、事故记录和处理报告		
11	其他，如设备停用、缓检的相关申报批准等资料		

[参考示例 7]

特种设备保养维修记录

设备名称（型号）：　　　　　　　　　　　　　　　　　　所在地点：

保养日期	保养维修内容	维修单位	维修人员	维修结果	设备管理人员确认（签名）

[参考示例8]

特种设备运行故障和事故记录

设备注册代码	使用证编号	设备名称（型号）	出厂编号	单位内部编号	投用日期	安装地址	使用状态
日期	故障/事故记录					记录人	备注

【标准条文】

4.1.12 设备设施存在严重安全隐患，无改造、维修价值，或者超过规定使用年限，应当及时报废。

1. 工作依据

《安全生产法》（2021年修订）

《特种设备安全法》（主席令第四号）

《道路交通安全法》（2021年修订）

《建设工程安全生产管理条例》（国务院令第393号）

《特种设备安全监察条例》（2009年修订）

《建筑起重机械安全监督管理规定》（建设部令第166号）

《用人单位劳动防护用品管理规范》（2018年修改）

2. 实施要点

设备年久陈旧不适应工作需要或无再使用价值，或存在严重安全隐患无法排除，或者超过规定使用年限，经技术鉴定与咨询后，应及时办理报损、报废手续。报废后的设备不得继续投入使用。设备设施报废应满足相关法律法规要求。

（1）一般机械设备及劳动防护用品报废。《建设工程安全生产管理条例》第三十四条规定：……施工现场的安全防护用具、机械设备、施工机具及配件必须由专人管理，定期进行检查、维修和保养，建立相应的资料档案，并按照国家有关规定及时报废。《用人单位劳动防护用品管理规范》第二十五条规定：安全帽、呼吸器、绝缘手套等安全性能要求高、易损耗的劳动防护用品，应当按照有效防护功能最低指标和有效使用期，到期强制报废。

（2）车辆报废。《道路交通安全法》第十四条规定：国家实行机动车强制报废制度，根据机动车的安全技术状况和不同用途，规定不同的报废标准。应当报废的机动车必须及时办理注销登记。达到报废标准的机动车不得上道路行驶。报废的大型客、货车及其他营运车辆应当在公安机关交通管理部门的监督下解体。

（3）建筑起重机械报废。《建筑起重机械安全监督管理规定》第七条规定：有下列情形之一的建筑起重机械，不得出租、使用：

（一）属国家明令淘汰或者禁止使用的；

（二）超过安全技术标准或者制造厂家规定的使用年限的；

（三）经检验达不到安全技术标准规定的。

第八条规定：建筑起重机械有本规定第七条第（一）、（二）、（三）项情形之一的，出租单位或者自购建筑起重机械的使用单位应当予以报废，并向原备案机关办理注销手续。

（4）特种设备报废。《特种设备安全法》第三十二条规定：禁止使用国家明令淘汰和已经报废的特种设备。第四十八条规定：特种设备存在严重事故隐患，无改造、修理价值，或者达到安全技术规范规定的其他报废条件的，特种设备使用单位应当依法履行报废义务，采取必要措施消除该特种设备的使用功能，并向原登记的负责特种设备安全监督管理的部门办理使用登记证书注销手续。前款规定报废条件以外的特种设备，达到设计使用年限可以继续使用的，应当按照安全技术规范的要求通过检验或者安全评估，并办理使用登记证书变更，方可继续使用。允许继续使用的，应当采取加强检验、检测和维护保养等措施，确保使用安全。

《特种设备安全监察条例》第三十条规定：特种设备存在严重事故隐患，无改造、维修价值，或者超过安全技术规范规定使用年限，特种设备使用单位应当及时予以报废，并应当向原登记的特种设备安全监督管理部门办理注销。

3. 参考示例

固定资产报废申请单见参考示例。

[参考示例]

固定资产报废申请单

时间：　　年　　月　　日

申请人		申请部门	
申请报废固定资产			
资产名称		型号	
资产编号		使用年限	年
原用途		原值	
原管理人		存放地点	
申请报废理由：			
部门处理意见：			
财务或资产管理部门处理意见：			
审批意见：			
处理结果： 处理人： 处理时间：　　年　　月　日			

第二节 作 业 安 全

【标准条文】

4.2.1 现场作业布局与分区合理，规范有序，符合安全文明作业、交通、消防、职业健康、环境保护等有关规定。

作业现场应实行定置管理，保持作业环境整洁。

作业现场应配备相应的安全、职业病防护用品（具）及消防设施与器材，按照有关规定设置应急照明、安全通道，并确保安全通道畅通。

1. 工作依据

《安全生产法》（2021年修订）

《职业病防治法》（2018年修订）

《消防法》（2021年修订）

《水利工程建设安全生产管理规定》（水利部令第26号，2019年修订）

AQ 2004—2005《地质勘探安全规程》

GB 55017—2021《工程勘察通用规范》

GB 55018—2021《工程测量通用规范》

GB/T 50585—2019《岩土工程勘察安全标准》

CH 1016—2008《测绘作业人员安全规范》

SL 721—2015《水利水电工程施工安全管理导则》

SL 398—2007《水利水电工程施工通用安全技术规程》

SL 401—2007《水利水电工程施工作业人员安全技术规程》

AQ/T 2049—2013《地质勘查安全防护与应急救生用品（用具）配备要求》

《用人单位劳动防护用品管理规范》（安监总厅安健〔2015〕124号）

2. 实施要点

（1）现场作业布局与分区合理。勘察设计机构在合同委托方的生产经营场所或项目施工现场从事勘测、检测、监测和试验时，其作业现场的布局与分区，包括营地、勘探（含井探、槽探、洞探、物探）、试验场地的设置、检测观测仪器的布置，应服从施工现场总体布置，紧凑合理，尽可能减少用地，符合国家、行业有关建筑施工现场安全、文明施工和环保施工的规定。

在策划文件及专项方案中明确拟作业现场的布局与分区、安全文明作业、交通、消防、职业健康和环境保护措施，经勘察设计单位分管负责人或项目经理批准，报经合同委托方同意后方可实施，留存相应的审批资料、策划文件（含勘探布置图）及专项方案等。

勘探布置图应标识现场工作布置点、已建和拟建（构）筑物及管线，测量放线标桩地形等高线等，需设置生产、生活临时设施的项目，应标示生产、生活临时设施，必要的图例、比例尺、方向及风向标记等内容，生活和作业场所尽量避开自然灾害发育及其他危险部位。

（2）营地选择和布置合理管理规范。野外营地的选择应遵守《地质勘探安全规程》5.14条规定：a）借住民房应进行消毒处理，并检查房屋周边环境、基础和结构。b）营地应选择地面干燥、地势平坦背风场地，预防自然灾害和地质灾害。c）营地应设排水沟，悬挂明显标志。d）挖掘锅灶或者设立厨房，应在营地下风侧，并距营地大于5m。e）在林区、草原建造营地，应开辟防火道。

1）营地布置合理。办公区、生活区应与施工区分开，办公室、宿舍与食堂等的布置应满足消防、卫生要求。办公室、宿舍、食堂等位置应建立卫生值日制度，设密闭式垃圾容器，采取灭鼠、蚊、蝇、蟑螂等措施，并定期投放和喷洒药物。

2）营地饮食卫生。食堂应设置在远离厕所、垃圾站、有毒有害场所等污染源的地方；食堂外应设置密闭式泔水桶，并及时清运。炊事人员应持身体健康证上岗，穿戴洁净的工作服、工作帽和口罩，并保持个人卫生，非炊事人员不得随意进入制作间；食堂的炊具、餐具和公用饮水器具应清洗消毒。发生法定传染病、食物中毒或急性职业中毒时，应及时报告并组织救治，并积极配合调查处理。

3）营地安保。项目部应建立安全保卫制度，对来访者进行登记，任何人不准擅自留宿非项目部人员。严禁在项目部打架、斗殴以及进行黄、赌、毒等非法活动。

4）营地警示标志。识别自管营地可能存在安全隐患和职业病危害的场所，设置明显的安全警示牌、告知牌，定期进行维护确保其完好有效。

（3）作业现场实行定置管理。定置管理是对生产现场中的人、物、场所三者之间的关系进行科学地分析研究，使之达到最佳结合状态的一门科学管理方法。勘测、检测、监测和试验作业现场应实行定置管理，设备、工器具、岩芯等分区摆放、整齐有序。

（4）安全文明施工和环保工作。保持作业环境整洁，符合安全文明施工要求，现场设置安全围挡警示，做好噪声和粉尘控制；落实环境保护措施，做好现场污水、固体废弃物管理和植被保护工作。

1）安全围挡警示设置。作业现场在公共区域的，应设置连续、封闭的围挡，围挡稳固、整齐、美观。作业现场醒目位置应设置清晰、齐全、规范的安全警示标识标牌。临时施工道路布置应便于运输、作业，道路平整通畅。

2）噪声控制。应将作业现场的强噪声设备设置在远离居民区的一侧。居民生活区附近作业应严格执行按当地政府规定的作业时间段，不违章扰民。确需在夜间进行施工，且所产生的环境噪声超过国家规定的环境噪声排放标准的，施工前应向当地环保部门提出申请，经批准后方可进行夜间施工。作业现场的车辆不得随意鸣笛，材料货物装卸应轻拿轻放。

3）粉尘控制。应排查易产生粉尘的作业环节，采相应的控制措施，主要有湿式作业、覆盖、封闭，改善施工设备与工艺等。进行坑、槽探作业等扬尘施工时，操作人员应佩戴防护口罩。

4）污水管理。作业现场应做到干净、整洁，防止泥浆、污水、油污等外流。污水应经处理后方能排放，作业现场无法自行处理的废水应委托有资质的污水处理单位进行处理；废浆应使用封闭的专用车辆运输到当地环保部门指定的位置。

5）固体废弃物管理。应指定专门的固体废弃物存放地点，有毒、有害固体废弃物应密闭存放并设置安全警示标志。不可随意丢弃固体废弃物。可回收固体废弃物可以就地回收；不可回收的固体废弃物应运输至当地环保部门指定的位置，有毒有害的固体废弃物应委托具有有毒废弃物处理资质的单位进行处理。

6）植被保护。进入森林草原保护区、公园等作业前，应向政府环保、林业、园林等有关部门提出申请，经批准后方可进入作业。整修作业场地、临时道路时，应尽量少占用绿地草皮、尽量少损坏青苗树木。作业结束后，应按要求做好植被恢复。

（5）现场车辆交通和消防安全管理。项目部全体人员遵守机动车安全管理规定，落实驾驶员安全教育培训和安全交底、车辆安全保障措施和隐患排查治理，车辆安全管理负责人定期组织对车辆进行安全检查和维修保养。落实项目现场消防安全教育培训、安全保障措施和隐患排查治理，办公场所、宿舍、食堂及危险性较大的作业现场、林区作业应有相应的消防器材，建立消防设备设施台账，并定期进行检查、试验，确保消防设备设施完好有效。

（6）现场安全防护和应急管理。作业现场应配备相应的安全、职业病防护用品（具），如：水上钻探平台及交通船必须备有足够数量的救生衣、救生圈、救生绳和通信设备，无手机信号的地方应配置对讲机，钻船、渡船等渡口码头或钻船在夜间应有良好照明，配备应急照明设备；海上作业时，钻场应储存足够的淡水、急救药品和配备救生艇。

平洞内作业应按有关规定设置照明和应急照明设备，通信线路与照明线路不得设置在同一侧，照明线路与动力线路之间距离应大于0.2m，存在瓦斯、煤尘爆炸危险的探洞作业应使用防爆型照明用具，并不得在洞内拆卸照明用具。洞口位置宜选择在岩土体完整、坚固和稳定的部位，洞口周围和上方应无碎石、块石和不稳定岩石，洞口顶板和硐室内岩土体易坍塌部位应采取支护措施，留足安全通道，并确保安全通道畅通。

3. 参考示例

无。

【标准条文】

4.2.2 对水上水下作业、临近带电体作业、危险场所动火作业、有（受）限空间作业、爆破作业、封道作业等危险性较大的作业活动应编制专项方案，按规定实施作业许可管理，严格履行作业许可审批手续。专项方案应包含安全风险分析、安全及职业病危害防护措施、应急处置等内容。

超过一定规模的危险性较大作业的专项方案，应组织专家论证。

1. 工作依据

《安全生产法》（2021年修订）

《职业病防治法》（2018年修订）

《消防法》（2021年修订）

《水利工程建设安全生产管理规定》（水利部令第26号，2019年修订）

GB 55017—2021《工程勘察通用规范》

GB 55018—2021《工程测量通用规范》

GB/T 50585—2019《岩土工程勘察安全标准》

CH 1016—2008《测绘作业人员安全规范》

GB 50194—2014《建设工程施工现场供用电安全规范》

SL 721—2015《水利水电工程施工安全管理导则》

SL 398—2007《水利水电工程施工通用安全技术规程》

SL 401—2007《水利水电工程施工作业人员安全技术规程》

2. 实施要点

(1) 实施作业许可管理。单位管理制度中应明确作业许可范围，对需实施作业许可的危险性较大的作业活动，根据相关法律法规和标准规范，制定相关操作规程，明确作业管理要求和流程。水上水下作业、爆破作业、封道作业需要外部相关方许可，办理相关手续后方可作业；临近带电体作业、危险场所动火作业、有（受）限空间作业及其他危险性较大的作业活动需要项目部内部或业主或本单位许可，办理作业许可票后方可作业，对同类作业项目再次作业时，应重新办理作业许可票，经审批后的作业许可票，如填报项目发生变化，需重新履行填报手续。作业许可票填报时一式三份，作业机构、监护人、安全监管部门各一份，如属多个班组作业，可视情况增加填报份数。

1) 水上水下作业。在通航河流、湖泊、海域作业应遵守航务、港监、海事等有关部门规定，办理相关手续取得其许可。租用船舶作为渡船时，其船必须持有船舶检验机构依法颁发的船舶检验证书和经海事管理机构依法登记的全套船舶登记证书。船舶驾驶员、船员水手须经水上交通安全专业培训，并经海事管理机构考试合格，取得相应的适任证书或者其他适任证件，方可担任。应当遵守职业道德，提高业务素质，严格依法履行职责。

船舶在内河航行、作业，应当按港航管理部门要求悬挂规定标识，配备无线通信设备，并与航道部门同频道，与过往船只保持联系。

2) 爆破作业。爆破项目必须报当地公安部门审批后方可实施，作业前必须经项目部爆破指挥机构批准。从事爆破作业的单位必须取得爆破作业单位许可证、具备相应等级的爆破资质，严禁无许可证、资质的单位从事爆破作业。从事爆破作业的单位应建立严格的爆破器材运输、储存、领发、清退制度，建立工作人员的岗位责任制度、培训持证制度、爆破安全操作规程以及爆破设计和安全技术措施审批等安全管理制度。爆破作业人员应经过专业技术培训，持有经公安部门培训考试合格颁发的爆破作业人员许可证，持证上岗。

爆破作业前应进行爆破试验，由爆破设计单位和人员编制爆破设计，并严格执行审批手续，爆破作业均应按批准的爆破设计进行。爆破作业前，应对爆破区周围的自然条件和环境状况进行调查，了解危及安全的不利环境因素，制定必要的安全防护措施。

3) 封道作业。封道作业常见的有全封闭施工、半封闭施工等形式，均需要办理相关审批手续，城区封道一般需交管、城管、交警等相关方许可后方能开展作业，场地涉及园林、市政管线、社区等部门和单位的，应征得其同意，并按照规定办理相关手续。城区以外断路作业一般需提交道路主管部门及相关单位进行审批，获得相关方许可后方可实施断路。

应根据需要在断路的路口和相关道路上设置交通警示标志，在作业区附近设置路栏、道路作业警示灯、导向标等交通警示设施。断路作业结束后，应清理现场，撤除作业区、路口设置的路栏、道路作业警示灯、导向标等交通警示设施，项目部应检查核实，并报告有关部门恢复交通。

4）临近带电体作业。在现场作业时，经常出现各种作业设备、工具等导电物体碰触架空输电线路导致人身伤亡事故，因此强调作业过程中，作业设备、工具等导电物体与架空输电线路保持一定的安全距离是必要的。当作业距离不能满足最小安全距离的要求，又需要作业时，属于临近带电体作业，必须办理临近带电体作业许可票（见参考示例 1），安排专人监护，制定详细的安全防护措施，如采取停电作业或增设屏障、遮栏、围栏、保护网等安全防护措施，悬挂醒目的警示标志牌，并进行细致的安全技术交底后方能作业。

a. 勘测作业时，导电物体外侧导电物体外侧边缘与架空输电线路边线之间的最小安全距离应符合表 4.2－1 的有关规定。

表 4.2－1　勘测作业导电物体外侧边缘与架空输电线路边线之间的最小安全距离

输电线路电压/kV	<1	1～10	35～110	154～330	550
最小安全操作距离/m	4	5	10	15	20

b. 布置作业现场道路等设施时，与外电架空线路的最小距离应符合表 4.2－2 的规定，否则应按要求采取隔离防护措施。

表 4.2－2　作业现场道路等设施与外电架空线路的最小距离　单位：m

<table>
<tr><th rowspan="2">类　别</th><th rowspan="2">距　　离</th><th colspan="3">外电线路电压等级</th></tr>
<tr><th>≤10kV</th><th>≤220kV</th><th>≤550kV</th></tr>
<tr><td rowspan="2">施工道路与外电架空线路</td><td>跨越道路时距路面最小垂直距离</td><td>7</td><td>8</td><td>14</td></tr>
<tr><td>沿道路边敷设时距离路沿最小水平距离</td><td>0.5</td><td>5</td><td>8</td></tr>
<tr><td rowspan="2">临时建筑物与外电架空线路</td><td>最小垂直距离</td><td>5</td><td>8</td><td>14</td></tr>
<tr><td>最小水平距离</td><td>4</td><td>5</td><td>8</td></tr>
<tr><td>在建工程脚手架与外电架空线路</td><td>最小水平距离</td><td>7</td><td>10</td><td>15</td></tr>
</table>

c. 布置作业现场道路等设施时，与场内供用电架空线路与的最小距离应符合表 4.2－3 的规定。

表 4.2－3　作业现场道路等设施与场内供用电架空线路的最小距离　单位：m

<table>
<tr><th rowspan="2">类　别</th><th rowspan="2">距　　离</th><th colspan="2">供用电绝缘线路电压等级</th></tr>
<tr><th>≤1kV</th><th>≤10kV</th></tr>
<tr><td rowspan="2">作业现场道路与场内架空线路</td><td>沿道路边敷设时距离路沿最小水平距离</td><td>7</td><td>8</td></tr>
<tr><td>跨越道路时距路面最小垂直距离</td><td>0.5</td><td>5</td></tr>
<tr><td>在建工程（含脚手架工程）与场内架空线路</td><td>最小水平距离</td><td>5</td><td>8</td></tr>
<tr><td>临时建（构）筑物与场内架空线路</td><td>最小水平距离</td><td>7</td><td>10</td></tr>
</table>

5）危险场所动火作业。《消防法》第二十一条规定：禁止在具有火灾、爆炸危险的场所吸烟、使用明火。因施工等特殊情况需要使用明火作业的，应当按照规定事先办理审批

手续，采取相应的消防安全措施；作业人员应当遵守消防安全规定。在禁火区进行焊接与切割作业及在易燃易爆场所使用喷灯、电钻、砂轮等进行可能产生火焰、火花和赤热表面的临时性动火作业应办理《动火安全作业许可证》（见参考示例2），进入受限空间、高处等进行动火作业时，还须执行受限空间作业安全规范和高处作业安全规范的规定。办理好《动火安全作业许可证》后，动火作业负责人应到现场检查动火作业安全措施落实情况，确认安全措施可靠并向动火人和监火人交代安全注意事项后，方可批准开始作业。动火作业完毕，动火人和监火人以及参与动火作业的人员应清理现场，监火人确认无残留火种后方可离开。

6）有（受）限空间作业。进入各种设备内部（炉、塔釜、罐、仓、池、槽车、管道、烟道等）和城市（包括工厂）的隧道、下水道、沟、坑、井、池、涵洞、阀门间、污水处理设施等封闭、半封闭的设施及场所（船舱、地下隐蔽工程、密闭容器、长期不用的设施或通风不畅的场所等），以及农村储存用的井、窖，通风不良的矿井进行勘测、检测、监测作业，必须办理作业票（见参考示例3），严格履行作业许可审批手续，实行闭环管理。

a. 进入有限空间作业前，应先通风，再进行气体检测，作业人员正确穿戴劳动防护用品，安全员到场看护，每隔30min用对讲机对进入有限空间作业人员呼叫一次，并做好记录（见参考示例4）。

b. 初次气体检测时间不得早于作业前30min，工作过程中至少每隔30min检测一次并如实记录（见参考示例4），气体上、下检测点距离有限空间顶部和底部均不应超过0.5m，中间检测点均匀分布，检测点间距不应超过5m，每个检测点的检测时间，应大于仪器响应时间。

c. 气体检测标准值参考：硫化氢含量不大于10mg/m^3，一氧化碳含量不大于30mg/m，可燃气体浓度应低于爆炸下限的10%，氧气含量为19.5%～23.5%。

7）其他危险性较大的作业。各单位可结合本单位实际，对其他危险性较大的作业活动，实施作业许可管理（见参考示例5）。

（2）制定并严格实施专项方案。对实施作业许可的危险作业活动编制专项方案，专项方案应包含安全风险分析、安全及职业病危害防护措施、应急处置等内容，专项方案应经项目部内部审批，业主有要求时，按照要求上报监理、业主审批备案，超过一定规模的危险性较大作业（如复杂水域作业、海上作业、复杂爆破作业）的专项方案，应组织专家论证。

严格按照经审批的专项方案实施，做好危险作业活动审批、人员培训、安全技术交底、配备个人防护装备、作业监护、警示标识、应急措施等安全管理工作。勘察设计项目部的专（兼）职安全管理人员应协助主要负责人检查安全用具、安全设施、人员到岗和防护用具情况，密切注意现场施工人员的活动状态，有权制止违章作业和违章指挥，并有权提出警告和批评，发现事故隐患及时通知负责人采取消除措施，如情况危及施工人员安全和施工安全时，有权责令停止施工，并向上级报告，对违章人员有权提出处罚意见。

（3）分包方作业许可管理。分包单位或分包作业组实施需办理作业许可的项目，应由分包方按照相关要求开展作业许可管理，由分包方组织编制“专项方案”并严格实施，项目主管单位及项目部加强过程监管。

3. 参考示例

[参考示例 1]

临近带电体作业许可票

工程名称：　　　　　　　　　　　　　　　　　　　　　　　　　　编号：

<table>
<tr><td>作业机构</td><td colspan="2"></td><td>作业地点</td><td colspan="2"></td></tr>
<tr><td>现场负责人</td><td colspan="2"></td><td>安全负责人</td><td colspan="2"></td></tr>
<tr><td>操作人</td><td colspan="2"></td><td>作业证号</td><td colspan="2"></td></tr>
<tr><td>监护人</td><td colspan="2"></td><td>高压输电线路等级</td><td colspan="2">V</td></tr>
<tr><td>作业内容</td><td colspan="5"></td></tr>
<tr><td>作业时间</td><td colspan="5"></td></tr>
<tr><td rowspan="13">作业条件确认</td><td>序号</td><td colspan="2">检查内容</td><td>符合性</td><td>确认人</td></tr>
<tr><td>1</td><td colspan="2">勘察纲要（专项方案）方案按程序编制、审批完成，或批准的作业指导书</td><td></td><td></td></tr>
<tr><td>2</td><td colspan="2">现场的作业条件与勘察纲要（专项方案）或批准的作业指导书一致，不一致的按程序重新进行审批</td><td></td><td></td></tr>
<tr><td>3</td><td colspan="2">勘探设备检查合格，有接地装置</td><td></td><td></td></tr>
<tr><td>4</td><td colspan="2">作业人员身体条件符合要求，按规定持有作业操作证</td><td></td><td></td></tr>
<tr><td>5</td><td colspan="2">作业人员经安全教育培训合格，对作业人员进行现场技术交底和风险告知</td><td></td><td></td></tr>
<tr><td>6</td><td colspan="2">制定应急预案或现场处置方案，作业人员了解现场急救知识</td><td></td><td></td></tr>
<tr><td>7</td><td colspan="2">作业人员按规定穿戴和使用劳动防护用品</td><td></td><td></td></tr>
<tr><td>8</td><td colspan="2">现场封闭管理，设置满足要求的安全防护设施和安全警示标识</td><td></td><td></td></tr>
<tr><td>9</td><td colspan="2">时段天气情况满足作业要求</td><td></td><td></td></tr>
<tr><td>10</td><td colspan="2">现场有负责人和监护人</td><td></td><td></td></tr>
<tr><td>11</td><td colspan="2">其他补充安全措施</td><td></td><td></td></tr>
<tr><td>危害识别</td><td colspan="2">已进行危害识别，主要风险：触电。已进行安全告知</td><td></td><td></td></tr>
<tr><td colspan="3">现场负责人审核：
各项措施已落实，可以开工作业。

签名
时间</td><td colspan="3">现场安全负责人审核意见：
同意开工。

签名
时间</td></tr>
<tr><td>完工时间</td><td colspan="2"></td><td colspan="3">监护人签名：</td></tr>
</table>

注 1. 本表一式三份，作业机构、监护人、项目安全监管部门各一份。

2. 检查内容根据现场实际情况填写。

[参考示例 2]

动火安全作业许可证

作业申请项目：　　　　　　　　　　　　　　　　　　　　　　　　　　编号：

<table>
<tr><td>动火地点</td><td colspan="6"></td><td rowspan="4">动火人：（我已理解此许可证规定的条件并遵守）</td></tr>
<tr><td>动火内容</td><td colspan="6"></td></tr>
<tr><td>动火方式</td><td colspan="6">电焊□　气焊（割）□　手持电动工具□　其他□</td></tr>
<tr><td>动火时间</td><td colspan="6">年　月　日　时　分始至　年　月　日　时　分止</td></tr>
<tr><td>动火等级</td><td colspan="7">特殊动火□　一级动火□　二级动火□　三级动火□</td></tr>
<tr><td rowspan="4">动火分析</td><td>可燃气体</td><td>电焊（割）</td><td>氧气、乙炔</td><td>其他</td><td>部位</td><td>时间</td><td>分析人</td></tr>
<tr><td></td><td></td><td></td><td></td><td></td><td></td><td></td></tr>
<tr><td></td><td></td><td></td><td></td><td></td><td></td><td></td></tr>
<tr><td></td><td></td><td></td><td></td><td></td><td></td><td></td></tr>
<tr><td>涉及的其他特殊作业</td><td colspan="2"></td><td colspan="2"></td><td></td><td></td><td></td></tr>
<tr><td>危害识别</td><td colspan="7">1. 作业范围内危险因素有：高温□　高压□　高空□　高噪音□　易燃□　易爆□　有毒□　有电□　有腐蚀□　风尘□　设备密集□　其他□
2. 可能造成的危害有：灼伤□　火灾□　爆炸□　中毒和窒息□　高处坠落□　触电起重□　伤害机械□　伤害人员□　淹溺□　其他□</td></tr>
<tr><td>安全措施</td><td colspan="7">切断工艺流程□　水洗置换□　渗压处理□　盲板隔离□　挂标签□　清理地面油渍□　打开人孔盖□　电源断电挂牌上锁□　安装漏电保护器□　配备灭火器□
设置路障□　避免人体接触□　交叉作业防护□　挂安全网□　打开通排风设施□　使用无火花工具□　搭设脚手架□　设置挡板防飞溅□　系好安全带□　易燃物清理□　可燃、有毒气体检测□　劳动防护用品□　应急通信工具□　急救药箱□　设置警示牌□　消防栓可用□　听力保护□　护目镜或面部保护□　机械防护（火）罩□　人员培训□　空气呼吸器□　防火毡布覆盖地沟、水井□　穿戴防毒面具或滤毒罐□　乙炔和氧气距离符合规定□　其他□
作业单位负责人：　　　　　　　　　　现场初审人员：</td></tr>
<tr><td>实施安全教育人</td><td colspan="4">我已按要求对此次参与作业的所有人员进行了教育</td><td colspan="2">签字</td><td></td></tr>
<tr><td>动火安全措施编制人</td><td colspan="2">我已对作业现场安全查认，安全措施无遗漏</td><td colspan="2">动火部位负责人</td><td colspan="3">我已到现场落实安全措施，确认各项安全措施到位</td></tr>
<tr><td>监火人</td><td colspan="3">我已将作业安全措施完全向作业人交代清楚，并承诺坚守岗位，制止违章</td><td>项目所在属地主管</td><td colspan="3">本人已检查了现场，确认在此规定下可以作业</td></tr>
<tr><td>动火前，岗位或班长以上人员验票签字</td><td colspan="4">我已到现场落实安全措施，确认各项安全措施到位
年　月　日　时</td><td colspan="2">岗长（签字）</td><td></td></tr>
<tr><td>动火作业负责人</td><td colspan="2"></td><td>安质部审批</td><td></td><td colspan="2">分管领导审批</td><td></td></tr>
<tr><td colspan="8">特殊动火会签：</td></tr>
<tr><td>完工验收</td><td colspan="7">我已到现场落实，已按要求完成且完全附件已恢复
年　月　日　时</td></tr>
</table>

［参考示例 3］

有限空间作业票（管网排查下井作业）

作业单位：　　　　　　　　　　　　作业日期：

项目名称		作业位置	
作业任务		作业时段	
作业班组负责人		监护人员	
作业人员		天气	
风险识别	存在缺氧或富氧、易燃气体和蒸汽、有毒气体和蒸汽、冒顶、高处坠落、触电、物体打击、各种机械伤害等危险有害因素。		
安全防护措施	1. 是否设置封闭警示及交通疏导设施　是：　否： 2. 是否做好上下游排水降水措施　是：　否： 3. 作业现场负责人是否进行安全交底　是：　否： 4. 作业人员身体状况是否达到下井要求　是：　否： 5. 是否“先通风、再检测”，气体检测是否合格（初始气体检测记录见附件 5） 是：　否： 6. 作业人员下井时佩戴有效的： ▶A. 隔绝式呼吸器　B. 过滤式呼吸器　C. 潜水作业服　（打“√”） ▶对讲机、便携式气体检测报警仪　是：　否： ▶安全绳、安全帽等其他防护用品　是：　否： ▶应急救援装备是否到位　是：　否： 7. 是否配置专门监护人员　是：　否： 8. 泵池作业时，池上监护人员是否佩戴安全带、安全绳、安全帽 是：　否： 9. 其他防护措施：		
现场监护人员	（签字）　年　月　日		
作业班组负责人	（签字）　年　月　日		
现场安全负责人意见	（签字）　年　月　日		
监理工程师意见	（签字）　年　月　日		

［参考示例 4］

有限空间气体检测记录表和对讲机半小时呼叫记录表

有限空间作业气体检测记录表								
作业单位				作业日期				
项目名称				作业位置				
作业任务				作业时段				
作业阶段	检测时间及位置		检测内容					
			硫化氢（H_2S）	一氧化碳（CO）	可燃气体	氧气（O_2）	是否合格“√，×”	检测人
初始气体检测		上						
		中						
		下						

续表

作业阶段	检测时间及位置		检测内容					
			硫化氢(H_2S)	一氧化碳(CO)	可燃气体	氧气(O_2)	是否合格“√，×”	检测人
持续检测		上						
		中						
		下						
		上						
		中						
		下						
		上						
		中						
		下						
		上						
		中						
		下						
	可根据实际续表							
监护人：			作业班组负责人：		安全负责人：		监理：	

注 1. 气体检测时间不得早于作业前30min。

2. 至少每隔30min检测一次并如实记录，其中，上、下检测点距离有限空间顶部和底部均不应超过0.5m，中间检测点均匀分布，检测点间距不应超过5m，每个检测点的检测时间，应大于仪器响应时间。

3. 标准值参考：硫化氢含量不大于10mg/m³，一氧化碳含量不大于30mg/m，可燃气体浓度应低于爆炸下限的10%，氧气含量为19.5%～23.5%。

对讲机半小时呼叫记录表

作业人员进入有限空间时间： 离开时间：

序号	姓名（持对讲机人）	呼叫时间	是否有回应	备注

［参考示例 5］

危险性较大作业安全许可审批表

项目名称：

<table>
<tr><td>作业类别</td><td></td><td>作业地点</td><td colspan="2"></td></tr>
<tr><td>作业时间</td><td colspan="4"></td></tr>
<tr><td>作业单位</td><td colspan="2"></td><td>作业人数</td><td></td></tr>
<tr><td>现场负责人</td><td></td><td>现场监护人</td><td colspan="2"></td></tr>
<tr><td colspan="5">作业内容及危险辨识：</td></tr>
<tr><td colspan="5">安全措施：</td></tr>
<tr><td>作业单位负责人
意见</td><td colspan="4">负责人签字：　　　　日期：</td></tr>
<tr><td>审核部门意见</td><td colspan="4">审核人签字：　　　　日期：</td></tr>
<tr><td>审批意见</td><td colspan="4">审批人签字：　　　　日期：</td></tr>
<tr><td>完工验收情况</td><td colspan="4">验收人签字：　　　　日期：</td></tr>
</table>

【标准条文】

4.2.3 应对作业人员的上岗资格、条件等进行作业前的安全检查，做到特种作业人员持证上岗，并安排专人进行现场安全管理，确保作业人员遵守岗位操作规程和落实安全及职业病危害防护措施。

1. 工作依据

《安全生产法》（2021 年修订）

《职业病防治法》（2018 年修订）

《消防法》(2021年修订)

《水利工程建设安全生产管理规定》(水利部令第26号，2019年修订)

《特种作业人员安全技术培训考核管理规定》(安监总局令第80号，2015年7月1日)

《特种设备作业人员监督管理办法》(质监总局令第140号)

GB 55017—2021《工程勘察通用规范》

GB 55018—2021《工程测量通用规范》

GB/T 50585—2019《岩土工程勘察安全标准》

CH 1016—2008《测绘作业人员安全规范》

GB 50194—2014《建设工程施工现场供用电安全规范》

SL 721—2015《水利水电工程施工安全管理导则》

SL 398—2007《水利水电工程施工通用安全技术规程》

SL 401—2007《水利水电工程施工作业人员安全技术规程》

2. 实施要点

(1) 按规定需持证上岗人员应持证上岗。对作业人员的上岗资格、条件等进行作业前安全检查，需持证上岗的人员主要有：特种作业人员：直接从事国家《特种作业目录》中规定的特种作业的从业人员，常见的有电工、电焊工、气焊工、架子工等；特种设备作业人员：国家《特种设备作业人员作业种类与项目》中规定的作业人员，常见的有汽车起重机司机、指挥、司索工；其他国家、行业、地方要求持证上岗的从业人员，常见的有车辆司机、船舶驾驶员、船员、潜水员等；项目经理、现场负责人及安全管理员应经培训考核合格后上岗。

(2) 作业人员上岗条件满足要求。从业人员应通过安全教育培训，接受安全交底，熟练掌握本岗位安全职责、安全生产和职业卫生操作规程、安全风险及管控措施、防护用品使用、自救互救及应急处置措施。应检查进场人员身体、心理等条件是否满足要求，有无职业禁忌证，如高原、接触有害化学物质岗位的职业禁忌证等。

(3) 安排专人进行现场安全管理。专人一般指专兼职安全生产管理人员（高风险勘测项目宜设置专职安全管理员），负责开展现场安全管理工作，督促作业人员遵守岗位操作规程，落实安全及职业病危害防护措施。主要职责如下：

1) 协助制定安全策划和投入计划，督促落实全员安全生产责任制，建立安全生产费用台账，负责安全生产信息填报和安全文化建设。

2) 督促贯彻安全生产法律法规、规章制度、规范标准、操作规程及其他安全要求，制止违章作业、违章指挥和违反劳动纪律的行为。

3) 组织开展针对性的安全培训、警示教育和安全交底，检查特种作业人员、特种设备操作人员及其他需要持证上岗人员的持证上岗情况。

4) 督促落实项目现场设备设施、作业安全、职业健康、警示标识标牌、车辆交通和消防安全管理。

5) 组织开展危险源动态分级管控和隐患排查治理，协助落实自然灾害和重大风险的预测预警和应急处置。

6) 组织制定应急预案和开展必要的应急演练，督促应急资源有效配置，协助落实重要时段现场带班负责人和值班人员。

7）及时、如实报告项目生产安全事故（事件），按规定配合调查处理。

8）组织推行安全生产标准化，对照标准开展自查自评，持续改进安全生产工作。

9）及时完成上级领导交办的其他工作。

3. 参考示例

无。

【标准条文】

4.2.4 两个以上作业队伍在同一作业区域内进行作业活动时，不同作业队伍相互之间应签订安全管理协议，明确各自的安全生产、职业健康管理职责和采取的有效措施，并指定专人进行检查与协调。

1. 工作依据

《安全生产法》（2021年修订）

《职业病防治法》（2018年修订）

《消防法》（2021年修订）

《水利工程建设安全生产管理规定》（水利部令第26号，2019年修订）

GB 55017—2021《工程勘察通用规范》

GB 55018—2021《工程测量通用规范》

GB/T 50585—2019《岩土工程勘察安全标准》

CH 1016—2008《测绘作业人员安全规范》

GB 50194—2014《建设工程施工现场供用电安全规范》

SL 721—2015《水利水电工程施工安全管理导则》

SL 398—2007《水利水电工程施工通用安全技术规程》

SL 401—2007《水利水电工程施工作业人员安全技术规程》

2. 实施要点

《安全生产法》第四十八条规定：两个以上生产经营单位在同一作业区域内进行生产经营活动，可能危及对方生产安全的，应当签订安全生产管理协议，明确各自的安全生产管理职责和应当采取的安全措施，并指定专职安全生产管理人员进行安全检查与协调。

（1）交叉作业定义。交叉作业分为在同一区域同时进行两种及以上的作业、两个及以上的作业单位在同一区域作业，以上两类交叉作业又包括平面交叉、立体交叉作业。

（2）交叉作业安全管理协议。根据《安全生产法》《建筑法》《建设工程安全管理条例》等法律法规的要求，交叉作业的单位之间必须签订安全管理协议书（见参考示例1），协议书告知本单位施工作业特点、作业场所的危险因数、职业伤害因数、防范措施及事故应急措施，以便各单位对该作业区的安全状况有一个整体上的把握。同时，还需在协议书中明确各自安全职责和应当采取的安全措施，做到职责清楚、分工明确。

勘测、检测、监测、试验现场机构（以下简称现场勘察设计机构）在水利工程施工现场、已建水利工程现场实施勘测、检测、监测、试验作业时，与土建施工班组、机电设备安装班组、工程运行管理人员在同一区域作业时，可能危及双方生产和职业健康安全的，可按照“谁委托、谁牵头”(合同关系)的原则，由项目法人或施工单位、工程运管单位组织签订三方或两方安全管理协议。安全生产管理协议明确各自的安全生产、职业健康管理职责，采取切实可行的安全措施，各自安排专(兼)职安全生产管理人员进行现场协调与巡视检查。

(3) 交叉作业管理要求。在组织作业时，应尽量避免交叉作业，尤其应尽量避免立体交叉作业，当无法避免时，应组织制定交叉作业安全技术措施，并进行充分沟通和交底，且应有专人监护。交叉作业过程中，项目技术负责人应根据工程进展情况定期向相关作业班组和作业人员进行安全技术交底。

1) 有其他单位在同一作业区域进行作业，应当共同制定交叉作业安全技术措施和安全注意事项，签订交叉作业安全生产协议，明确双方安全管理责任。建立信息沟通机制，制定交叉作业告知单(见参考示例2)告知对方；双方均应指定安全生产管理人员进行安全协调与巡视检查。

2) 两个以上的工种在同一区域处于空间贯通状态下同时施工的上下立体交叉作业，应搭设防止落物的隔离棚等遮挡措施，设置安全警戒线和警示标志，并安排专人现场监护。若交叉作业风险太大，应错开作业时间。

3) 上下立体交叉作业时，工具应放入工具袋内，材料、边角余料等应放置在稳固的地方，不得放在过道上、钢架上、格栅上；应用箩筐或吊笼等吊运工具、材料、边角余料，不得抛掷材料、工具等物品。严禁在吊物下方接料或逗留。

3. 参考示例

交叉作业安全管理协议见参考示例1，交叉作业告知单见参考示例2。

[参考示例1]

交叉作业安全管理协议

甲方：

乙方：

甲方、乙方在××工程勘察等勘测项目现场存在交叉作业，根据《安全生产法》等法律法规安全生产管理要求，经双方协商，就勘测项目现场交叉作业的安全生产管理达成本协议。

一、勘测项目现场交叉作业范围

乙方项目人员在甲方陆地钻场、水域钻场、平洞、竖井等作业现场内实施作业；使用甲方项目现场的水上交通工具、竖井吊篮、溜索、修建的临时道路和便桥，以及项目的营地办公、生活场所及仓库等。

二、协议内容

(一) 双方共同责任

1. 双方应互相支持，互相配合，建立“项目安全员、项目负责人、领导”的三级联系沟通机制，尽可能为对方创造项目现场安全环境。

2. 双方须严格遵守国家安全生产法律法规和标准规范的有关要求，以及长江水利委员会安全生产管理要求，共同努力保障各项目现场安全。

3. 双方应建立各项目现场安全生产管理组织体系，指定各项目安全生产管理人员进行本项目现场安全管理和协调。

4. 双方应对本单位各项目现场人员进行安全技术交底和教育培训，了解和掌握长江水利委员会及项目现场的安全生产管理要求、项目现场存在的主要危险源及防范措施、应急措施等。

5. 双方严禁随意拆除、损坏对方设置的防护栏、防护网等安全防护设施。

（二）甲方责任

1. 甲方项目负责人应向乙方项目负责人进行安全告知，告知交叉作业范围内的主要危险源、存在的隐患及安全管理措施等，并督促乙方对交叉作业范围内的人员进行安全技术交底和教育培训。

2. 甲方现场项目部对交叉作业范围进行安全生产检查，督促乙方项目人员落实安全生产责任及相关问题整改。

（三）乙方责任

1. 在交叉作业区域内，乙方项目人员应遵守甲方现场项目部的安全生产管理要求。

2. 进入交叉作业区域前，乙方项目负责人应提前告知甲方项目负责人，说明进入的人数、时间、作业性质及所需开展的配合工作等。

3. 乙方项目人员应做好交叉作业区域的作业环境、营地的安全检查，及时告知并消除存在的隐患。

4. 进入交叉作业现场，乙方项目人员应规范佩戴相应的劳动防护用品。

5. 使用甲方项目现场的民工、水上交通工具时，乙方对民工、船员承担雇主责任、履行雇主相关手续。

6. 使用甲方的项目营地，应严格遵守疫情防控、消防安全、用电安全、环境卫生等要求，严禁随意进驻、私拉乱接、违规使用电器、随地倾倒垃圾等。

三、违约责任

1. 在交叉作业区域内，乙方项目人员违反甲方现场项目部安全生产管理要求的，甲方有权责令其停工，整改完成后方能进场作业。

2. 在交叉作业区域内，甲方、乙方履行各自安全管理职责。因其中一方原因导致发生安全事故的，由引发事故的一方承担全部责任和经济损失；构成犯罪的，交由司法机关依法追究其刑事责任。

四、协议说明

1. 本协议一式两份，甲方、乙方各执一份，具备同等法律效力。

2. 本协议自双方加盖公章之日起生效，交叉作业结束后失效。

甲方：（盖章）　　　　　　　　　　乙方：（盖章）

法定代表人或委托代理人（签字）：　　法定代表人或委托代理人（签字）：

签订时间：　　年　　月　　日

[参考示例 2]

交叉作业告知单

编号：

作业内容		作业区域	
作业时间		作业人数	
作业单位		作业负责人	
作业管理部门		管理责任人	
监护人		联系电话	
告知内容（存在风险、拟采取措施、相关人员联系方式）： 经办人：　　年　　月　　日			
被告知单位确认（拟采取措施、相关人员联系方式）： 确认人：　　年　　月　　日			

【标准条文】

4.2.5 危险物品储存和使用单位的特殊作业，应符合 GB 30871 的相关规定。剧毒化学品以及储存数量构成重大危险源的其他危险化学品必须在专用仓库内单独存放，实行双人收发、双人保管制度，建立领用审批制度和出入库台账，并定期自查、核对，记录完整。

放射性同位素应当单独存放，不得与易燃、易爆、腐蚀性物品等一起存放，其贮存场所应当采取有效的防火、防盗、防射线泄漏的安全防护措施，并指定专人负责保管。储存、领取、使用、归还放射性同位素时，应当进行登记、检查，做到账物相符。发生放射源丢失、被盗和放射性污染事故时，有关单位和个人必须立即采取应急措施，并向公安部门、卫生行政部门和环境保护行政主管部门报告。

1. 工作依据

《安全生产法》(2021 年修订)

《消防法》(2021 年修订)

《危险化学品安全管理条例》(2013 年修订)

《民用爆破物品安全管理条例》(国务院令第 466 号)

GB 30871—2022《危险化学品企业特殊作业安全规范》

GB/T 50585—2019《岩土工程勘察安全标准》

SL 398—2007《水利水电工程施工通用安全技术规程》

2. 实施要点

(1) 危险物品定义及涉及范围。《安全生产法》第一百一十七条规定：危险物品是指易燃易爆物品、危险化学品、放射性物品等能够危及人身安全和财产安全的物品。《民用爆破物品安全管理条例》规定：民用爆破物品是指用于非军事目的、列入民用爆破物品品名表的各类火药、炸药及其制品和雷管、导火索等点火、起爆器材。《危险化学品安全管理条例》规定：危险化学品是指具有毒害、腐蚀、爆破、燃烧、助燃等性质，对人体、设施、环境具有危害的剧毒化学品和其他化学品。爆破、燃烧、助燃物品包括压缩气体和液化气体、易燃液体、易燃固体、自燃物品和遇湿易燃物品等。

勘测设计单位涉及的危险物品主要有实验室、单位食堂、物业等部门存储的盐酸、浓硫酸、硝酸、铬黑T、钙羧酸钠等化学品，涉及压缩气体、液化气体、易燃液体、易燃固体、自燃物品和遇湿易燃物品。项目现场涉及的危险物品主要有炸药、雷管、导火索等民用爆破物品、柴油、气瓶等。

（2）危险物品储存使用应符合相关规定。单位应根据《安全生产法》《民用爆炸物品安全管理条例》《危险化学品安全管理条例》等法律法规，制定危险物品管理制度，明确危险物品采购、运输、储存、使用、销毁等管理要求（见参考示例1）。现场使用民用爆破物品进行爆破作业如委托具有资质的单位开展，应与之签订安全生产管理协议，明确双方安全管理责任，监督按照《民用爆破物品安全管理条例》规范作业。

（3）剧毒化学品以及储存数量构成重大危险源的其他危险化学品管理。《危险化学品安全管理条例》第二十四条规定：剧毒化学品以及储存数量构成重大危险源的其他危险化学品，应当在专用仓库内单独存放，并实行双人收发、双人保管制度。

1）剧毒化学品。由国务院安全生产监督管理部门会同国务院公安、环保、卫生、质检、交通部门确定并公布的《危险化学品目录》（2015版）共收录148种剧毒化学品，勘测设计单位一般不涉及目录范围内的剧毒化学品。

2）构成重大危险源的其他危险化学品。GB 18218—2018《危险化学品重大危险源辨识》规定了辨识危险化学品重大危险源的依据和方法，常见危险化学品临界量如下：煤气20t，甲烷及天然气50t，乙炔1t，氧50t，汽油200t，酒精500t，不稳定爆炸物及1.1项爆炸物1t，1.2、1.3、1.5、1.6项爆炸物10t，1.4项爆炸物50t，勘测设计单位的构成重大危险源的化学品一般涉及的爆炸物，按照实施要点2的要求进行管理，并必须在专用仓库内单独存放，出入库应进行出入库核查和登记，领用时应按最小使用量发放，实行双人管理、双锁存储、双人使用，便于管理人员相互监督和核查危险物品的数量和去向。剩余危险物品应及时入库保存，不得在作业现场随意摆放。

（4）放射性同位素管理。勘测设计单位如存在放射性同位素作业，放射性同位素应当单独存放，不得与易燃、易爆、腐蚀性物品等一起存放，其贮存场所应当采取有效的防火、防盗、防射线泄漏的安全防护措施，并指定专人负责保管。从事放射性作业的人员应穿戴防辐射服；储存、领取、使用、归还放射性同位素时，应当进行登记、检查，做到账物相符。发生放射源丢失、被盗和放射性污染事故时，有关单位和个人必须立即采取应急措施，并向公安部门、卫生行政部门和环境保护行政主管部门报告。

3. *参考示例*

危险物品采购运输、储存、使用、销毁管理要求见参考示例1，危险物品入库验收登记表见参考示例2，危险物品领用申请单见参考示例3，危险物品领用登记表见参考示例

4，危险物品退库登记表见参考示例5。

[参考示例1]

危险物品采购、运输、储存、使用、销毁管理要求

1. 采购、运输

(1) 采购危险物品必须按规定向当地政府有关部门提出申请并批准后，到国家许可的危险物品生产或销售企业进行采购。

(2) 危险物品应委托具有相应资质的运输单位运输。驾驶人员、装卸人员、押运人员等应具有从业资格，了解运输物品的性能、危险特性、包装特性和发生意外时的应急处置措施；应根据运输物品的危险特性采取相应的安全防护措施，配备必要的安全防护用品、应急救援器材；运输车辆应满足国家标准要求的安全技术条件，悬挂符合要求的警示标志。

(3) 危险物品在运输途中发生被盗、丢失、流散、泄漏等情况时，承运单位及押运人员必须立即向当地政府有关部门报告，并采取一切可能的警示、施救、补救措施。

(4) 危险物品运达交货地点后，项目部要进行验收，发现短缺、丢失或被盗现象，要记录清楚、明确责任并报告有关政府部门。

(5) 民用爆炸物品从炸药库运输至作业现场应遵守以下规定：

1) 民用爆炸物品应用专用车辆运输，并配备安全员、押运员对运输全程进行监控，禁止用翻斗车、三轮车、摩托车、自行车、拖拉机等运输。

2) 起爆器材和炸药必须分车运输，载重量不得超过额定载重量，不得同时运载人员或其他货物。

3) 专用运输车辆必须按照规定路线行驶并遵守运输过程中的相关规定。

2. 储存

(1) 危险物品必须储存在专用的仓库，除专用库房外其他任何地方不得存放。

(2) 危险物品仓库与生产、生活区域和重要设施的安全距离、建设标准、防护标准、监控、通信和报警装置等应符合国家有关规定，经当地政府有关部门验收合格后方可投入使用。

(3) 危险物品仓库应根据储存物品种类采取通风、防晒、调温、防火、灭火、防爆、泄压、中和、防潮、防雷、防静电、防腐、防小动物或隔离等措施。氧气、乙炔、液氨、油品等仓库屋面应采用轻型结构，并设置气窗及底窗，门、窗向外开启；有避雷及防静电接地装置，并选用合格的防爆电器。

(4) 严格执行危险物品出入库检查、登记制度，填写“危险物品入库验收登记表”(表1)，收存和发放必须进行登记。库房内储存的物品数量不得超过设计与批准的容量。性质相抵触的危险物品，必须分库储存。库房内严禁存放其他物品。

(5) 氧气瓶、乙炔瓶储存应放置平稳，保持安全距离，不得靠近热源，不得在太阳下暴晒。

(6) 仓库保管人员应严守工作岗位，严格执行交接班清点盘库、签字确认制度，发现危险物品丢失、被盗必须立即报告。

(7) 严禁无关人员进入库区。严禁在库区吸烟、用火、携带火种及使用可能产生静电的通信设备。严禁把其他容易引起燃烧、爆炸的物品带入仓库。严禁在库房内住宿和进行其他活动。

3. 使用

(1) 应建立危险物品领用审批制度，领用前填写“危险物品领用申请单”（表 2）、“危险物品领用登记表”（表 3），经审批后由专人领用。

(2) 未使用完的危险物品必须当日退库，填写“危险物品退库登记表”（表 4），不得在专用仓库以外的任何地方存放。

(3) 由民爆公司承担爆破作业的项目，项目部应与爆破作业单位签订安全生产协议，明确各自的安全责任。

(4) 爆破作业必须由爆破员进行，爆破员应经过专门培训考核合格并取得相应资格证书。

(5) 爆破作业应安排专人指挥。爆破前，应在安全边界设置警戒哨和警戒标识，应发出警戒信号并待危险区的人员、设备撤至安全地点后，始准爆破。爆破后，必须对现场进行检查，确认安全后，才能发出解除警戒信号。

4. 销毁

变质和过期失效的危险物品，应及时清理出库，向当地政府有关部门报告并由其进行销毁。

表 1　　危险物品入库验收登记表

项目部名称：　　　　作业单位：

序号	物品名称	规格	生产单位	数量	生产日期	有效期	配送单位	拟使用部位	保管员
验收结论： 验收人员：　　验收日期：　　年　月　日									

表 2　　危险物品领用申请单

项目部名称：　　　　作业单位：

申请单位			申请日期		编号	
物品名称	规格	型号	申报数量	批准数量	审批意见	
爆破员		岗位证号		申请人		

表 3　　危险物品领用登记表

项目部名称：　　　　作业单位：

领用日期	领用单位	领用品种	规格型号	数量	领用人	发放人	申请单号	备注

表 4　　危险物品退库登记表

项目部名称：　　　　作业单位：

退库日期	退库单位	退库品种	规格型号	领用数量	退库数量	移交人	接收人	备注

【标准条文】

4.2.6　外业作业应进行进场安全教育和安全技术交底，如实告知作业人员作业场所和工作岗位存在的危险源、安全生产防护措施和安全生产事故应急救援预案。

1. 工作依据

《安全生产法》（2021年修订）

GB/T 50585—2019《岩土工程勘察安全标准》

CH 1016—2008《测绘作业人员安全规范》

SL 721—2015《水利水电工程施工安全管理导则》

2. 实施要点

（1）进行进场安全教育和安全技术交底。《安全生产法》第四十四条的规定：生产经营单位应当教育和督促从业人员严格执行本单位的安全生产规章制度和安全操作规程；并向从业人员如实告知作业场所和工作岗位存在的危险因素、防范措施以及事故应急措施。《岩土工程勘察安全标准》规定：勘察安全生产管理应告知作业人员作业场所和工作岗位存在的危险源、安全生产防护措施和安全生产事故应急救援预案。勘察项目安全生产管理项目负责人应对作业人员进行安全技术交底。依据上述规定，勘测设计单位现场机构应进行进场安全教育和安全技术交底。

（2）进场安全教育培训。勘测项目部（包括各专业、班组）、设代处等现场机构应组织开展现场规章制度、知识技能、应急管理、安全警示教育及其他有关培训，可采取集中培训和个人自学相结合方式开展，项目部级安全教育培训建议每季度至少开展1次，警示教育建议每月至少1次，并保留培训记录，培训内容应针对作业特点和现场可能发生的事故类型。

1）规章制度培训。国家安全生产方针、政策和有关安全生产的法律、法规、规章及标准；工程建设标准强制性条文；本单位和项目安全生产规章制度和操作规程；上级、业主、政府部门安全生产文件等。

2）知识技能培训。安全生产管理经验交流；安全生产管理知识；安全技术专业知识；职业健康危害及其预防措施；自然灾害知识及预防措施等。

3）应急培训。现场应急预案、应急处置及救援、应急演练培训等。

4）警示教育培训。典型事故、“三违”案例等。

5）其他培训。特种作业人员和特种设备操作人员需经培训合格并持证上岗；新技术、新工艺、新材料、新型机械使用的安全操作培训由项目部现场相关专业负责人实施，并经考核合格后方可进行操作；国外项目需开展外事教育培训。

（3）安全技术交底。安全生产技术交底分级进行，项目部级安全技术交底由项目现场负责人组织，现场各专业向作业班组进行安全生产技术交底由各专业负责人组织，可结合质量、环境交底进行。各级安全生产技术交底应进行记录，记录内容主要包括：参加人员（交底人与被交底人签字）和交底内容。新进场人员应及时进行安全交底；施工条件或作业环境发生变化的，应补充交底；各专业安全交底建议每季度至少1次，高风险作业建议每天进行班前安全交底。

1）工程勘察现场项目部对各专业，设代处对现场人员的安全技术交底，可结合集中教育培训同时开展，交底内容主要包括：工程概况及工作任务要求；项目环境和职业健康安全管理目标；项目现场主要存在的危险源以及防范措施；项目现场主要环境因素及安全文明生产要求；现场安全注意事项等。

2）工程勘察现场项目部地质专业安全技术交底内容：野外地质测绘安全注意事项；平洞、竖井、坑槽地质编录安全注意事项；施工开挖基坑（槽）、基础（边坡）地质编录安全注意事项；正在施工工程与相邻施工单位安全协调事项；水上（江、河、湖、海等水域）进行有关地质工作时安全生产注意事项；特殊地形、地貌、地质条件（如高寒、高温、放射性地层等）安全注意事项等。

3）工程勘察现场项目部勘探专业安全技术交底内容：

a. 平洞（竖井、坑槽）勘探安全技术交底内容：爆破用火工器材购置安全规定和运输安全规定（当地公安部门规定的要求）；爆破用火工器材安全使用规定（特殊工种，要求持证上岗）；电源使用安全注意事项；各种劳保防护用品安全规定；特殊地层（有毒有害气体、富地下水、破碎松散地层等）平洞（竖井、坑槽）掘进安全注意事项；开挖高边坡坑槽时的安全注意事项；平洞出渣安全注意事项；竖井出渣设备安装、井底作业与起吊出渣配合安全注意事项；平洞（竖井）通风安全事项；平洞（竖井、坑槽）洞口（井口、坑口）封堵安全事项（防止对他人产生安全隐患）；正在施工工程与相邻施工单位安全协调事项；施工场地周边可能危及安全的环境因素。

b. 工程勘察现场项目部钻探作业安全技术交底内容：钻场修建、设备安装（钻架竖立）安全注意事项；水上（江、河、湖、海等水域）钻探安全生产注意事项；山地钻探防山洪（泥石流）、防雷击安全事项；处理钻孔事故安全注意事项；钻孔搬迁（重型机械搬迁、运输）安全注意事项；特殊钻探（如坑道/廊道钻探、大口径钻探、超深孔、特殊要求钻孔等）安全注意事项；特殊地形、地貌、地质条件（如高寒、高温、放射性地层等）钻探安全注意事项；可能存在地下管线区域钻孔注意事项；电源使用安全注意事项；各种劳保防护用品安全规定；正在施工工程与相邻施工单位安全协调事项；钻探设备安全注意事项等。

4）工程勘察现场项目部测量专业安全技术交底内容：野外测绘安全注意事项；平洞、竖井、坑槽测绘安全注意事项；施工开挖基坑（槽）、基础（边坡）测绘安全注意事项；正在施工工程与相邻施工单位安全协调事项；水上（江、河、湖、海等水域）进行测绘工作时安全生产注意事项；特殊地形、地貌、地质条件（如高寒、高温、放射性地层等）测绘安全注意事项等。

5）工程勘察现场项目部物探专业安全技术交底内容：钻孔物探试验安全注意事项；地震勘探爆炸工作操作注意事项；物探水上作业注意事项；物探洞室作业注意事项；高危边坡进行物探作业注意事项等。

6）工程勘察现场项目部现场试验安全技术交底内容：试验操作安全注意事项；有毒、有害、强腐蚀性试剂操作注意事项；易燃物品操作注意事项；弃渣、废弃试剂处理注意事项；试验设备运输注意事项等。

7）高风险作业班前安全交底结合班组活动开展，交底内容应与当班班组开展的作业活动有关，可包含但不限于以下内容：个人劳动防护用品的佩戴及准备要求；勘探设备（含抽水设备）、工具的安全要求；前一班次存在的遗留问题；钻探作业岗位操作要求及钻探作业周边安全防护要点；现场文明施工、环境保护相关要求，控制噪声、废气排放、污水及固体废弃物应收集处理；其他现场安全管理要求等。

3. 参考示例

现场安全生产教育培训记录见参考示例1，安全生产教育培训人员签字表见参考示例2，质量、环境和职业健康安全技术交底记录表见参考示例3，勘测现场班前5min职业健康安全、环保教育记录见参考示例4。

[参考示例1]

现场安全生产教育培训记录

现场名称	
培训级别	项目部级（ ）　　专业级（ ）　　班组级（ ）
培训日期	
培训人员类别及人数	1. 项目安全管理人员（包括：项目负责人、项目分管安全负责人、现场机构负责人、现场机构专兼职安全管理人员等）（人数：　　） 2. 具有各类专业职称的专业技术人员和各类技能等级的岗位技能人员（人数：　　） 3. 各类项目生产现场临聘劳务人员、临时作业人员（人数：　　） 4. 需持证人员［包括电工、焊工、架子工、起重工（含信号司索）、登高作业人员、司机、船舶驾驶员、船员、潜水员等］（人数：　　） 5. 新员工（包括当年招聘的应届毕业生、社会聘用人员和正式调入的新员工）（人数：　　） 6. 转岗或重新上岗人员（人数：　　） 7. 相关方人员（包括主管单位、业主、顾客、合作伙伴相关来访人员；调研考察、参观学习外单位人员；实习人员、外单位借调人员等）（人数：　　） 总人数：

续表

<table>
<tr><td>序号</td><td colspan="3">培 训 内 容</td><td>学时</td></tr>
<tr><td></td><td colspan="3"></td><td></td></tr>
<tr><td></td><td colspan="3"></td><td></td></tr>
<tr><td></td><td colspan="3"></td><td></td></tr>
<tr><td></td><td colspan="3"></td><td></td></tr>
<tr><td></td><td colspan="3"></td><td></td></tr>
<tr><td></td><td colspan="3"></td><td></td></tr>
<tr><td>培训方式</td><td colspan="4">集中培训（ ） 自学培训（ ） 安全活动（ ）</td></tr>
<tr><td>培训负责人</td><td></td><td>培训费用</td><td colspan="2"></td></tr>
<tr><td>填表人</td><td></td><td>填表日期</td><td colspan="2">年 月 日</td></tr>
</table>

注 此表由每次安全生产教育培训后由组织培训项目部、专业或班组填写，需附签字表、培训素材和培训现场照片。

［参考示例 2］

安全生产教育培训人员签字表

姓名	职务	职称	姓名	职务	职称

[参考示例3]

质量、环境和职业健康安全技术交底记录表

受控号： 版本号/修改码： 编号：

项目名称：					
交底内容：					
参加人员：					
组织人（签名）		记录人（签名）		交底时间	

[参考示例4]

勘测现场班前5min职业健康安全、环保教育记录

班组负责人：

现场可能发生安全生产事故类别	□物体打击 □车辆伤害 □机械伤害 □起重伤害 □触电 □中毒和窒息 □高处坠落 □坍塌 □放炮 □火灾 □爆炸 □火药爆炸 □瓦斯爆炸 □容器爆炸 □透水 □淹溺 □其他伤害						
职业健康安全与环保管理教育内容	1. 个人劳动防护用品的佩戴及准备要求； 2. 勘探设备（含抽水设备）、工具的安全要求； 3. 前一班次存在的遗留问题； 4. 钻探作业岗位操作要求及钻探作业周边安全防护要点； 5. 现场文明施工、环境保护相关要求，控制噪声、废气排放、污水及固体废弃物应收集处理； 6. 其他现场安全管理要求						
时间							
地点							
天气							
应到人数							
实到人数							
签名							

注 由班组开展教育并每班及时填写，白班/晚班应注明。本表可填报7个班次。教育内容可补充。

【条文内容】

4.2.7 应按照法律、法规和工程建设强制性标准进行勘察，提供的勘察文件应当真实、准确，满足建设工程安全生产的需要，提出地质条件可能造成的工程风险。

1. 工作依据

《建筑法》(2019年修订)

《建设工程勘察设计管理条例》(国务院令第293号,2017年修订)

《建设工程安全生产管理条例》(国务院令第393号)

《水利工程建设安全生产管理规定》(水利部令第26号,2019年修正)

GB 50487—2008《水利水电工程地质勘察规范》

GB 55017—2021《工程勘察通用规范》

GB 55018—2021《工程测量通用规范》

SL 55—2005《中小型水利水电工程地质勘察规范》

SL 188—2005《堤防工程地质勘察规程》

2. 实施要点

(1) 应按照法律法规、规程规范和工程建设强制性标准进行勘察。《建设工程安全生产管理条例》第十二条规定:勘察单位应当按照法律、法规和工程建设强制性标准进行勘察,提供的勘察文件应当真实、准确,满足建设工程安全生产的需要。勘察工作在工程建设各环节中居于先行地位,勘察文件是工程安全的重要保证,忽视勘察工作,会给工程建设带来大量安全隐患。应按照《建筑法》《建设工程勘察设计管理条例》《水利水电工程地质勘察规范》等法律、法规和规程规范进行勘察。

工程建设标准强制性条文的内容,是直接涉及人的生命财产安全、人身健康、工程安全、环境保护、能源和资源节约及其他公众利益,且必须执行的技术条款,也是政府对工程建设强制性标准实施监督的技术依据。水利水电工程失事造成的人民生命财产和环境损失都是不可估量的,根据1988年以前注册的世界大坝统计资料,共有216座坝失事,其中,由于地质原因失事的占36%。工程地质勘察部分强制性条文主要是涉及工程地质勘察质量,进而影响工程安全的条文。单位管理体系文件中应规定对强制性条文执行和检查,勘测各专业应在工程策划文件中对强条如何执行进行策划,在工作实施、中间检查、成果校审阶段对是否按照工程建设强制性标准进行勘察和执行对照检查(见参考示例1)。政府主管部门对成果的审查一般会明确成果是否符合强制性条文的要求,书面审查意见可作为该成果是否符合强制性条文的依据。

水利行业单位承担的项目执行GB 55017—2021《工程勘察通用规范》、GB 55018—2021《工程测量通用规范》时,为强制性工程建设规范,全部条文必须严格执行。

(2) 勘察文件应当真实、准确。编制勘察文件首先必须做到真实、准确,客观反映建设场地的地质、地理环境特征和岩土条件;勘察文件还要达到规定的深度要求,满足建设工程规划、选址、设计、岩土治理和施工等需要,保证工程安全。为此,勘察工作要切实把好勘察策划、原始资料、成果报告三个关。

1) 勘察大纲应满足任务书要求,根据工程类型和规模、地形地质复杂程度、各勘察阶段工作深度要求等合理布置勘察方案,保证勘察周期和勘察工作量。

2) 勘察工作中要结合工程特点,综合运用各种勘察手段开展工作,开展外部资料验证(见参考示例2)、中间检查、外业验收(见参考示例3),外业验收时,必须对所有原始资料进行验收,确保勘察工作各项原始资料真实、准确、完整,符合各项规范规定,满足相应阶段深度要求。

3) 提交的各阶段地质勘察报告,提出地质条件可能造成的工程风险,应结合工程建筑物特点加强对工程地质问题的综合分析，开展工程地质评价，提出处理措施建议。

3. 参考示例

[参考示例1]

项目执行强制性条文情况检查表（工程勘测）

工程项目名称					
设计阶段					
设计文件及编号					
强条汇编章节					
检查专业	□水文 ☑勘测 □规划 □水工 □机电与金属结构 □环境保护 □水土保持 □征地移民 □劳动安全与卫生 □其他				
强条汇编章节					
标准名称1				标准编号	
序号	条款号	强制性条文内容	执行情况	符合/不符合/不涉及	设计人签字
1					
2					
3					
4					
5					
强条汇编章节					
标准名称2				标准编号	
序号	条款号	强制性条文内容	执行情况	符合/不符合/不涉及	设计人签字
1					
2					
3					
4					
5					
强条汇编章节					
标准名称3				标准编号	
序号	条款号	强制性条文内容	执行情况	符合/不符合/不涉及	设计人签字
1					
2					
3					
4					
5					
技术负责人签字			日期		

[参考示例 2]

外部成果资料登记确认表

受控号：　　　　　　　　　　　　　版本号/修改码：　　　　　　　　　　　　编号：

序号	成果资料名称	确认人	专业复核确认意见		
专业负责人				日期	

注 复核意见应指出成果资料存在的问题，以及使用建议（如可采信使用、经现场复核后采信使用、参考使用等），相关基础资料需现场复核的，应提出现场复核工作量。

[参考示例 3]

工程地质勘察过程检验记录表

受控号：　　　　　　　　　　　　　版本号/修改码：　　　　　　　　　　　　编号：

项目名称			
过程检验类别	□中间检查　□外委检查　□外业验收　□外委验收		
检验形式		主持人	
日期		地点	
参加人员			
检验记录： 制定人：　　　　　　　　年　月　日			
处理措施： 处理人：　　　　　　　　年　月　日			
复查记录： 验证人：　　　　　　　　年　月　日			

【条文内容】

4.2.8 应按相关规定进行施工地质工作，解决施工中出现的地质问题，并根据需要对防止施工安全事故提供意见。

现场施工地质作业应按风险控制措施及规章制度实施，控制现场施工地质作业安全风险

1. 工作依据

《建设工程勘察设计管理条例》(2017年修订)

SL/T 313—2021《水利水电工程施工地质规程》

GB/T 50585—2019《岩土工程勘察安全标准》

2. 实施要点

(1) 施工地质工作内容。

施工地质工作是水利水电工程建设中的重要组成部分，对消除地质方面的安全隐患具有重要意义，因此施工地质工作应自工程开工起至竣工验收止，贯穿工程施工全过程。

根据《水利水电工程施工地质勘察规程》要求，施工地质工作内容应主要包括：地质巡视与观测；取样与试验；编录施工揭露的地质现象，检验、复核、修正前期地质勘察成果；进行地质预报，及时提出对工程地质问题的处理建议；进行地基、围堰、边坡、防渗与排水、水库库区、料场等工程的地质评价，并参与验收；提出工程运行期间与地质相关的监测工作建议；编制施工地质报告、竣工工程地质报告等。新揭露地质条件发生重大变化、可能遇到重大地质问题时，还应进行专项勘察。

勘察单位应根据以上要求，结合工作实际开展施工地质，确保施工地质满足工程建设需要。

(2) 为防止施工安全事故提供地质意见。为确保施工地质根据需要对防止施工安全事故提供意见，施工地质开展过程中，应及时在工程验收表、施工地质巡视卡、施工地质日志、施工地质简报及补充勘察成果中提出地质对有关工程地质问题的处理措施建议。

(3) 现场施工地质作业安全风险及防控措施。水利水电工程全面进入施工期后，工地现场工作环境、生活环境、交通条件复杂，施工地质作业人员进入现场后安全风险较高，勘察单位应结合现场实际情况针对性梳理施工地质作业安全风险并制定防范措施，进行安全教育、培训及交底等。主要内容包括但不限于：

1) 落实施工地质现场安全管理责任。勘察设计单位应明确施工地质现场安全责任人，规定其现场安全管理责任，相应人员应具备现场安全管理的技术和能力。

2) 开展安全生产策划。施工地质现场安全责任人应组织对施工地质安全生产工作进行策划。安全生产策划应进行现场危险源辨识与风险评价，明确安全防护措施和应急救援方案等，落实安全生产的各项资源。实施过程中应对危险源实施动态管理，及时掌握危险源及风险状态和变化确实，实时更新危险源、风险等级及响应的防控措施，有效防范和减小安全生产事故。

3) 开展安全交底和教育培训，配备防护用品。施工地质所有现场作业人员均应进行安全教育和交底，确保熟悉作业中的危险源、防护措施和应急处理方案。应根据现场作业实际，按相应国家标准规定为作业人员配备个体防护用品。

4）对安全措施落实情况进行检查。勘察单位、施工地质现场安全责任人等应对现场安全防护措施落实情况进行检查，发现问题及时督促整改。

5）对典型“三违”行为进行重点管理。

施工地质及现场设代典型“三违”行为

序号	类别	“三违”行为描述	可能导致事故类型
1	施工地质	未按规定开展地质预报	坍塌、冒顶片帮、透水
2		遇不良地质情况，未及时提出地质安全意见	坍塌、冒顶片帮、透水
3	现场作业	进入施工现场不了解施工情况、不遵守现场指挥等	物体打击、机械伤害、中毒、窒息等
4		进入施工现场未按规定佩戴劳动防护用品、工具	物体打击、机械伤害、车辆伤害
5		在无防护措施的邻边、临口处作业	高处坠落
6		未合理避让施工车辆	车辆伤害
7		违规乘坐施工车辆	车辆伤害
8		身体健康状况异常作业、疲劳作业、酒后作业	疾病、人身伤害
9	现场交通	不遵守交规，不遵守现场交通安全管理要求，不按规定避让施工车辆	车辆伤害
10		车辆未按规定保养、日常检查等	车辆伤害
11		不按规定违规私自动车	车辆伤害
12	驻地	驻地设置在洪水、滑坡、泥石流、塌方及危石等危险区域	坍塌
13		未按规定设置消防设施，不满足消防要求	火灾
14		驻地应对地震、火灾等灾害应急方案不完备	人员伤害

【条文内容】

4.2.9 工程勘察项目的地质测绘、勘探（含钻探、坑探）、物探等外业勘探活动应按项目风险控制措施、规章制度及操作规程实施，控制工程勘察外业安全生产风险，无违章指挥、违规作业、违反劳动纪律（以下简称“三违”）行为，并采取措施保证各类管线、设施和周边建筑物、构筑物的安全。

勘察作业行为安全管理还应符合GB 50487、GB/T 50585、SL 166、AQ 2004的相关规定。

1. 工作依据

SL 721—2015《水利水电工程施工安全管理导则》

GB 50487—2008《水利水电工程地质勘察规范》

SL/T 299—2020《水利水电工程地质测绘规程》

SL/T 291—2020《水利水电工程钻探规程》

SL 166—2010《水利水电工程坑探规程》

SL/T 291.1—2021《水利水电工程勘探规程　第1部分：物探》

GB/T 50585—2019《岩土工程勘察安全标准》

AQ 2004—2005《地质勘探安全规程》

2. 实施要点

(1) 勘察作业活动符合规定。工程勘察项目的地质测绘、勘探（含钻探、坑探）、物探等外业勘探活动应按《水利水电工程地质勘察规范》《地质勘探安全规程》等标准规范、规章制度及操作规程实施。勘察单位结合业务情况，一般应建立以下管理制度或操作规程，对勘察作业活动进行规范管理。

名　称	备　注
勘察项目现场安全管理规定	综合性管理制度，对现场责任体系、设施设备管理、教育培训、安全隐患排查、应急等各项安全管理要求进行规定
勘探作业规程	
地质作业规程	
试验作业规程	
各项设备操作规程	结合实验室已有设备制定
危险化学品管理规定	
水上钻探作业规程	
水上物探作业规程	
平洞施工作业规程	
探井作业规程	
坑（槽）探作业规程	
城区占道作业安全管理规定	
勘察作业地下管线保护方案	
高海拔缺氧地区作业规程	
临近带电体作业规程	
物探放射性作业规程	
地震勘探作业规程	
物探井中（测井）作业规程	
地震勘测爆炸作业规程	
物探放射性作业规程	
管网排查项目现场安全管理规定	
超前地质预报管理规定	
非标设备设计、建设、验收和管理方案	结合本单位勘察作业中需使用到的非标设备进行制定

(2) 制定并督促落实风险控制措施，主要措施如下：

1) 落实勘察作业安全管理责任。勘察作业前，勘察设计单位应明确勘察项目安全责任人、安全管理机构、专兼职安全管理人员等，明确现场安全管理责任，相应人员应具备现场安全管理的技术和能力。

2）开展项目安全生产策划。勘察项目负责人应组织对现场安全生产工作进行策划，策划结果落实在勘察大纲中。安全生产策划应进行现场危险源辨识与风险评价，明确管理责任、安全防护措施和应急救援方案等，落实安全管理的各项资源。对于海洋、高海拔、严寒、沙尘暴、高地质灾害风险等高风险、艰险地区的勘察作业，勘察单位应组织对安全生产、职业健康保障措施、应急预案等进行评审。实施过程中应对危险源实施动态管理，及时掌握危险源及风险状态和变化确实，实时更新危险源、风险等级及响应的防控措施，有效防范和减小安全生产事故。

3）开展安全交底和教育培训，配备防护用品。所有现场作业人员应进行安全教育和交底，确保熟悉外业作业各项危险源、防护措施和应急处理方案。应根据现场作业实际，按相应国家标准规定为作业人员配备个体防护用品、野外救生用品和野外特殊生活用品等。

4）对安全措施落实情况进行检查。勘察设计单位、勘察项目负责人和现场管理人员等应定期对现场安全防护措施落实情况进行检查，发现问题及时督促整改。

（3）对典型“三违”行为进行重点管理。

1）“三违”定义。“三违”是指生产作业中违章指挥、违章作业、违反劳动纪律这三种现象。

a. 违章指挥。主要是指生产经营单位的生产经营管理人员违反安全生产方针、政策、法律、条例、规程、制度和有关规定指挥生产的行为。违章指挥具体包括：生产经营管理人员不遵守安全生产规程、制度和安全技术措施或擅自变更安全工艺和操作程序，指挥者使用未经安全培训的劳动者或无专门资质认证的人员；生产经营管理人员指挥工人在安全防护设施或设备有缺陷、隐患未解决的条件下冒险作业；生产经营管理人员发现违章不制止等。

b. 违章作业。主要是指工人违反劳动生产岗位的安全规章和制度（如安全生产责任制、安全操作规程、工作交接制度等）的作业行为。违章作业具体包括：不正确使用个人劳动保护用品、不遵守工作场所的安全操作规程和不执行安全生产指令。

c. 违反劳动纪律。主要是指工人违反生产经营单位的劳动纪律的行为。违反劳动纪律具体包括：不履行劳动合同及违约承担的责任，不遵守考勤与休假纪律、生产与工作纪律、奖惩制度及其他纪律等。

2）“三违”原因分析。

a. 侥幸心理。有一部分人在几次违章没发生事故后，慢慢滋生了侥幸心理，混淆了几次违章没发生事故的偶然性和长期违章迟早要发生事故的必然性。

b. 省能心理。人们嫌麻烦、图省事、降成本，总想以最小的代价取得最好的效果，甚至压缩到极限，降低了系统的可靠性。尤其是在生产任务紧迫和眼前即得利益的诱因下，极易产生。

c. 自我表现心理（或者叫逞能）。有的人自以为技术好、有经验，常满不在乎，虽说能预见到有危险，但是轻信能避免，用冒险蛮干当作表现自己的技能的方式。有的新人技术差、经验少，却急于表现自己，可谓“初生牛犊不怕虎”，以自己或他人的痛苦验证安全制度的重要作用，用鲜血和生命证实安全规程的科学性。

d. 从众心理。“别人做了没事，我福大命大造化大，肯定更没事”。尤其是一个安全秩序不好、管理混乱的场所，这种心理像瘟疫一样，严重威胁企业的生产安全。

e. 逆反心理。在人与人之间关系紧张的时候，人们常常产生这种心理。把同事的善意提醒不当回事，把领导的严格要求口是心非，气大于理，火烧掉情，置安全规章于不顾，以致酿成事故。

3）反“三违”。首先，要领导重视，全员参与。要坚持“以人为本、从我做起”的理念，以完善“三项制度”为核心，以杜绝“三违”行为为重点，以实现“三个转变”为标准，以形成先进安全文化为目的。其次，是做好反违章的基础工作。要通过各种形式，如用形象生动的事故录像片、典型的事故案例或发生在身边的违章事故，经常对班员进行教育，使全体员工认识到，违章就是走向事故，靠近伤害，甚至断送生命；事故的后果是，“一害个人、二害家庭、三害集体、四害企业、五害国家”。再次，要明确反违章的工作方法。着眼于重点区域、重点部位、重要环节，全方位做好安全管理工作的预控、可控、在控。最后，要在活动期间进行监督检查，要认识到：制止违章是对违章者最大的关心和爱护，是对工作、对集体极其负责的表现。处理违章人员时，要公平、公正、公开，做到“处理一个人，教育一大片”，人人警钟长鸣。

生命是宝贵的，它属于我们只有一次。同时人也是脆弱的，我们应该把安全和健康放在第一位。但是，人们往往到生病时才知道健康的重要，发生事故才知道违章的可怕，受到伤害才知道安全的可贵。各种因为“三违”导致的伤害事故令人痛心，为了个人，为了家庭，为了社会，作业人员需要克服各种违章行为，尤其是习惯性违章，做到“不伤害自己，不伤害他人，不被他人伤害，保护他人不被伤害”，实现“本身无违章”和“身边无事故”。

4）“三违”管理。勘测设计单位和项目部在开展安全生产检查中，对项目管理人员、作业人员的“三违”行为要及时纠正和制止，对当事人和相关责任人可根据情节轻重给予批评、约谈、罚款等处理措施，拒不服从现场安全生产管理的，应予清退出场。

5）典型“三违”行为。

勘测、物探及实验典型“三违”行为

类别	“三违”行为描述
工作准备	未按规定开展勘察工作策划，或策划内容不全
	高风险作业区、艰险地区勘察作业安全保障方案未评审
	不掌握作业人员身体状况，配备的作业人员体质不适应野外工作要求
	不掌握勘察作业区安全情况，包括动植物伤害源、疫情、人文、交通条件等
	不掌握作业区域水文气象条件，水域作业不掌握上游水库或水电站泄洪、放水信息等
	未核实作业区域的架空线路、地下管线、周围建（构）筑物等情况
	水域、城区以及铁路、桥梁等保护区域勘探未按规定获监管部门批准
	高原作业未配足氧气袋、防寒、高反和防太阳辐射等用品
	作业前未根据区域情况合理布置作业线路
	未开展安全技术交底，作业人员不掌握作业区危险源和各方防控、应急措施

续表

类别	“三违”行为描述
设施设备	溜索等非标设备未按规定进行设计、验收
	设备安全防护装置、报警装置、监测仪表缺失、失效；机械设备外露运转部位无防护罩、防护栏杆
	非车装钻探机组违规整体迁移
	雷雨季节和在易受雷击区域作业，钻塔未按规定设置防雷装置
	卷扬机钢丝绳未按规定连接、保养、维护
	钻塔棚绳安装不牢固、对称
	用电设备未按规定设置配电线路、接地保护、配电箱等，不符合施工现场供用电安全技术规范
	潮湿等区域用电设备未采用安全电压
地质测绘	未配备通信或定位设备
	安排单人野外作业，或多人行动未保持合适距离
	有毒蛇等有害动植物区域、疫区或沼泽等危险区域，未配备个体防护装备、必要探测工具、急救用品等
	崩塌区敲击岩石，岩石松散、易崩塌区作业未安排瞭望指挥人员
	饮用野外未经检验的水，食用不明动植物
	水域测绘作业船只不满足安全要求，水域作业不穿救生衣
	登高，以及边坡、悬崖等区域邻边作业无防护装备，未安排瞭望指挥人员
	与输电线路未保持安全距离
	进入井、坑、洞内作业，未进行有害气体检测，未安排人员值守
	无人机作业不符合国家航空管理部门规定
	林区、草原地区测绘违规动火
	独自涉水过河流，或徒步涉水水深大于0.6m或流速大于3m/s的河流
钻探	钻场布置未考虑安全作业要求，布置在洪水淹没区、地质灾害影响区域等
	钻场在山谷、河沟、地势低洼地带时，无防洪、拦水、排水等措施
	设备安装、拆卸和搬迁无专人指挥，塔上塔下同时作业
	进入钻场未按规定穿戴劳动防护用品，塔上作业未系安全带
	钻机与输电线路未保持安全距离
	城区道路勘探未设置安全导引、警示和防护标识、设施
	沟谷、低洼地带作业，未收集降雨、洪水等信息，未事先制定撤离路线
	林区、草原地区作业违规动火，未配备消防器材，勘探设备无防火罩
	废油液、泥浆、弃土等废弃物随意排放
槽探、井探和探洞	探洞作业缺少施工专项安全作业方案
	探槽、探井或探洞支护加固措施不足
	坑探未结合地质条件放坡
	探井或探洞缺少通风设备设施
	探井、探槽作业周边未设置围护栏杆
	探洞洞口未按规定进行支护、防护，洞口存在块石、不稳定体，未设置截排水沟

续表

类别	“三违”行为描述
槽探、井探和探洞	含水地层探洞未设置排水沟
	炸药等危险物品储存、搬运、领取和使用不符合相关法规要求
	洞内安全用电不符合规定
	勘探孔、探槽、探井或探洞完成后，未按规定要求进行封孔、回填或封闭洞口
原位测试	标贯、动力触探试验设备与钻杆连接不牢
	静力触探设备安装不平稳、牢固
	高压气瓶的搬运、运输、存放不符合规定
物探	作业前未检查仪器设备，存在电源接触不良、绝缘失效等故障
	地下管线探测作业前未规定排气通风、有害和可燃气体检测等
	地下管线探测时未按规定佩戴安全防护装备
	电磁法勘探发送站、接收站与高压线安全距离不够
	爆破振源作业前，未按规定设施危险边界、隔离点和安全标志，未实施警戒
岩土工程试验	实验室不符合消防、职业健康设计标准，通风、除尘、消防和防爆设施不全
	压力机试验台防护网或防护罩缺失
	缺少试验操作规程、操作人员岗位职责
	压力试验设备未配置过压和故障保护装置
	危险化学品储存、管理、使用不符合规定，无防火、防爆、防潮、防盗措施
	危险化学品入库、领用无检查登记
	剧毒物品未在保险柜储存，未实施双人双锁和审批领用制度
	废水、废弃物、废渣、弃样未按规定集中处理
水域作业	水域勘探平台选择不合适，平台承载安全系数不足
	水域勘探平台未按规定配备救生圈，未设置防护栏杆、信号、航标和灯旗安全标识等
	水上作业未按规定穿救生衣，水上交通船超员
	水上交通船维护检修不到位
	水域作业未制定安全管理方案和应急救援预案
	水域作业未建立气象、水情资信收集和预警机制
其他	台风、浓雾、暴雨、雷电、暴雪、沙尘暴、大风等恶劣天气未停止外业作业
	夜间作业照明不足
现场交通	租用不满足安全条件的交通工具
	车辆使用不遵守交规
	车辆未按规定保养、日常检查等
	不按规定违规私自动车
驻地管理	驻地、临时用房设置在洪水淹没区、滚石区、悬崖和高切坡等不良地质条件影响区
	驻地、临时用房与危险物品存放场所未保持安全距离
	临时用房未采用阻燃、难燃材料
	驻地未按规定设置消防设施，不满足消防要求
	驻地应对地震、火灾等灾害应急方案不完备

（4）保证各类管线、设施和周边建筑物、构筑物的安全。《水利工程建设安全生产管理规定》第十二条规定：勘察（测）单位在勘察（测）作业时，应当严格执行操作规程，采取措施保证各类管线、设施和周边建筑物、构筑物的安全。特别是做好地下管线和地下隧道保护工作，存在地下管线地区钻探要制定地下管线保护方案和事故应急预案，并符合以下规定：

1）收集地下管线资料：通过业主单位、管线产权单位，收集作业区域内地下燃气、电力、供排水、通信、地铁等地下管线设施相关资料，对作业区域内地下管线设施情况进行初步了解，地质专业根据初步了解情况合理布置钻孔位置。

2）地下管线识别：钻探管理人员、钻探机组在作业前排查钻孔初选孔位周围地下管线标志，对钻孔周围地下管线情况进行进一步判断，并将排查和判断情况报告地质专业。

3）地下管线产权单位确认：严格落实开工告知制度。钻探专业根据地下管线资料、地下管线探测、钻孔现场排查情况，在勘察施工作业前，应向相关管线产权单位书面通报，告知勘探、施工点位坐标信息，报告地下管线和设施的查询、保护情况。联系、通知有关管线产权单位到钻孔现场确认地下管线情况，并对勘探、施工作业活动进行指导，钻探管理人员需保存现场确认照片、录像、确认签单等记录。

4）地下管线探测。

a. 地质专业以《互提资料单》形式向物探专业明确探测孔位、探测成果提交时间，物探专业对钻孔初选孔位进行地下管线探测，物探专业作出探测结论，并报告钻探、地质专业。

b. 对金属管道、电缆探测常采用管线探测仪，对于水泥质、PVC材质等非金属管道一般采用地质雷达探测。如探测显示有地下管线设施，由地质专业决定孔位移动情况，物探专业对移动后的孔位再次探测并做出探测结论，探测显示无管线，方可施钻。

c. 若钻孔所在位置为十字路口、厂房门口、配电房附近等管线密集区域，或无法确定顶管管道走向和埋深，以及存在其他无法确定的地下管线情况，地质、物探、钻探专业均具有一票否决该点位钻探施工的权力。

5）开孔。

a. 开孔前必须完成地下管线排查及物探管线测试，明确孔位下部及周边管线分布、埋深情况后，由钻探现场负责人填写钻探开孔确认单后方可开孔。

b. 坚持每孔必探，每孔开孔前必须进行物探探测，并填写探测记录表。

c. 钻探机组严格执行管线探测记录表内的钻孔选点，不得随意移动钻孔位置，确需移孔的，由钻探管理人员报告地质负责人同意。

d. 开孔时钻探管理人员进行监督，并尽可能要求管线产权单位委派人员旁站监督。

e. 开孔首先机械破除混凝土路面后，采用人工开挖（或麻花钻）钻至2m左右（硬化路面除外），确认无管线后下入套管后回填。钻机从已设置的套管钻进。

f. 作业过程中，发现地下管线、设施与其权属单位提供的资料或与管线探测结果存在差异或发现异常情况的，应立即停止作业，及时向相关管线权属单位报告，不得盲目、冒险作业，协商权属单位进行处置。

【条文内容】

4.2.10 应按照适用法律、法规和工程建设强制性标准进行设计，防止因设计不合理导致生产安全事故的发生。

在编制工程概算时，应按有关规定计列建设工程安全作业环境及安全施工措施所需费用。

应按相关规范要求并结合现场实际情况，对施工现场进行科学规划、合理分区。

应考虑施工安全操作和防护的需要，对涉及施工安全的重点部位和环节在设计文件中注明，并对保障周边环境安全和防范生产安全事故提出指导意见。

采用新结构、新材料、新工艺的建设工程和特殊结构的建设工程，应在设计中提出保障施工作业人员安全和预防生产安全事故的措施建议。

1. 工作依据

《建设工程勘察设计管理条例》（2017年修订）

《建设工程安全生产管理条例》（国务院令第393号）

《水利工程建设安全生产管理规定》（水利部令第26号，2019年修订）

《水利工程建设标准强制性条文管理办法（试行）》（水国科〔2012〕546号）

SL 721—2015《水利水电工程施工安全管理导则》

SL 398—2007《水利水电工程施工通用安全技术规程》

SL 303—2017《水利水电工程施工组织设计规范》

2. 实施要点

（1）执行强制性标准。强制性标准是保障人民生命财产安全、人身健康、工程安全、生态环境安全、公众权益和公共利益，以及促进能源资源节约利用、满足社会经济管理的控制性底线要求，是勘测设计必须执行的技术依据，设计文件必须满足强制性标准的要求。《建设工程安全生产管理条例》第十三条规定：设计单位应当按照法律法规和工程建设强制性标准进行设计，防止因设计不合理导致生产安全事故的发生。

为确保设计文件满足强制性标准的要求，设计单位应进行强制性条文执行情况自查（见参考示例），不符合强制性条文的设计成果，不得批准交付和用于施工。

（2）安全生产措施费计列。安全生产措施费是为保证施工现场安全作业环境及安全施工、文明施工所需要，在工程设计已考虑的安全支护措施之外发生的安全生产、文明施工相关费用。编制水利工程建设项目概（估）算时，设计单位应按照概算编制规程和有关部门安全生产费编制规定要求计列安全生产措施费。

（3）施工布置。设计单位应按施工组织设计编制技术规范要求，遵循安全可靠等原则，综合分析工程、自然和社会等条件因素，对施工现场进行科学规划、合理分区。施工布置中应落实以下要求：

1）生活营地、大型工程主要施工工厂和重要临时设施的布置场地应有工程地质评价意见。

2）对于存在严重不良地质区或滑坡体危害的地区，泥石流、山洪、沙暴或雪崩可能危害的地区，重点保护文物、古迹、名胜区或自然保护区，与重要资源开发有干扰的区域，以及受爆破或其他因素影响严重的区域等地区，不应设置施工临建设施。

3）主要施工工厂和临时设施施工场区，应根据工程规模、工期长短、河流水文特性等特点确定防洪标准。河道沿岸的主要施工场地，应按选定的防洪标准采取防洪措施，大型工程可结合水工模型试验，论证场地防护范围。严寒地区应考虑冰冻的影响。

4）施工管理及生活营区的布置应考虑风向、日照、噪声、水源水质等因素，其生活设施与生产设施之间应有明显的界限。

5）施工分区规划应考虑施工活动对周围环境的影响，减少噪声、粉尘、振动、污水等对办公及居住区、变电站、水厂等的危害。

6）火工材料、油料等特种材料仓库布置应符合国家有关安全标准的规定。

（4）设计充分考虑施工安全操作和防护需要。《建设工程安全生产管理条例》第十三条规定：设计文件应注明涉及施工安全的重点部位和环节，并提出防范生产安全事故的指导意见；采用新结构、新材料、新工艺和特殊结构时，设计单位应提出保障施工作业人员安全和预防生产安全事故的措施建议。《水利工程建设安全生产管理规定》第十三条规定：设计单位应当考虑施工安全操作和防护的需要，对涉及施工安全的重点部位和环节在设计文件中注明，并对防范生产安全事故提出指导意见。采用新结构、新材料、新工艺以及特殊结构的水利工程，设计单位应当在设计中提出保障施工作业人员安全和预防生产安全事故的措施建议。为落实以上要求，设计工作中应做好以下事项：

1）项目前期阶段的设计文件中应根据行业相关规定和规范要求包含劳动安全与工业卫生的相关内容。

2）招标设计和施工详图阶段，在招标文件、施工技术要求、施工图说明等文件中应标明涉及施工安全的重点部位和环节，并提出保障工程周边环境和预防安全事故的指导意见；采用新结构、新材料、新工艺和特殊结构时，提出保障施工作业人员安全和预防生产安全事故的措施建议。

3）设计变更时，应评价变更引起的安全风险，可能引起较大安全风险时，提出安全风险评价意见和预防安全事故的指导意见。

3. 参考示例

执行强制性条文情况检查表见参考示例。

[参考示例]

执行强制性条文情况检查表

工程项目名称			
设计阶段			
设计文件及编号			
检查专业	□水文 □勘测 □规划 □水工 □机电与金属结构 □环境保护 □水土保持 □征地移民 □劳动安全与卫生 □其他		
强条汇编章节			
强条汇编章节			
标准名称1		标准编号	

续表

序号	条款号	强制性条文内容	执行情况	符合/不符合/不涉及	设计人签字
1					
强条汇编章节					
标准名称 2				标准编号	
序号	条款号	强制性条文内容	执行情况	符合/不符合/不涉及	设计人签字
1					
2					
3					
强条汇编章节			3-2-2		
标准名称 3				标准编号	
序号	条款号	强制性条文内容	执行情况	符合/不符合/不涉及	设计人签字
1					
技术负责人签字			日期		

【条文内容】

4.2.11 应按相关规定进行施工现场设计服务，解决施工中出现的设计问题，跟踪落实所提出的安全对策及措施。

开工前应对工程的外部环境、工程地质及水文条件对工程的施工安全可能构成的影响，工程施工对当地环境安全可能造成的影响，以及工程主体结构和关键部位的施工安全注意事项等进行设计交底。

涉及度汛工作的，汛前应确定度汛标准和度汛要求。

协助项目法人进行重大危险源辨识。

对可能引起较大安全风险的设计变更提出安全风险评价意见。

现场设计服务活动应按风险控制措施及规章制度实施，控制现场设计服务活动作业安全风险。

参加危大工程专项方案论证和危大工程验收。

1. 工作依据

《建设工程勘察设计管理条例》（2017 年修订）

《建设工程安全生产管理条例》（国务院令第 393 号）

《水利工程质量管理规定》（水利部令第 52 号）

SL 721—2015《水利水电工程施工安全管理导则》

《水利水电工程施工危险源辨识与风险评价导则（试行）》（办监督函〔2018〕1693 号）

2. 实施要点

（1）按相关规定进行施工现场设计服务。

《水利工程质量管理规定》二十八条规定：勘察、设计单位应当及时解决施工中出现的勘察、设计问题。设计单位应当根据工程建设需要和合同约定，在施工现场设立设计代表机构或者派驻具备相应技术能力的人员担任设计代表，及时提供设计文件，按照规定做好设计变更。设计单位发现违反设计文件施工的情况，应当及时通知项目法人和监理单位。对大中型工程，设计单位应按合同规定在施工现场设立设计代表机构或派驻设计代表。水利工程进入开工后，勘察设计单位应按规定和合同约定，开展施工现场设计服务。建立健全现场设计服务机构安全责任体系，控制现场设计服务活动作业的安全风险。现场设计服务机构作为勘察设计单位的派出机构，应根据所在单位安全生产管理要求，并结合项目实际情况，做好现场设代服务中的安全生产管理，一般应做好以下工作：

1）健全现场设计服务机构安全责任。明确现场设计服务机构的安全管理责任，明确现场安全负责人、管理人员及其岗位职责，组织现场人员签订安全责任书。

2）辨识危险源，开展风险评价。识别项目适用法规规章，以及项目业主等的其他要求；辨识现场设代服务中的危险源，开展风险评价，并明确控制措施，形成设代处危险源清单。

3）建立健全现场设计服务机构安全规章制度。结合危险源辨识和风险评价结果，完善现场设代安全管理制度，一般应包括：现场设计服务机构安全生产岗位职责，现场安全风险分级管控和安全隐患排查治理制度，现场设计服务机构交通安全、消防和用电安全管理规定，必要的应急预案等。

4）对进场设代人员进行安全交底和安全教育培训。对设代人员进行安全交底，告知现场危险源及其防控措施、现场安全管理要求等，保留交底记录；结合现场实际需要，定期和不定期开展现场设代人员（含驾驶员等后勤人员）的安全教育培训，保留教育培训记录。

5）开展安全隐患排查治理。现场设计服务机构负责人应组织开展安全生产检查和隐患排查治理工作，结合设计开展综合性、季节性、节日性和专项安全检查等。

6）交通和车辆安全管理。一般情况下，设代处车辆实行定人、定车管理，统一调度使用；做好车辆的派车管理、维修保养、驾驶员管理等。

7）其他。保障现场安全生产投入，配备满足要求的劳动防护用品，对劳动防护用品的发放进行登记，督促设代人员按要求佩戴劳动防护用品；组织做好现场设代疫情防控，做好进场人员核查、日常疫情防控等工作；按所在单位要求对现场设代人员进行安全考核。

（2）设计交底。

施工图交付后，单项工程、单位工程开始施工前，勘察设计应根据业主（或委托监理）组织，向业主、施工单位、监理人员进行设计交底。在安全方面，要重点对施工安全重点部位、环节（如危险性较大的单项工程）和影响安全的周边环境，及其预防安全事故的指导意见和措施建议；新结构、新材料、新工艺和特殊结构工程保障施工作业人员安全和预防生产安全事故的措施建议等进行交底。《水利工程质量管理规定》第二十七条规定：勘察、设计单位应当在工程施工前，向施工、监理等有关参建单位进行交底，对施工图设计文件作出详细说明，并对涉及工程结构安全的关键部位进行明确。《水利水电工程施工安全管理导则》第 7.6.1 条对设计交底作出了更具体的规定：项目法人应在工程开工前，组织……；同时组织设计单位就工程的外部环境、工程地质、水文条件对工程施工安全可能构成的影响，工程施工对当地环境安全可能造成的影响，以及工程主体结构和关键部位的施工安全注意事项等进行设计交底。

水利工程施工前，勘察设计机构应对施工、监理等参建单位进行安全交底，安全交底应分专业进行，若施工图是分批提供的，则每一批次图纸都应进行安全交底。安全交底内容应包括：工程的外部环境、工程地质、水文条件对工程施工安全可能构成的影响，工程施工对当地环境安全可能造成的影响，涉及施工安全的重点部位和环节、工程主体结构和关键部位的施工安全注意事项，并提出防范生产安全事故意见。采用新结构、新工艺、新材料的建设工程和特殊结构的建设工程，提出保障施工作业人员安全和预防生产安全事故的措施建议、工程度汛标准和度汛要求等。

交底后，设计应跟踪督促监理按现场实际形成设计交底纪要，必要时勘察设计单位可单独形成设计交底记录，请参加交底单位确认。勘察设计单位应将设计交底记录作为安全管理档案进行保管和归档。

（3）工程安全度汛技术服务。有度汛要求的建设项目，勘测设计单位应在汛前（一般不迟于每年 4 月）正式向业主提出度汛技术要求。《水利水电工程施工通用安全技术规程》3.7.2 条规定：设计单位应于汛前提出工程度汛标准、工程形象面貌及度汛要求。度汛技术要求应全面系统、重点突出，要明确汛前导流建筑物、挡水建筑物、地下渗控工程、渣场及其他度汛工程项目的形象面貌要求，明确主要工程项目的度汛标准，提出工程度汛措施（如导流建筑物的泄洪能力要求，挡水建筑物的挡水要求，有关建筑物的抗冲、稳定、排水等要求）和工程水文预报、防汛备料、防汛组织、应对超标洪水预案等的建议和意见。

汛前和汛期期间，勘察设计单位应根据业主单位要求，参加度汛检查、应急演练和汛期安全巡视等活动，跟踪掌握度汛工程项目的进展和度汛技术要求落实情况，对影响工程安全、汛期安全生产的隐患（如滑坡、泥石流和边坡垮塌等安全隐患，度汛项目进度滞后带来的安全度汛隐患等），及时向业主提出设计的意见和建议。

（4）设计变更中的安全管理。工程实施中需对已批准的初步设计进行修改时，应由原勘察设计单位进行变更，勘察设计单位按要求编制设计变更文件。《水利工程设计变更管理暂行办法》（水规计〔2020〕283 号）第十四条规定：设计变更报告主要内容应包括设计变更对工程任务和规模、工程安全、工期、生态环境、工程投资、效益和运行等方面的影响分析。《水利水电工程施工安全管理导则》7.1.2 条规定：设计单位应对可能引起较大安全风险的设计变更提出安全风险评价意见。

（5）协助业主控制现场安全风险。为保障达到和超过一定规模的危险性较大的单项工程的施工安全，相关规章和技术标准对施工单位、监理单位等参建各方提出了更高的安全管理要求。参照《水利水电工程施工安全管理导则》的规定，勘察设计单位需协助业主单位控制以下现场安全风险：

1）作为参建方，协助业主单位识别项目危险源，向项目法人报送《安全技术要求》或《关于提醒加强危大工程和重大危险源施工安全管理的函》（见参考示例）。

2）按要求参加业主单位组织的工地安全巡视、应急演练等管理活动。

3）做好工程技术服务工作，解决施工中出现的与安全生产相关的勘察、设计问题。

4）按规定参与与设计有关的生产安全事故（事件）分析，或未制定相关的整改措施。

5）作为参建方参加超过一定规模的危大工程专项方案审查论证会。

3. 参考示例

[参考示例]

关于提醒加强危大工程和重大危险源施工安全管理的函

业主单位全称：

《建设工程安全生产管理条例》（国务院令第393号）第十三条规定：设计单位应当考虑施工安全操作和防护的需要，对涉及施工安全的重点部位和环节在设计文件中注明，并对防范生产安全事故提出指导意见。采用新结构、新材料、新工艺的建设工程和特殊结构的建设工程，设计单位应当在设计中提出保障施工作业人员安全和预防生产安全事故的措施建议。

根据《水利工程建设安全生产管理规定》及公司相关管理制度，按照SL 721—2015《水利水电工程施工安全管理导则》对危险性较大的单项工程、重大危险源的分类方法和控制要求，对本项目危大工程、重大危险源有关事项报告如下。

一、本工程涉及的危大工程、重大危险源及设计控制措施

根据SL 721—2015《水利水电工程施工安全管理导则》规定，本工程施工中可能涉及的危险性较大的单项工程、重大危险源及其设计控制措施如下：

（一）危险性较大的单项工程及设计控制措施

1. 基坑支护、降水工程

(1) 达到一定规模的危险性较大的单项工程：

开挖深度达到3（含）～5m或虽未超过3m但地质条件和周边环境复杂的基坑（槽）支护、降水工程。

本设计阶段可能涉及的，达到一定规模危险性较大的单项工程主要有：大坝围堰及其基坑、尾水围堰及其基坑、导流洞进口围堰及其基坑等，未包含施工组织设计和专项措施中符合上述标准的危险性较大的单项工程。

(2) 超过一定规模的危险性较大的单项工程：

1）开挖深度超过5m（含）的基坑（槽）的土方开挖、支护、降水工程。

2）开挖深度虽未超过5m，但地质条件、周围环境和地下管线复杂，或影响毗邻建筑（构筑）物安全的基坑（槽）的土方开挖、支护、降水工程。

本设计阶段可能涉及的，超过一定规模的危险性较大的单项工程主要有：（如：大坝围堰及其基坑、尾水围堰及其基坑、导流洞进口围堰及其基坑等），未包含施工组织设计和专项措施中符合上述标准的危险性较大的单项工程。

(3) 设计控制措施：

1）招标设计文件：______________________________。（如：《招标设计报告》某页或某章节）

2）施工技术要求：______________________________。（如：《大坝围堰施工技术要求》《基坑排水技术要求》《土石方明挖技术要求》等）

3）施工图纸：________________。（如：大坝围堰总布置图和相关部位施工图说明等）

4）相关部位设计通知：________________。

5）相关部位设计交底记录：________________。

6）其他：________________。

2. 土方开挖工程

（1）达到一定规模的危险性较大的单项工程：

开挖深度达到3（含）～5m的基坑（槽）的土方和石方开挖工程。

本设计阶段可能涉及的，达到一定规模危险性较大的单项工程主要有：________，未包含施工组织设计和专项措施中符合上述标准的危险性较大的单项工程。

（2）超过一定规模的危险性较大的单项工程：

1）开挖深度超过5m（含）的基坑（槽）的土方开挖工程。

2）开挖深度虽未超过5m，但地质条件、周围环境和地下管线复杂，或影响毗邻建筑（构筑）物安全的基坑（槽）的土方开挖工程。

本设计阶段可能涉及的，超过一定规模危险性较大的单项工程主要有：________，未包含施工组织设计和专项措施中符合上述标准的危险性较大的单项工程。

（3）设计控制措施：

1）招标设计文件：________________。

2）施工技术要求：________________。

3）施工图纸：________________。

4）相关部位设计通知：________________。

5）相关部位设计交底记录：________________。

6）其他：________________。

3. 起重吊装及安装拆卸工程

（1）达到一定规模的危险性较大的单项工程：

1）采用非常规起重设备、方法，且单件起吊重量在10（含）～100kN的起重吊装工程。

2）采用起重机械进行安装的工程。

3）引起重机械设备自身的安装、拆卸。

本设计阶段可能涉及的，达到一定规模危险性较大的单项工程主要有：________，未包含施工组织设计和专项措施中符合上述标准的危险性较大的单项工程。

（2）超过一定规模的危险性较大的单项工程：

1）采用非常规起重设备、方法，且单件起吊重量在100kN及以上的起重吊装工程；

2）起重量300kN及以上的起重设备安装工程；高度200m及以上内爬起重设备的拆除工程。

本设计阶段可能涉及的，超过一定规模的危险性较大的单项工程主要有：________，未包含施工组织设计和专项措施中符合上述标准的危险性较大的单项工程。

（3）设计控制措施：

1）招标设计文件：________________。

2）施工技术要求：________________。

3）施工图纸：________________。

4）相关部位设计通知：________________。

5）相关部位设计交底记录：________________。

6）其他：________________。

4. 拆除、爆破工程

（1）达到一定规模的危险性较大的单项工程：

拆除、爆破工程。

本设计阶段可能涉及的，达到一定规模危险性较大的单项工程主要有：________，未包含施工组织设计和专项措施中符合上述标准的危险性较大的单项工程。

（2）超过一定规模的危险性较大的单项工程：

1）采用爆破拆除的工程。

2）可能影响行人、交通、电力设施、通信设施或其他建筑物、构筑物安全的拆除工程。

3）文物保护建筑、优秀历史建筑或历史文化风貌区控制范围的拆除工程。

本设计阶段可能涉及的，超过一定规模的危险性较大的单项工程主要有：________，未包含施工组织设计和专项措施中符合上述标准的危险性较大的单项工程。

（3）设计控制措施：

1）招标设计文件：________________。

2）施工技术要求：________________。

3）施工图纸：________________。

4）相关部位设计通知：________________。

5）相关部位设计交底记录：________________。

6）其他：________________。

5. 围堰工程

（1）达到一定规模的危险性较大的单项工程：

围堰工程。

本设计阶段可能涉及的，达到一定规模危险性较大的单项工程主要有：________，未包含施工组织设计和专项措施中符合上述标准的危险性较大的单项工程。

（2）设计控制措施：

1）招标设计文件：________________。

2）施工技术要求：________________。

3）施工图纸：________________。

4）相关部位设计通知：________________。

5）相关部位设计交底记录：________________。

6）其他：________________。

6. 水上作业工程

(1) 达到一定规模的危险性较大的单项工程：

水上作业工程。

本设计阶段可能涉及的，达到一定规模危险性较大的单项工程主要有：＿＿＿＿＿＿，未包含施工组织设计和专项措施中符合上述标准的危险性较大的单项工程。

(2) 设计控制措施：

1) 招标设计文件：＿＿＿＿＿＿＿＿＿＿＿＿＿＿＿＿。

2) 施工技术要求：＿＿＿＿＿＿＿＿＿＿＿＿＿＿＿＿。

3) 施工图纸：＿＿＿＿＿＿＿＿＿＿＿＿＿＿＿＿。

4) 相关部位设计通知：＿＿＿＿＿＿＿＿＿＿＿＿＿＿＿＿。

5) 相关部位设计交底记录：＿＿＿＿＿＿＿＿＿＿＿＿＿＿＿＿。

6) 其他：＿＿＿＿＿＿＿＿＿＿＿＿＿＿＿＿。

7. 沉井工程

(1) 达到一定规模的危险性较大的单项工程：

沉井工程。

本设计阶段可能涉及的，达到一定规模危险性较大的单项工程主要有：＿＿＿＿＿＿，未包含施工组织设计和专项措施中符合上述标准的危险性较大的单项工程。

(2) 设计控制措施：

1) 招标设计文件：＿＿＿＿＿＿＿＿＿＿＿＿＿＿＿＿。

2) 施工技术要求：＿＿＿＿＿＿＿＿＿＿＿＿＿＿＿＿。

3) 施工图纸：＿＿＿＿＿＿＿＿＿＿＿＿＿＿＿＿。

4) 相关部位设计通知：＿＿＿＿＿＿＿＿＿＿＿＿＿＿＿＿。

5) 相关部位设计交底记录：＿＿＿＿＿＿＿＿＿＿＿＿＿＿＿＿。

6) 其他：＿＿＿＿＿＿＿＿＿＿＿＿＿＿＿＿。

8. 其他危险性较大的工程

(1) 达到一定规模的危险性较大的单项工程：

其他危险性较大的工程。

本设计阶段可能涉及的，达到一定规模危险性较大的单项工程主要有：＿＿＿＿＿＿，未包含施工组织设计和专项措施中符合上述标准的危险性较大的单项工程。

(2) 超过一定规模的危险性较大的单项工程：

1) 开挖深度超过16m的人工挖孔桩工程。

2) 地下暗挖工程、顶管工程、水下作业工程。

3) 采用新技术、新工艺、新材料、新设备及尚无相关技术标准的危险性较大的单项工程。

本设计阶段可能涉及的，超过一定规模的危险性较大的单项工程主要有：＿＿＿＿＿＿，未包含施工组织设计和专项措施中符合上述标准的危险性较大的单项工程。

(3) 设计控制措施：

1) 招标设计文件：＿＿＿＿＿＿＿＿＿＿＿＿＿＿＿＿。

2) 施工技术要求：＿＿＿＿＿＿＿＿＿＿＿＿＿＿＿＿。

3）施工图纸：________________。

4）相关部位设计通知：________________。

5）相关部位设计交底记录：________________。

6）其他：________________。

（二）水利水电工程施工重大危险源及设计控制措施

1. 高边坡作业

（1）重大危险源主要有：

1）土方边坡高度大于30m或地质缺陷部位的开挖作业。

2）石方边坡高度大于50m或滑坡地段的开挖作业。

本设计阶段可能涉及的，水利水电工程施工重大危险源主要有：__________，未包含施工组织设计和安全技术措施中符合上述标准的重大危险源。

（2）设计控制措施：

1）招标设计文件：________________。

2）施工技术要求：________________。

3）施工图纸：________________。

4）相关部位设计通知：________________。

5）相关部位设计交底记录：________________。

6）其他：________________。

2. 深基坑工程

（1）重大危险源主要有：

1）开挖深度超过3m（含）的深基坑作业。

2）开挖深度虽未超过3m，但地质条件、周围环境和地下管线复杂，或影响毗邻建筑（构筑）物安全的深基坑作业。

本设计阶段可能涉及的，水利水电工程施工重大危险源主要有：__________，未包含施工组织设计和安全技术措施中符合上述标准的重大危险源。

（2）设计控制措施：

1）招标设计文件：________________。

2）施工技术要求：________________。

3）施工图纸：________________。

4）相关部位设计通知：________________。

5）相关部位设计交底记录：________________。

6）其他：________________。

3. 洞挖工程

（1）重大危险源主要有：

1）断面大于20m^{2}或单洞长度大于50m以及地质缺陷部位开挖。

2）不能及时支护的部位；地应力大于20MPa或大于岩石强度的1/5或埋深大于500m部位的作业。

3）洞室临近相互贯通时的作业；当某一工作面爆破作业时，相邻洞室的施工作业。

本设计阶段可能涉及的，水利水电工程施工重大危险源主要有：________________，未包含施工组织设计和安全技术措施中符合上述标准的重大危险源。

(2) 设计控制措施：

1) 招标设计文件：________________。

2) 施工技术要求：________________。

3) 施工图纸：________________。

4) 相关部位设计通知：________________。

5) 相关部位设计交底记录：________________。

6) 其他：________________。

4. 起重吊装及安装拆卸工程

(1) 重大危险源主要有：

1) 采用非常规起重设备、方法，且单件起吊重量在10kN及以上的起重吊装工程。

2) 采用起重机械进行安装的工程；引起重机械设备自身的安装、拆卸作业。

本设计阶段可能涉及的，水利水电工程施工重大危险源主要有：________________，未包含施工组织设计和安全技术措施中符合上述标准的重大危险源。

(2) 设计控制措施：

1) 招标设计文件：________________。

2) 施工技术要求：________________。

3) 施工图纸：________________。

4) 相关部位设计通知：________________。

5) 相关部位设计交底记录：________________。

6) 其他：________________。

5. 拆除、爆破工程

(1) 重大危险源主要有：

1) 围堰拆除作业；爆破拆除作业。

2) 可能影响行人、交通、电力设施、通信设施或其他建、构筑物安全的拆除作业。

3) 文物保护建筑、优秀历史建筑或历史文化风貌区控制范围的拆除作业。

本设计阶段可能涉及的，水利水电工程施工重大危险源主要有：________________，未包含施工组织设计和安全技术措施中符合上述标准的重大危险源。

(2) 设计控制措施：

1) 招标设计文件：________________。

2) 施工技术要求：________________。

3) 施工图纸：________________。

4) 相关部位设计通知：________________。

5) 相关部位设计交底记录：________________。

6) 其他：________________。

6. 储存、生产和供给易燃易爆、危险品的设施、设备及易燃易爆、危险品的储运，主要分布于工程项目的施工场所

(1) 重大危险源主要有：

1) 油库（储量：汽油 20t 及以上；柴油 50t 及以上）。

2) 炸药库（储量：炸药 1t）。

3) 压力容器（$P_{max} \geqslant 0.1MPa$ 和 $V \geqslant 100m^3$）。

4) 锅炉（额定蒸发量 1.0t/h 及以上）。

5) 重件、超大件运输。

本设计阶段可能涉及的，水利水电工程施工重大危险源主要有：________________，未包含施工组织设计和安全技术措施中符合上述标准的重大危险源。

(2) 设计控制措施：

1) 招标设计文件：______________________________。

2) 施工技术要求：______________________________。

3) 施工图纸：______________________________。

4) 相关部位设计通知：______________________________。

5) 相关部位设计交底记录：______________________________。

6) 其他：______________________________。

7. 人员集中区域及突发事件

(1) 重大危险源主要有：

1) 人员集中区域（场所、设施）的活动。

2) 可能发生火灾事故的居住区、办公区、重要设施、重要场所等。

本设计阶段可能涉及的，水利水电工程施工重大危险源主要有：________________，未包含施工组织设计和安全技术措施中符合上述标准的重大危险源。

(2) 设计控制措施：

1) 招标设计文件：______________________________。

2) 施工技术要求：______________________________。

3) 施工图纸：______________________________。

4) 相关部位设计通知：______________________________。

5) 相关部位设计交底记录：______________________________。

6) 其他：______________________________。

8. 其他

(1) 重大危险源主要有：

1) 开挖深度超过 16m 的人工挖孔桩工程。

2) 地下暗挖、顶管作业、水下作业工程及存在上下交叉的作业。

3) 截流工程、围堰工程。

4) 变电站、变压器。

5) 采用新技术、新工艺、新材料、新设备及尚无相关技术标准的危险性较大的单项工程。

6) 其他特殊情况下可能造成生产安全事故的作业活动、大型设备、设施和场所等。

本设计阶段可能涉及的，水利水电工程施工重大危险源主要有：________________，未包含施工组织设计和安全技术措施中符合上述标准的重大危险源。

（2）设计控制措施：

1）招标设计文件：________________。

2）施工技术要求：________________。

3）施工图纸：________________。

4）相关部位设计通知：________________。

5）相关部位设计交底记录：________________。

6）其他：________________。

二、国家和水利行业对危大工程和重大危险源施工安全管理的有关要求

1. SL 721—2015《水利水电工程施工安全管理导则》规定：

项目法人应在开工前，组织施工单位结合工程现场实际，根据设计文件、批复的施工组织设计和施工技术方案（措施）辨识重大危险源、危险性较大的单项工程，制定清单和保证安全生产措施方案，由监理单位批准后报业主备案。

达到一定规模的危险性较大的单项工程，施工前施工单位应编制专项施工方案，经施工单位技术负责人审核合格、项目总监理工程师审核签字后，报项目法人备案。

超过一定规模的危险性较大的单项工程，施工单位应组织专家对专项施工方案进行审查论证（项目法人单位负责人或技术负责人应参会）；该专项施工方案须经施工单位技术负责人、总监理工程师、项目法人单位负责人审核签字后方可组织实施。

涉及模板工程及支撑体系、脚手架工程、临时用电工程等三方面的危大工程、重大危险源，由施工单位根据施工措施辨识。

2. SL 721—2015《水利水电工程施工安全管理导则》的相关要求：

7.1.3 项目法人在办理安全监督手续时，应提供危险性较大的单项工程清单和安全生产管理措施。

7.2.1 项目法人应组织编制保证安全生产的措施方案，并于工程开工之日起15日内报有管辖权的水行政主管部门及安全生产监督机构备案。建设过程中情况发生变化时，应及时调整保证安全生产的措施方案，并重新备案。

7.3.3 专项施工方案应由施工单位技术负责人组织施工技术、安全、质量等部门的专业技术人员进行审核。经审核合格的，应由施工单位技术负责人签字确认。实行分包的，应由总承包单位和分包单位技术负责人共同签字确认。无需专家论证的专项施工方案，经施工单位审核合格后应报监理单位，由项目总监理工程师审核签字，并报项目法人备案。

7.3.4 超过一定规模的危险性较大的单项工程专项施工方案应由施工单位组织召开审查论证会。项目法人单位负责人或技术负责人应参会。

7.3.8 施工单位应根据审查论证报告修改完善专项施工方案，经施工单位技术负责人、总监理工程师、项目法人单位负责人审核签字后，方可组织实施。

7.3.13 监理单位发现未按专项施工方案实施的，应责令整改；施工单位拒不整改的，应及时向项目法人报告；如有必要，可直接向有关主管部门报告。项目法人接到监理单位报告后，应立即责令施工单位停工整改；施工单位仍不停工整改的，项目法人应及时

向有关主管部门和安全生产监督机构报告。

10.1.1 项目法人对项目建设全过程的安全生产负总责，承担项目建设安全生产的组织、协调、监督责任，负责施工现场公共区域、交叉区域的协调和监督管理，为施工单位提供安全、良好的施工环境。

11.3.3 项目法人应在开工前，组织各参建单位共同研究制订项目重大危险源管理制度，明确重大危险源辨识、评价和控制的职责、方法、范围、流程等要求。施工单位应根据项目重大危险源管理制度制订相应管理办法，并报监理单位、项目法人备案。

11.3.4 施工单位应在开工前，对施工现场危险设施或场所组织进行重大危险源辨识，并将辨识成果及时报监理单位和项目法人。

11.3.5 项目法人应在开工前，组织参建单位本项目危险设施或场所进行重大危险源辨识，并确定危险等级。

11.3.6 项目法人应报请项目主管部门组织专家组或委托具有相应安全评价资质的中介机构，对辨识出的重大危险源进行安全评估，并形成评估报告。

11.3.8 项目法人应将重大危险源辨识和安全评估的结果印发各参建单位，并报项目主管部门、安全生产监督机构及有关部门备案。

11.3.9 项目法人、施工单位应针对重大危险源制订防控措施，并应登记建档。项目法人或监理单位应组织相关参建单位对重大危险源防控措施进行验收。

其他要求请见国家和水利行业有关规定、SL 721—2015《水利水电工程施工安全管理导则》全文。

特此致函说明。

×××工程勘察设计项目部

20××年××月××日

【条文内容】

4.2.12 测绘项目的野外测绘、水域测绘、航拍测绘、无人机测绘、交通、食宿等活动应按项目风险控制措施、相关规章制度及操作规程实施，控制测绘安全生产风险，无“三违”行为。

1. 工作依据

《测绘法》（2017年修订）

《测量标志保护条例》（2011年修订）

《基础测绘条例》（国务院令第556号）

《注册测绘师执业管理办法（试行）》（国测人发〔2014〕8号）

CH 1016—2008《测绘作业人员安全规范》

2. 实施要点

（1）测绘作业活动符合规定。野外测绘、水域测绘、航拍测绘、无人机测绘、交通、食宿等活动应按《测绘法》《测绘作业人员安全规范》等相关法律法规、标准规范、规章制度及操作规程实施。测绘单位结合业务情况，一般应建立以下管理制度或操作规程，对测绘作业活动进行规范管理。

序号	名　称	备　注
1	测绘作业安全管理规定	综合性管理制度，对现场责任体系、设施设备管理、教育培训、安全隐患排查、应急等各项安全管理要求进行规定
2	地面测绘作业规程	
3	水域测绘作业规程	
4	无人机测绘作业规程	
5	地理信息调查作业规程	

（2）制定并督促落实风险控制措施，主要措施如下：

1）落实测绘作业安全管理责任。测绘前，测绘单位应明确测绘项目安全责任人、专兼职安全管理人员等，明确现场安全管理责任，相应人员应具备现场安全管理的技术和能力。

2）开展项目安全生产策划。测绘项目负责人应组织对现场安全生产工作进行策划，策划结果落实在测绘设计书中。安全生产策划应进行现场危险源辨识与风险评价，明确管理责任、安全防护措施和应急救援方案等，落实安全管理的各项资源。对于高海拔、严寒、沙尘暴、水域、高地质灾害风险等高风险、艰险地区的作业，测绘单位应组织对安全生产、职业健康保障措施、应急预案等进行评审。实施过程中应对危险源实施动态管理，及时掌握危险源及风险状态和变化确实，实时更新危险源、风险等级及响应的防控措施，有效防范和减小安全生产事故。

3）开展安全交底和教育培训，配备防护用品。所有现场作业人员应进行安全教育和交底，确保熟悉外业作业各项危险源、防护措施和应急处理方案。应根据现场作业实际，按相应国家标准规定为作业人员配备个体防护用品、野外救生用品和野外特殊生活用品等。

4）对安全措施落实情况进行检查。

测绘单位、测绘项目负责人和现场管理人员等应定期对现场安全防护措施落实情况进行检查，发现问题及时督促整改。

（3）对典型“三违”行为进行重点管理。

测绘典型“三违”行为

类别	“三违”行为描述
工作准备	未结合本单位实际制定安全生产管理制度、操作规程，指导和规范测绘安全生产作业
	未了解测区危害因素，包括动植物、流行传染病、自然环境、人文地质、交通、社会、治安等
	未开展测绘工作策划，未针对危害因素制定安全防范措施
	未结合测绘作业危害因素配置野外救生用品、通信和特殊地区生活用品等
	不掌握作业人员身体状况，配备的作业人员体质不适应野外工作要求
	军事要地、边境或其他特殊保护防护地区作业前，未事先征得有关部门同意
	未开展安全技术交底，作业人员不掌握作业区危险源和防控、应急措施

续表

类别	“三违”行为描述
测绘作业	未配备通信或定位、急救装备
	安排单人进行野外作业
	台风、浓雾、暴雨、雷电、暴雪、沙尘暴、大风等恶劣天气未停止外业作业
	城镇人、车流量大街道、公路作业，未穿安全警示装备，未设置警示标识，未安排安全警戒员
	水上作业租用不满足安全条件的船只未配备救生圈、绳索等救生设备
	水上作业人员未穿救生衣
	独自涉水过河流，或徒步涉水水深大于0.6m或流速大于3m/s的河流
	有毒蛇等有害动植物区域、疫区或沼泽等危险区域，未配备个体防护装备、必要探测工具、急救用品等
	岩石松散、易崩塌区作业未安排瞭望指挥人员
	饮用野外未经检验的水，食用不明动植物
	登高，以及边坡、悬崖等区域邻边作业无防护装备，未安排瞭望指挥人员
	与输电线路等带电体未保持安全距离
	无人机作业不符合国家航空管理部门规定
	无人机放飞前未按规定进行检查
	无人机驾驶员未取得驾驶资质
	林区、草原地区测绘违规动火
	地下管线测量无检测、通风措施
行车	租用不满足安全条件的交通工具
	车辆使用不遵守交规
	车辆未按规定保养、日常检查等
	不按规定违规私自动车
	暴风骤雨、冰雹、浓雾、冰冻等恶劣天气未按规定停止行车
	高风险区域野外作业安排单车承担作业
饮食、住宿	野外驻地选址未考虑防范暴雨、洪水、雪崩等自然灾害和动物袭击，设置在洪水淹没区、滚石区、悬崖和高切坡等不良地质条件影响区
	作业人员违规到江河湖泊游泳
	食用变质、不易识别的动植物，引用未被检测的水源
	临时住宿防寒、防潮、照明保障措施不足
	临时用房未采用阻燃、难燃材料
	驻地、临时用房与危险物品存放场所未保持安全距离
	驻地未按规定设置消防设施，不满足消防要求
	驻地应对地震、火灾等灾害应急方案不完备

3. *参考示例*

地面测绘安全作业规程见参考示例1，无人机测绘安全作业规程见参考示例2，水域测绘安全作业规程见参考示例3。

[参考示例 1]

地面测绘安全作业规程

1. 测量仪器、设备安全保护措施

测量仪器、设备是从事测量工作的必要设备，精密且贵重，在测量活动中起着重要作用，应悉心保护。

与测量仪器直接接触的人员包括仪器操作人员和仪器保管员，必须明确自己的职责，树立良好的职业道德意识。

仪器在使用和运输期间，由测量专业负责人担负管理责任，仪器操作员直接对仪器的使用和运输安全负责。

项目现场的测量仪器设备应加强保管和保养，防止受潮，摆放整齐，不得倒置，不得随意堆放，电子设备要定期充、放电。现场所使用的各种测量仪器必须是经过检验合格的。

测量仪器在运输时必须随人运输，不得托运，不得放入货车箱中运输，在运输过程中，防止振动和跌落。其他辅助设备，如脚架、棱镜杆、标尺等可以托运。

测量作业人员在操作时，不得强拧强卸，操作过程中要求双手保护仪器；仪器连接在仪器墩上，其连接螺丝下部必须有螺纹，仪器架设在脚架上时，脚架必须踩实。有太阳照射时，必须打遮阳伞。

禁止在 5 级风以上及暴雨天气操作测量仪器。

有施工干扰的工地，须提前与施工方取得联系，了解现场情况；采取必要的措施，防止施工场地的危害因素对仪器造成影响。

测量作业间歇期间，须注意仪器及其标尺等的安全；作业员须站在仪器旁边，防止外部干扰或意外事件对仪器的破坏。

测量站搬迁时，对水准仪可以使用一只手护着仪器、另一只手臂夹着脚架的方式搬站；对其他测量仪器，必须装在仪器箱内搬迁；严禁将仪器安装在脚架上扛起行走。

测量工作涉及过河搬迁时，必须把测量仪器放在船内安全的区域，防止水淋或滑入河中。

每天收工后，仪器操作人员必须对测量仪器进行擦拭、通风、晾干等保养，防止灰尘、水珠等对仪器造成损坏。

2. 测量人员安全防护措施

所有参与测量工作的人员，包括从事测量工作的员工、临时辅助测量工作的民工等，都必须接受安全教育，加强安全防患意识，提高防患知识水平。此项工作由各测量项目的专业负责人组织。

野外测量的工作人员应穿戴好工作服、劳保鞋等劳动保护用品，必要时还要配备安全帽。

水准测量必须穿戴反光服，经过交通路口时，提前做好线路规划；进行夜测时，提前测量测站间距，必要时与交管部门联系，申请临时道路封闭。

在交通繁忙道路和闹市区进行水准测量时，必须配备安全员，安全员在测站前后走动，指挥车辆、行人避让，为水准测量开辟安全通道。

工作期间，需要租用车辆时，必须符合公司机动车辆与机动车驾驶员管理的规定。必要时可提高租用车辆标准，选择具有良好越野性能的车辆。野外作业出队前要进行车辆性能检测。

在5级风以上、暴雨、雷电、泥石流、洪水等突发性自然危害较大时，避免从事测量工作，危害过后测量时，要注意防滑、防淤泥、防乱石等。

野外作业时，要配备蛇药、创伤药、消炎药等。防止野兽、蛇虫、毒蜂的伤害，防止岩石、树桩、竹桩等伤害。

高温天气要有防暑降温措施，并佩戴防暑降温药物，防止人员中暑。

野外工作时必须有两人以上互相照应，进行野外测量时应配齐各种安全防护设施，如绳、遮阳伞等。

在道路边或道路中间作业要配备安全警示标志，设置在作业区域前后150m远的地方，在高速公路上作业需得到高速公路管理部门的许可和协助。

在少数民族地区、边远地区以及任何工作区域，要注意当地的风俗民情，尽量得到当地政府的帮助，还要与当地民众搞好关系，不能做任何激化或产生影响当地民俗的事情。

测站人员应根据地形地貌设置站点，同时根据周围的安全环境条件设站。站点设置要平稳，不能设置在深沟、陡岩、大坑等危险边缘，如不能避开危险地段，工作人员应有相应的保护措施，在稳定的地方拴住安全绳。

野外作业时，立尺人员要注意周边环境，注意在深沟、陡崖、溶洞、大坑、高边坡等危险地方防患，走路要探虚实。立金属标尺的人要注意高压电线、变压器等带电危险物，必须测量其电杆、变电房等地物时应小心地避开其危险物；测量高压变电站、开关站没有专业人员指引时，不得作业，其测量方法可采用皮尺丈量的方法，不要用金属标尺测量。

一般不得露宿，必要时（如测量B级GPS）需两人以上同时露营，并备好防寒、防潮和照明等物品。

[参考示例2]

无人机测绘安全作业规程

无人机设备是从事航空摄影测量进行航拍的精密且贵重设备，在从事航摄飞行活动中起着重要作用，应倍加保护，无人机操作员直接对仪器的使用、运输、保养负责。

建立天气信息渠道，采取措施保证现场能够获得每天特别是较大作业时间内天气预报。

每次飞行前，应仔细检查设备的状态是否正常，检查工作应按照检查内容逐项进行，对直接影响飞行安全的无人机动力系统、电气系统、摄影系统以及航路点数据等应重点检查，每项内容应两名人员同时检查或交叉检查。

设备检查时，任何一项内容发现问题并调整正常后，要对与其相关内容进行追溯性检查。

起飞前，根据地形、风向决定起飞航线，无人机应迎风起飞。

飞行操作员应询问监控、地勤岗位操作员能否起飞，在得到肯定答复后，方能操控无人机起飞。

监控操作员应密切监视无人机是否按照预设的航线和高度飞行，观察飞行姿态、传感器数据是否正常。

监控操作员在判断无人机及机载设备工作正常情况下，应用口语或手语询问飞行操作员、地勤岗位操作员，在得到肯定答复后，方可引导无人机飞往航摄作业区。

视距外飞行阶段，监控操作员须密切监视无人机的飞行高度、发动机转速、机载电源电压、飞行姿态等，一旦出现异常，应及时发送指令进行干预。

其他岗位操作员应密切监视地面设备的工作状态，如发现异常，应及时通报监控操作员并采取措施。

无人机完成预定任务返航时，监控操作员应及时通知其他岗位操作人员，做好降落前的准备工作。

对飞行检查记录与飞行监控记录进行整理，文字和数字应正确、清楚、格式统一，原始记录填写在规定的载体上，禁止转抄。对航摄飞行资料进行整理记录，填写航摄飞行记录表。根据无人机设备的配置、性能指标以及使用说明，结合现场飞行作业环境，操作人员应详细记录飞行检查记录表。

每次使用完无人机或长期不使用时应将电池及时进行充电保养。

[参考示例3]

水域测绘安全作业规程

测绘准备。测绘前，应周密策划制定并严格落实水上作业安全技术措施，未制定并落实的不得进行水上作业。应对水上作业中的各种设备、电气、仪表、工具、安全标志、安全防护设施进行检查，确认其完好，方能投入使用。

测绘船舶应取得合法的船舶证书和适航证书，并获得安全签证，在适航水域作业。水上作业的船舶航行、运输、驻位、停靠等应遵守《内河避碰规则》（交通部第30号令）及水务部门水上水下作业安全管理的有关规定。

水上作业人员应经过水上作业安全技术培训合格；船舶作业人员应经培训考核合格后持证上岗。水上作业人员应定期进行体格检查，没有禁忌证。水上作业人员应正确穿戴救生衣、安全帽、防滑鞋、安全带。

水上作业的船舶性能完好，作业平台和梯道稳固可靠；搭设水上作业平台应满铺跳板、脚手板，跳板、脚手板要搭稳、绑牢，并要钉防滑条；上下平台设置专用扶梯。

水上作业平台四周临水、临边设置牢固可靠的防护栏杆和安全网。因作业必需临时拆除或变动安全防护设施时，必须经施工及安全负责人签字同意，并采取相应的可靠措施，作业后立即恢复。水上作业平台上应配齐救生衣、救生圈、救生绳和通信工具。

作业场所有坠落可能的对象，一律先行拆除或加以固定，水上作业平台上所用的物料，均应堆放平稳，不妨碍通行和装卸。工具应随手放入工具袋内。作业平台应随时清扫干净；拆卸下的物件及余料和废料均应及时清理运走，不得任意乱置或向下丢弃。传递物件禁止抛掷。

作业过程中应对水上作业中的各种设备、电气、仪表、工具、安全标志、安全防护设施等经常检查，发现有缺陷和隐患时，及时解决；危及人身安全时，停止作业。

密切关注气象、水情，充分考虑台风、暴雨、浓雾及洪水等恶劣气象、水情的影响；雨雪天气进行水上作业时，必须采取可靠的防滑、防寒和防冻措施，水、冰、霜、雪均应及时清除；遇有六级以上强风、浓雾等恶劣气候，不得进行水上作业；暴风雪及台风暴雨前后，应对水上作业安全设施逐一检查，发现有松动、变形、损坏或脱落等现象，应立即修理完善，消除隐患。

施工作业平台、船舶设置明显的标识和夜间警示灯。照明灯具加装遮光设施，防止眩光干扰船舶的航行。

【标准条文】

4.2.13 工程检测、监测项目的检测（无损检测、现场检测）、现场试验（荷载试验、原位试验）、监测（内观、外观）等作业活动应按项目风险控制措施、相关规章制度及操作规程的规定实施，控制工程监测、检测安全风险，无“三违”行为。

1. 工作依据

《安全生产法》(2021年修订)

《职业病防治法》(2018年修订)

GB 50706—2011《水利水电工程劳动安全与工业卫生设计规范》

GB/T 50585—2019《岩土工程勘察安全标准》

SL 725—2016《水利水电工程安全监测设计规范》

SL 734—2016《水利工程质量检测技术规程》

SL 721—2015《水利水电工程施工安全管理导则》

SL/T 291.1—2021《水利水电工程勘探规程　第1部分：物探》

2. 实施要点

(1) 检测、监测等作业活动符合规定。工程检测、监测项目的检测（无损检测、现场检测）、现场试验（荷载试验、原位试验）、监测（内观、外观）等作业活动应按《安全生产法》《水利水电工程安全监测设计规范》《水利工程质量检测技术规程》《岩土工程勘察安全标准》《水利水电工程勘探规程　第1部分：物探》等相关法律法规、标准规范、规章制度及操作规程实施。单位应结合业务情况，建立相关管理制度和操作规程，对作业活动进行规范管理。主要规定如下：

1) 工程检测、监测工作应贯彻“安全第一、预防为主、综合治理”的方针，在制订细则、方案、大纲或组织实施准备的过程中要明确安全方面的内容和要求。

2) 检测、监测过程中应严格遵守相关的规范和标准，严格执行安全管理程序、制度、操作规程和受检方的各项安全管理制度和规定。

3) 在实施检测、监测任务前，应首先了解检验作业现场设备、环境的安全状况，如有不安全状况应制定并采取有针对性的控制措施，在确保无安全隐患的前提下开展检测、监测工作。

4) 进入检测、监测作业现场应按规定正确穿戴劳动防护用品，认真执行受检方有关动火、用电、高空作业、安全防护、安全监护等规定。

5) 检测、监测人员应严格执行检测、监测方案，不得违章作业。项目负责人不得在安全措施未落实前，强制要求检测、监测人员实施检验作业。

6) 当检测、监测工作环境无法满足安全要求时或有事故苗头时，检测、监测人员应立即中止有关工作，按组织相关程序上报，并与受检方相关人员协商解决。

7）检测、监测过程需要运行设备应由受检方派有资质的作业人员进行，检测、监测员不得参与在检设备的检修、调试。

8）检测、监测人员随身携带的测试设备、仪表、工具应放置稳当、牢靠，避免坠落损坏或伤人。

9）检测、监测人员在工作过程中应时刻注意安全，防止落物的砸击、车辆的碰撞、挤压、高处坠落、触电、雷击、灼烫（高温物体烫伤、化学或腐蚀介质灼伤等）、粉尘吸入、窒息、中毒、射线照射等伤害。

10）使用电源应符合要求，并有可靠的接地保护。

11）在进行电气项目（线路绝缘、电源开关、电气保护等）检验时，检验人员应先检查电源线路是否破损裸露，是否有绝缘损坏或漏电现象，测量时应带上绝缘手套。

12）绝缘电阻检测时，检验人员应先切断总电源，隔开电子元件。

13）检测、监测过程中发生意外事件时，应及时抢救受伤人员，采取有效措施保护现场，防止事件扩大，确保人身和设备的安全。

（2）制定并督促落实风险控制措施，主要措施如下：

1）落实作业安全管理责任。作业前，单位应明确项目安全责任人、专兼职安全管理人员等，明确现场安全管理责任，相应人员应具备现场安全管理的技术和能力。

2）开展项目安全生产策划。项目负责人应组织对现场安全生产工作进行策划，策划结果落实在策划文件中。安全生产策划应进行现场危险源辨识与风险评价，明确管理责任、安全防护措施和应急救援方案等，落实安全管理的各项资源。对于高海拔、严寒、沙尘暴、水域、高地质灾害风险等高风险、艰险地区的作业，单位应组织对安全生产、职业健康保障措施、应急预案等进行评审。实施过程中应对危险源实施动态管理，及时掌握危险源及风险状态和变化确实，实时更新危险源、风险等级及响应的防控措施，有效防范和减小安全生产事故。

3）开展安全交底和教育培训，配备防护用品。所有现场作业人员应进行安全教育和交底，确保熟悉外业作业各项危险源、防护措施和应急处理方案。应根据现场作业实际，按相应国家标准规定为作业人员配备个体防护用品、野外救生用品和野外特殊生活用品等。

4）对安全措施落实情况进行检查。单位、项目负责人和现场管理人员等应定期对现场安全防护措施落实情况进行检查，发现问题及时督促整改。

（3）对典型“三违”行为进行重点管理。典型“三违”行为见4.2.9勘测、物探及实验典型“三违”行为。

3. 参考示例

[参考示例]

无损检测作业

1. 现场检验条件确定

（1）射线检测放射卫生防护应符合 GB 18871 的有关规定。

（2）进行 x 射线检测时，应按 GBZ 117 的规定划定控制区和管理区。

（3）进行 γ 射线检测时，应按 GBZ 132 的规定划定控制区和管理区。

(4) 控制区边界应悬挂清晰可见的“禁止进入放射性工作场所”标牌，未经许可人员不得进入；管理区边界应设有“当心，电离辐射!”标牌，允许相关人员在此区域活动，但公众不得进入该区域。

2. 现场检验

(1) 射线检测人员应佩戴个人计量仪，并携带计量报警仪。

(2) 乙二胺、二乙胺、二乙烯三胺、邻苯二甲酸二丁酯等有毒物质是超声波探头吸收块中固化剂和增塑剂的主要成分，这些有害物质可以通过摄入、蒸汽吸入、皮肤吸收等途径对人体的呼吸系统、眼、皮肤、肝、肾等产生侵害，探伤人员在进行超声波检测时应穿戴合适的劳动防护用品。

(3) 模拟式超声波探伤仪的示波管（阴极射线管）的电磁辐射对人体的健康会产生一定影响，如果有条件不要进行连续工作。

(4) 磁粉检测的磁悬液为水悬液时，应防止绝缘不良或电器短路；采用油基载体时，闪点不低于94℃，防止明火，并保持空气流通。

(5) 轴向通电法和触头法磁粉检测不应在易燃易爆的场合使用；使用在其他地方，也应预防起火燃烧。

(6) 使用干法磁粉检测时，要求通风良好，注意防尘，佩戴口罩等防护用品。

(7) 使用荧光磁粉或荧光渗透检测时，应避免黑光灯直接照射人的眼睛，可佩戴专用防护眼镜，防止紫外线灼伤眼睛，工作服要严密，佩戴手套，以防止紫外线对皮肤的损伤。

(8) 渗透检测使用压力喷灌时，应充分注意防火，避免阳光直接照射压力喷灌，避免在火焰附近以及高温环境下操作。

(9) 渗透检测时应佩戴口罩、手套等防护用品，保持通风良好。

(10) 涡流检测所产生强电磁场对人体自然生理磁场有干扰作用，容易导致人体自然生理磁场的混乱，从而影响精神状态和生理状态，如果有条件不要进行连续工作，注意劳逸结合。

(11) 检测人员应至少二人一组，并应另设有作业监护人员，在作业期间监护人须坚守岗位，对检测作业，人员及电源等关键部位进行监护。

(12) 监护人员应适时与检测作业人员进行有效的安全、报警、撤离等信息交流，如因现场条件所限直接交流不便，可配备对讲机等通信工具。

(13) 无损检测过程中如果安全状况发生变化，应立即停止检测，待处理达到检测安全条件后，方可再进行检测。

(14) 携带的检测仪器、材料、工具等要登记，检测结束后应清点，以防遗留在检测现场。

【标准条文】

4.2.14 科研试验项目的取样、模型建造、试验环境和设备运行管理、危化品管理、试验过程等作业活动按项目风险控制措施、相关规章制度及操作规程的规定实施，控制科研试验安全风险，无“三违”行为。

1．工作依据

《安全生产法》（2021 年修订）

《职业病防治法》（2018 年修订）

GB/T 27425—2020《科研实验室良好规范》

GB/T 27025—2019《检测和校准实验室能力的通用要求》

GB/T 27476.1—2014《检测实验室安全　第 1 部分：总则》

GB/T 27476.2—2014《检测实验室安全　第 2 部分：电气因素》

GB/T 27476.3—2014《检测实验室安全　第 3 部分：机械因素》

GB/T 27476.4—2014《检测实验室安全　第 4 部分：非电离辐射因素》

GB/T 27476.5—2014《检测实验室安全　第 5 部分：化学因素》

GB/T 27476.6—2020《检测实验室安全　第 6 部分：电离辐射因素》

GB/T 50585—2019《岩土工程勘察安全标准》

GB 50706—2011《水利水电工程劳动安全与工业卫生设计规范》

SL 721—2015《水利水电工程施工安全管理导则》

2．实施要点

（1）科研试验作业活动符合规定。科研试验项目的取样、模型建造、试验环境和设备运行管理、危化品管理、试验过程等作业活动应按《安全生产法》《科研实验室良好规范》《检测和校准实验室能力的通用要求》《检测实验室安全》《岩土工程勘察安全标准》等相关法律法规、标准规范、规章制度及操作规程实施。单位应结合业务情况，建立相关管理制度和操作规程，严格执行安全管理程序、制度、操作规程和委托方的各项安全管理制度和规定。主要要求如下：

1）操作人员上岗前应正确佩戴和使用劳动防护用品。

2）作业人员开始作业前应检查设备设施、作业环境的安全状况，发现隐患立即排除；确认无隐患后，方可开启设备进行作业。作业结束后，应关闭电源、气源、火源等，对设备设施和作业环境进行检查，确认无隐患后，方可离开。

3）作业过程中，作业人员不应从事与操作无关的活动。

4）从事与有毒有害因素相关的作业活动时，应有监护人员。

5）设备的检修及故障处理，应先切断电源，待设备停稳，悬挂安全警示牌后进行。

6）特种作业应符合 GB 30871 的规定。

7）科研实验室的测量活动参考 GB/T 27025 和 ISO 15189 等标准。

（2）制定并督促落实风险控制措施，主要措施如下：

1）落实作业安全管理责任。作业前，单位应明确科研实验安全责任人、专兼职安全管理人员等，明确现场安全管理责任，相应人员应具备现场安全管理的技术和能力。

2）开展项目安全生产策划。项目负责人应组织对现场安全生产工作进行策划，策划结果落实在策划文件中。安全生产策划应进行现场危险源辨识与风险评价，明确管理责任、安全防护措施和应急救援方案等，落实安全管理的各项资源。实施过程中应对危险源实施动态管理，及时掌握危险源及风险状态和变化确实，实时更新危险源、风险等级及响应的防控措施，有效防范和减小安全生产事故。

3）开展安全交底和教育培训，配备防护用品。所有现场作业人员应进行安全教育和交底，确保熟悉外业作业各项危险源、防护措施和应急处理方案。应根据现场作业实际，按相应国家标准规定为作业人员配备个体防护用品、野外救生用品和野外特殊生活用品等。

4）对安全措施落实情况进行检查。单位、项目负责人和现场管理人员等应定期对现场安全防护措施落实情况进行检查，发现问题及时督促整改。

（3）对典型“三违”行为进行重点管理。典型“三违”行为见4.2.9勘测、物探及实验典型“三违”行为。

3. 参考示例

[参考示例]

岩土工程土、水试验

1. 试验条件确定

（1）试验室应具备通风条件，需要时应设置通风、除尘、消防和防爆设施；应有废水、废气和废弃固体处置设施。

（2）试验室采光与照明应满足作业人员安全生产作业要求。作业位置和潮湿工作场所的地面应设置绝缘和防滑等安全生产防护设施。

（3）试验前应先检查仪器和设备性能，发现异常时应进行维修，经检测合格后再投入使用。

（4）试验中使用的各类危险物品，其采购、运输、储存、使用和处置均应符合本有关要求。

2. 试验

（1）压力试验等相关试验设备应配置过压和故障保护装置。

（2）空气压缩机等试验辅助设备应采取降低噪声等安全生产防护措施。

（3）当使用环刀人工压切土样时，环刀上端应垫上护手的承压物。

（4）熔蜡容器不得加蜡过满，投入样品或搅拌时蜡液不应外溢。

（5）当移动接近沸点的水或溶液时，应先用烧杯夹将其轻轻摇动。

（6）中和浓酸、强碱时应先进行稀释，稀释时不得将水直接加入浓酸中。

（7）开启装有易挥发的液体试剂和其他苛性溶液容器时，应先用水冷却并在通风环境下进行，不得将瓶口朝向试验人员或他人。

（8）当使用会产生爆破、溅洒热液或腐蚀性液体的玻璃仪器试验时，首次试验应使用最小试剂量，作业人员应佩戴防护眼镜和使用防护挡板进行操作。

（9）当采取或吸取酸、碱和有毒、放射性试剂和有机溶剂时，应使用专用工具或专用器械。

（10）经常使用强酸、强碱或其他腐蚀性药品的试验室应设置安全标识，并宜在出入口就近设置应急喷淋器、眼睛冲洗器和应急医药品。

（11）对含有污染物质的水、土进行试样制备时，应在通风柜或配有脱排气装置的操作台上进行；作业人员应佩戴口罩、防护眼镜和具有隔污性能的防护手套。

（12）放射源使用应由专人负责，并应限量领用；作业人员应穿戴符合规定的放射性个体防护装备。

【标准条文】

4.2.15 为从业人员配备与岗位安全风险相适应的、符合 GB/T 11651 和 AQ 2049 等相关规定的个体劳动防护用品，并监督、指导从业人员按照有关规定正确佩戴、使用、维护、保养和检查劳动防护装备与用品。同时为野外作业人员配备野外救生用品和野外特殊生活用品。

1. 工作依据

《安全生产法》(2021 年修订)

《职业病防治法》(2018 年修订)

GB 39800.1—2020《个体防护装备配备规范 第 1 部分：总则》

GB 50706—2011《水利水电工程劳动安全与工业卫生设计规范》

GB/T 41205.1—2021《应急物资编码与属性描述 第 1 部分：个体防护装备》

AQ 2049—2013《地质勘查安全防护与应急救生用品（用具）配备要求》

2. 实施要点

(1) 为现场作业人员配备充足的劳动防护用品。在管理制度中明确劳动防护用品配备标准（见参考示例 1），确保各类作业人员按照标准配备充足的劳动防护用品；识别劳动防护用品、野外救生用品、野外特殊生活用品需求并按需采购，建立采购发放记录（见参考示例 2、参考示例 3）。

(2) 现场作业人员个体防护符合有关规定。主要防护用品的使用期限和有关规定如下。

1) 安全帽。每顶安全帽应有以下四项永久性标志：制造厂名称、商标、型号；制造年、月；生产合格证和验证；生产许可证编号。GB 2811—2019《头部防护 安全帽》规定，安全帽的永久标识是指位于产品主体内侧，并在产品整个生命周期内一直保持清晰可辨的标识，至少应包括本标准编号、制造厂名、生产日期（年、月）、产品名称（由生产厂命名）、产品的分类标记、产品的强制报废期限。

2) 安全带。使用期为 3～5 年。使用 2 年后应检查一次，必须更换安全绳后才能继续使用。使用频繁的绳，要经常做外观检查，发现异常时，应立即换成新绳。

3) 防护鞋（工作鞋）。现场作业人员使用期一般为 2 年；特种作业防护鞋按照国家有关规定使用，如电绝缘鞋，自出厂日超过 18 个月，必须进行电性能预防性检验；凡帮底有腐蚀破损之处，不能再做电绝缘鞋穿用；使用中每 6 个月至少进行一次电性能测试，如不合格不可继续使用。

4) 防护服（工作服）。现场作业人员冬装使用期一般为 2 年，春秋装使用期一般为 1 年。

5) 采购部分劳动防护用品应按照规定的指导价格以内采购，如冬装防护工作服 500 元（含）以内、春秋装防护工作服 300 元（含）以内；防护鞋工作鞋 300 元（含）以内；其他品种可按市场价格购买。禁止以发放货币或采购其他物品代替劳动防护用品。

(3) 现场作业人员按要求正确佩戴、使用劳动防护用品。加强现场安全巡查，及时纠正不规范佩戴劳动防护用品的行为。常用防护用品正确佩戴、使用要求如下：

1）安全帽。在佩戴时一定要将安全帽戴正、戴牢，不能晃动，要系紧下颏带，调节好后帽箍以防安全帽脱落，女士应将长发盘结。使用安全帽时，严禁在帽上打孔或当板凳坐。

2）安全带。使用安全带时，必须将安全带系在牢固的构件上，高挂低用，不得将绳打结使用。当安全带系绳超过 3m 时，应采用带有缓冲器装置的专用安全带，必要时可联合使用缓冲器、自锁钩、速差式自控器。

3）安全绳。安全绳是用于挂安全带配套使用的长绳或水平安全绳。一般系吊用的安全绳采用合成纤维绳，水平安全绳采用钢丝绳，检验周期为 6 个月。在高处特殊的危险场所（如构架梁上）作业时，作业人员必须将安全带挂在水平安全绳上。在向上开口容器内或悬空作业时，作业人员必须将安全带挂在垂直安全绳上，同一条垂直安全绳上不得拴挂两个及以上安全带。

4）防护眼镜（罩）。防护眼镜（罩）使用时应注意：

a. 应选择合适的防护眼镜（罩），保证耳鼻舒适，镜架不易滑落。

b. 使用前检查螺钉和松紧带，并注意保持镜片的清洁。

c. 存放时禁止与酸碱接触，保持整洁，不受压、受热、受潮和阳光照射等。

d. 镜片不得朝下放置。

5）防护手套。防护手套使用时应注意：

a. 根据舒适、灵活、防高温或防高寒、抓起物件种类的需求选择手套种类。

b. 戴手套时注意不要让手腕裸露出来。

c. 选择跟手型相吻合的手套，防止手套过长而被卷入机器。

d. 操作旋转机床时禁止戴手套作业。

6）防护鞋。在以下场所作业，应按照规定穿着防护鞋，以免发生事故：

a. 易燃易爆场所作业穿防静电鞋。

b. 带电作业时穿绝缘鞋。

c. 腐蚀性场所作业时穿耐酸碱鞋。

d. 登高作业时穿登高鞋。

e. 建筑施工、操作机械设备时穿防砸鞋。

防护鞋使用时应注意：

a. 应根据作业场所或存在危险的类别选择合适的工作鞋。

b. 使用防护鞋前要认真检查或测试，在电气和酸碱作业中，不得使用破损和有裂纹的防护鞋。

c. 工作时，尤其是高空作业时不能穿拖鞋、高跟鞋。

d. 鞋的尺寸大小要合适，不得妨碍操作行动。及时清理鞋底油污和水泥。

e. 扎紧鞋带，不得踩踏鞋帮。

7）救生衣。水上作业或临水作业人员必须穿着救生衣，且满足以下安全要求：

a. 救生衣必须有生产许可证、产品合格证。

b. 救生衣使用年限为 5～7 年。

c. 穿着救生衣时，必须检查面料、泡沫塑料或软木完整、无破损。救生衣应穿在上衣外面，系紧衣带。

8）潜水服。潜水作业人员必须穿着潜水服，且满足以下安全要求：

a. 潜水服必须有生产许可证、产品合格证。

b. 潜水服必须经法定的技术部门检验。

c. 潜水气瓶检验周期为2年；储气罐、安全阀检验周期为1年；压力表检验周期为半年。

9）电工个体防护。主要有高压绝缘鞋（靴）、高压绝缘手套等，而且必须选用具有国家《劳动防护用品安全生产许可证书》资质单位的产品。

高压绝缘鞋（靴）。使用绝缘材料制作的一种安全鞋。凡从事电气作业的人员必须穿绝缘鞋（靴），且满足以下安全要求：

a. 鞋帮上应有绝缘永久标记（如红色闪电符号），鞋底有耐电压多少伏等标记，鞋胶料部分无破损。

b. 绝缘鞋（靴）的检验周期为6个月，并贴有“检验合格证”标识。实验内容：交流耐压实验1min，15kV；泄漏电流小于等于7.5mA。

c. 必须在规定的电压范围内使用，不得在水、油、酸、碱等环境内作为辅助安全用具使用。

d. 绝缘鞋（靴）应干燥，不得在鞋底上钉铁钉。

高压绝缘手套。用天然橡胶制成，即用绝缘橡胶或乳胶经压片、模压、硫化或浸模成型的五指手套。手套长度为457mm。凡从事电气倒闸操作人员必须戴绝缘手套，且满足以下安全要求：

a. 高压绝缘手套按电压等级分为10kV、20kV、30kV、35kV、40kV等，操作人员可根据不同电压等级的作业场所正确选择。

b. 高压绝缘手套的检验周期为6个月，并贴有“检验合格证”标识。试验内容：交流耐压试验1min，8kV；泄漏电流小于等于9mA。

c. 每次使用高压绝缘手套前，必须作气密性试验检查，确认无漏气后方准使用。检查方法：将高压绝缘手套从口部向上卷，稍用力将空气压至手掌及指头部分，检查无漏气方准使用。严禁用嘴吹气试验。

d. 高压绝缘手套应存放在密闭的橱内，应与工具、仪表分别存放。

e. 使用高压绝缘手套时，不得接触油类及腐蚀性物质。

10）钻探、大型实验机械设备操作人员个体防护。操作人员必须穿好工作服，衣服和袖口应扣好，不得在开动的机械设备旁换衣服，不得戴围巾、领带等。长发必须盘在帽内，不得披散在外。

11）在有粉尘、可能中毒、窒息场所的作业人员个体防护。防护用品有防尘口罩、防毒面罩（具）。必须选用具有国家《劳动防护用品安全生产许可证书》资质单位的产品，并有“生产许可证”“产品合格证”。进入粉尘较大的场所作业时，作业人员必须佩戴防尘口罩。进入有害气体的场所作业时，作业人员必须佩戴防毒面罩。进入酸气较大的场所作业时，作业人员必须佩戴套头式防毒面具。

a. 使用防尘口罩时，应检查口罩外观完好，过滤器里面的填充过滤材料有效。

b. 使用防毒面罩（具）时，应检查面罩外观完好，过滤器里面的填充活性炭或其他过滤材料有效。在容器或水内作业时，禁止使用过滤式防毒面罩（具）。

c. 应选择佩戴舒适的防尘、防毒口罩；不允许擅自改变头带长度，或将鼻夹弄松；禁止用水清洗防毒、防尘口罩的过滤元件。

（4）劳动防护用品进行检查维护。根据使用说明定期对劳动防护用品检查维护，保存检查维护记录。

3. 参考示例

劳动防护用品配备标准见参考示例1，劳动防护用品采购登记表见参考示例2，劳动防护用品发放登记表见参考示例3。

[参考示例1]

劳动防护用品配备标准

序号	工种岗位名称	工作服	工作帽	工作鞋	防护手套	防寒服	雨衣	胶鞋	眼护具	防尘口罩	防毒面具	安全帽	安全带	护听器
1	工程勘察	√	√	√	√	√	√	√				√		
2	工程设代	√	√	√	√	√	√	√				√		
3	工程施工	√	√	√	√	√	√	√				√		
4	工程总承包	√	√	√	√	√	√	√				√		
5	工程监理	√	√	√	√	√	√	√				√		
6	工程地质工程施工钻工	√	√	fz	√	√	√	jf	cj	√		√	备	√
7	工程测量工	√	√	√		√	√	√	fy					
8	物探工	√	√	fz	√	√	√	jf	cj	√		√	备	√
9	汽车驾驶员	√	√	√	√	√	√	√	zw					
10	汽车维修工	√	√	fz	√	√	√	√	fy					
11	船舶（水手、驾驶）	√	√	fz	√	√	√	jf	zw					
12	船舶（轮机）	√	√	fz	√	√	√	jf						
13	车（铣、刨）工、钳工	√	√	fz	√				cj					
14	电工	√	√	fz、jy	jy	√	√					√		
15	电焊工	zr	zr	fz	√	√			hj			√		
16	印刷工	√	√	√	√									
17	试验工	√	√	√										
18	仓库保管工	√	√	fz	√									
19	中式烹调师	√	√	√				√						

注 “√”表示该类防护用品必须配备；字母表示该种类必须配备的劳动防护用品还应具有“防护性能字母对照表”中规定的防护性能；“备”表示根据实际情况配备。

表中字母为防护性能字母，含义为：zr—阻燃耐高温；fz—防砸（1～5级）；jy—绝缘；jf—胶面防砸；cj—防冲击；fy—防异物；zw—防紫外；hj—焊接护目。

[参考示例2]

劳动防护用品采购登记表

（　年度）

单位（项目部、设代处）名称：

预算审批					实际采购					签字	
日期	劳动防护用品名称	数量	单价/元	预算总价/元	日期	劳动防护用品名称	数量	单价/元	总价/元	采购人	查验人

负责人：　　填表人：

[参考示例3]

劳动防护用品发放登记表

（　年度）

单位（项目部、设代处）名称：

序号	劳动防护用品名称	数量	使用期（　年　月至　年　月）	使用类别（√）		领用人签字	领用日期
				公用	个人		

负责人：　　填表人：

【标准条文】

4.2.16　班组安全活动管理制度应明确岗位达标的内容和要求，开展安全生产和职业卫生教育培训、安全操作技能训练、岗位作业危险预知、作业现场隐患排查、事故分析等岗位达标活动，并做好记录。从业人员应熟练掌握本岗位安全职责、安全生产和职业卫生操作规程、安全风险及管控措施、防护用品使用、自救互救及应急处置措施。

1. 工作依据

《国务院关于进一步加强企业安全生产工作的通知》（国发〔2010〕23号）

《国务院安委会关于深入开展企业安全生产标准化建设的指导意见》（安委〔2011〕4号）

《国家安全监管总局、中华全国总工会、共青团中央关于深入开展企业安全生产标准化岗位达标工作的指导意见》(安监总管四〔2011〕82号)

2. 工作要点

(1) 以正式文件发布班组活动安全管理制度。勘测设计单位要结合自身作业特点,依据国家有关法律法规、标准规范制定班组活动管理规定,明确班组活动内容、形式及要求。

(2) 开展班组岗位达标活动。班组是指各专业所属的作业班组,如1个钻探机组、平洞开挖班组、地质测绘及编录组、测量作业组、物探作业组等。水上钻探、管线地区勘探、物探管网排查、平洞施工等高风险作业班组应做好班前班后活动:向班组人员交代包括当天作业内容、安全注意事项(4.2.6参考示例3),开展安全检查,做好交接班工作。各班组每月至少自行组织1次岗位达标安全活动:安全生产知识学习、经验交流和事故警示教育分析、安全操作技能训练、岗位作业危险预知、作业现场隐患排查等岗位达标活动,并做好记录(4.2.6参考示例1),确保班组从业人员熟练掌握本岗位安全职责、安全生产和职业卫生操作规程、安全风险及管控措施、防护用品使用、自救互救及应急处置措施。

3. 参考示例

无。

【标准条文】

4.2.17 相关方(含分包、出租及劳务用工等供方)管理制度应包括与相关方的信息沟通、理解相关方的需求和期望,以及供方的资格预审、选择、作业人员培训、作业过程检查监督、提供的产品与服务、绩效评估、续用或退出等内容。

1. 工作依据

《安全生产法》(2021年修订)

《建设工程质量管理条例》(2019年修订)

2. 工作要点

以正式文件发布相关方管理制度。相关方管理制度内容应包括:与相关方的信息沟通,理解相关方的需求和期望,供方的资格预审、选择、作业人员培训、作业过程检查监督、提供的产品与服务、绩效评估、续用或退出等内容。

3. 参考示例

无。

【标准条文】

4.2.18 对相关方进行全面评价和定期再评价,包括相关方沟通、相关方需求和期望接受或采纳情况,供方经营许可和资质证明,专业能力,人员结构和素质,机具装备,技术、质量、安全、作业管理的保证能力,业绩和信誉等,建立并及时更新合格相关方名录和档案。

1. 工作依据

《安全生产法》(2021年修订)

《建设工程质量管理条例》(2019年修订)

2. 实施要点

(1) 相关方初次评价。评价内容包括(不限于)相关方沟通、相关方需求和期望接受或采纳情况，供方经营许可和资质证明，专业能力，人员结构和素质，机具装备，技术、质量、安全、作业管理的保证能力，业绩和信誉等，评价要点如下。

1）具有法人资格的营业执照和施工资质证书评价要点：营业执照、施工资质证书载明的范围和等级符合法规的要求。营业执照经过年度检验，施工资质证书年度检验或复查。营业执照与施工资质证书的注册号、名称、住所、法定代表人、注册资金等应一致。

2）法定代表人证明或法定代表人授权委托书评价要点：授权书中法定代表人的签名应为手签，不可打印（为杜绝挂靠现象，授权书、委托书宜经过公证）。委托内容是否覆盖分包项目的合同谈判、文件签订以及工程项目管理等相关内容。法定代表人委托书应在有效期内，签订新的合同时必须重新出具法定代表人委托书。

3）安全生产许可证评价要点：政府主管部门颁发的安全生产许可证应在有效期内，单位名称、法定代表人、住址、经营范围与营业执照、资质证书相符。

4）分包商施工简历、近3年安全、质量施工记录评价要点：类似工程施工业绩、近3年安全质量施工状况由分包单位在资质审查表上自行填写。

5）安全、质量的施工技术素质（包括项目负责人、技术负责人质量管理人员、安全管理人员等）及特种作业人员取证情况评价要点：项目负责人应持有建造师证书和与工程类别一致的安全生产考核B类证书；技术负责人应具有所承担工程相应的职称证书、分包单位公司任命文件；质量管理人员应持有与工程相应的质检员证书；安全管理人员应持有与工程类别一致的安全生产考核C类证书。特种作业人员以及特种设备操作人员应持有有效的特种作业人员上岗证件。上述人员资格证书中的所在单位与分包单位应一致，如不一致时，应核查其与分包单位的劳动合同关系。

6）施工管理机构、安全质量体系及其人员配备评价要点：分包单位应建立安全、质量管理保证体系和监督体系，并按规定配备专（兼）职安全、质量管理人员。

7）保证施工安全和质量的机械、工器具、计量器具、安全防护设施、用具的配备评价要点：起重机械应提供检验合格证以及出厂合格证、性能表、安装使用说明书等出厂资料，防止无资质厂家产品及报废机械进入现场。施工机械、工器具、计量器具及安全防护设施、用具应经检验或自检合格，配备应与所承担的工程相适应，有名称、数量以及检查合格证明。

8）安全文明施工和质量管理制度评价要点：主要提供针对工程项目的安全生产责任制、安全教育培训制度、安全检查制度、安全工作例会制度、安全施工措施管理及交底制度、事故调查处理制度、安全奖惩制度、临时用电管理制度、文明施工管理制度、安全操作规程等安全规章制度和质量管理相关制度。

（2）相关方再评价。分包活动实施过程中或结束后，对相关方进行再评价，评价相关方的资质和能力是否符合实际情况，以及相关方在合同时间内是否按合同要求履行所有义务，服务是否及时，施工期间安全生产、文明施工情况，分包工程施工质量情况，施工期间其违反安全生产、习惯性违章次数统计，标准化作业执行情况等。

对评价良好的相关方纳入合格相关方名录，并建立档案。名录包括名称、具备资质、主要业绩、承包（供应）项目、承包（供应）时间、地址、法人（或项目负责人）联系人电话、传真号码等；档案包括：相关方的资质证书复印件、近3年的安全生产业绩、安全管理机构、安全管理制度目录、特种作业人员操作证书复印件、安全生产表现评价报告及其他有关资料。

3. 参考示例

无。

【标准条文】

4.2.19 确认相关方具备相应资质和能力，按规定选择相关方；依法与相关方签订合同和安全管理协议，明确双方安全生产责任和义务。

1. 工作依据

《安全生产法》(2021 年修订)

《建设工程质量管理条例》(2019 年修订)

2. 实施要点

(1) 相关方选择。相关方选择方式一般有公开招标、邀请投标、直接委托等，根据业务特点和工作需要，明确相关方需要具备的资质和能力，包括经营许可和资质证明、专业能力、人员结构和素质、机具装备，技术、质量、安全、作业管理的保证能力，业绩和信誉等；特殊外包项目，如特种设备、消防系统等特殊设备的维修保养和定期检验等工作，可按照国家有关规定，地方行政管理部门要求，应具备相应资质。

(2) 合同约束。与有现场工作的外委方、合作方、承租方签订专门的安全生产管理协议或在合同中约定各自的安全生产管理职责，明确相关方安全生产标准化工作要求。同一区域有两个以上相关方作业的，组织其签订交叉作业安全管理协议，明确各方的安全生产责任和义务。

3. 参考示例

无。

【标准条文】

4.2.20 通过供应链关系管理、沟通协调、施加影响等，促进相关方达到安全生产标准化要求。

1. 工作依据

《安全生产法》(2021 年修订)

《建设工程质量管理条例》(2019 年修订)

2. 实施要点

(1) 事前策划。外委工作执行前，编制《勘察外委工作计划表》(见参考示例 1)，督促外委单位制定项目策划文件，报勘察项目部总工审查、勘察项目部经理审批。

(2) 事中管理。外委工作执行中，对相关方进场人员和设备、安全设施进行验证、登记，督促相关方开展安全生产标准化相关教育培训和安全技术交底，对相关方开展安全检查 (见参考示例 2、参考示例 3)，检查中发现问题，督促现场整改，必要时，以联系函的形式发外委单位后方，加强后方督导。

(3) 事后验收和开展相关方再评价。勘察项目部组织开展外业验收时，应对外委外业工作进行专门检查验收 (见参考示例 3)。开展相关方再评价，对评价不合格的相关方不能纳入合格相关方名录。以此促进相关方规范管理，并达到安全生产标准化要求。

3. 参考示例

[参考示例 1]

勘察外委工作计划表

受控号： 版本号/修改码： 编号：

项目名称						
勘察阶段		外委计划下达时间		外委计划完成时间		
要求外委单位配置的人员及设备资源						
外委工作主要内容及计划工作量						
技术要求	可另附					
提交成果及提交时间要求						
质量、安全、环境、保密要求						
拟外委单位及负责人						
拟定		审查		批准		
备注						

注 本表可分页。

[参考示例 2]

环境和安全生产检查表

受控号： 版本号/修改码： 编号：

项目名称			
检查人员		检查时间	年 月 日
主要检查内容			
1. 劳动防护用品的佩戴是否正确 是□ 否□ 2. 安全防护设施、安全及交通警示标志是否满足规定和安全作业需要 是□ 否□ 3. 作业现场是否存在事故隐患（机械伤害□、高处坠落□、物体打击□、溺水□、触电□、其他□） 是□ 否□ 4. 是否按规定对所有人员进行技术交底和安全培训 是□ 否□ 5. 特种作业人员是否持证上岗 是□ 否□ 6. 管理人员是否有违章指挥现象 是□ 否□ 7. 作业人员是否有违反操作规程和劳动纪律现象 是□ 否□ 8. 作业现场和营地周围环境是否存在地质灾害隐患（泥石流□、塌陷□、崩塌□、洪水□、其他□） 是□ 否□ 9. 作业现场生产用电和临时营地生活用电是否符合规定 是□ 否□ 10. 作业现场和临时营地用火安全管理及消防器材配置是否符合规定 是□ 否□ 11. 作业现场易燃易爆危物品的管理和使用是否符合规定 是□ 否□ 12. 作业现场建筑物及危险品库房等防雷设施的设置是否符合规定 是□ 否□ 13. 现场车辆交通安全是否符合规定 是□ 否□ 14. 现场安全文明施工和环保是否符合规定 是□ 否□ 15. 现场餐饮卫生是否符合规定 是□ 否□			

续表

主要检查意见及整改要求
检查负责人： 年 月 日
整改落实情况
整改责任人： 年 月 日

［参考示例3］

工程地质勘察过程检验记录表

受控号： 版本号/修改码： 编号：

项目名称			
过程检验类别	□中间检查 □外委检查 □外业验收 □外委验收		
检验形式		主持人	
日期		地点	
参加人员			
检验记录： 制定人： 年 月 日			
处理措施： 处理人： 年 月 日			
复查记录： 验证人： 年 月 日			

第三节 职 业 健 康

【标准条文】

4.3.1 职业健康管理制度应明确职业危害的管理职责、作业环境、“三同时”、劳动防护品及职业病防护设施、职业健康检查与档案管理、职业危害告知、职业病申报、职业病治疗和康复、职业危害因素的辨识、监测、评价和控制等内容。

1. 工作依据

《职业病防治法》(2018年修订)

《防暑降温措施管理办法》(安监总安健〔2012〕89号)

《建设项目职业病危害风险分类管理目录》(国卫办职健发〔2021〕5号)

《工作场所职业卫生管理规定》(国家卫生健康委员会令第5号)

《职业病诊断与鉴定管理办法》(国家卫生健康委员会令第6号)

《职业病危害因素分类目录》(国卫疾控发〔2015〕92号)

《职业病分类和目录》(国卫疾控发〔2013〕48号)

2. 实施要点

(1) 以正式文件发布职业健康管理制度。制度应涵盖目的、适用范围、主要职责、管理要求、责任追究等内容(参考示例)。主要职责应明确单位领导层、职能部门、下属单位和项目部的职业健康管理责任。管理要求明确职业健康危害辨识、管控、职业病申报、治疗和康复等要求,应辨识出本单位涉及的职业病(如:高原病、尘肺病、中暑、冻伤、噪声和爆炸导致的耳聋、手臂振动病、有毒有害气体导致的化学中毒)及其他疾病(如:血吸虫病和热带疾病)等职业健康危害,并明确相应的管控措施;从作业环境、职业危害告知、警示教育与说明、防护设施及用品、检测、报警与应急、职业健康监护和对分包方的职业健康监管等方面实施职业健康管控,职业健康防护设施必须执行“三同时”制度,职业健康监护应明确全体员工体检要求及单位涉及的如高原病、热带疾病、血吸虫病及其他职业健康危害检查要求,并按规定建立健全职业危害员工职业健康监护档案。

(2) 制度内容需符合相关规定。《职业病防治法》明确了用人单位和建设项目关于职业病防治管理的法定要求及违反本法规定的责任追究,强调用人单位职业病防治主体责任,用人单位的主要负责人对本单位的职业病防治工作全面负责;有关部门规章明确了职业病及危害因素的分类和目录,职业病诊断与鉴定,防暑降温措施,建设项目职业病防护设施“三同时”,工作场所职业卫生管理规定,职业健康管理制度应符合上述相关法律法规要求。

3. 参考示例

[参考示例]

职业健康管理规定提纲

1 目的

2 适用范围

3 主要职责

3.1 安全生产领导小组和相关职能部门

3.2 专业单位或业务部门

3.3 项目部

4 管理要求

4.1 职业健康危害辨识

4.2 职业健康危害管控

4.2.1 作业环境

4.2.2 职业危害告知

4.2.3 警示教育与说明

4.2.4 防护设施及用品

4.2.5 检测、报警与应急

4.2.6 职业健康监护

4.2.7 分包方职业健康监管

4.3 职业病申报

4.4 职业病治疗和康复

5 责任追究

6 附则

【标准条文】

4.3.2 按相关要求为从业人员提供符合职业健康要求的工作环境和条件，应确保使用有毒、有害物品的作业场所与生活区、辅助生产区分开，作业场所不应住人；将有害作业与无害作业分开，高毒工作场所与其他工作场所隔离。

1. 工作依据

《职业病防治法》(2018年修订)

《工作场所职业卫生管理规定》(国家卫生健康委员会令第5号)

2. 实施要点

(1) 工作环境符合有关规定。现场施工总体布置时，应确保将有毒、有害物品的作业场所(如存放炸药、雷管、导火索等民用爆破物品的炸药库，存放柴油、气瓶的仓库)与生活区、辅助生产区分开，平洞施工、水上钻探等作业场所不应住人；生产布局合理，符合有害与无害作业分开的原则，或采取隔离措施将有害作业与无害作业分开，高毒工作场所与其他工作场所隔离。

(2) 工作条件满足有关要求。职业病危害因素的强度或者浓度符合国家职业卫生标准，如：钻探、凿岩及爆破作业产生的噪声，通过正确佩戴防护耳罩，将实际接受的噪声控制在85dB以下，减少作业的时间，每天作业时间不超8h；日最高气温达到40℃以上，应当停止当日室外露天作业；日最高气温达到37℃以上、40℃以下时，用人单位全天安排劳动者室外露天作业时间累计不得超过6h。有与职业病危害防护相适应的设施，设备、工具、用具等设施符合保护劳动者生理、心理健康的要求，如：为地下洞室内作业、岩石钻孔作业、爆破作业等产生的粉尘的场所作业人员配备防尘口罩等防护用品，洞内配备通风设备等。

3. 参考示例

无。

【标准条文】

4.3.3 在可能发生急性职业危害的有毒、有害工作场所，设置检测、报警装置，制定应急处置方案，现场配置急救用品、设备，并设置应急撤离通道。

1. 工作依据

《职业病防治法》（2018 年修订）

2. 实施要点

（1）加强检测、报警管控。勘测设计单位涉及的可能发生急性职业损伤的有毒、有害工作场所主要涉及地下洞室和有限空间作业的有毒有害气体，应设置有毒有害气体检测仪及报警装置，应当进行经常性的维护、检修，定期检测其性能和效果，确保其处于正常状态，不得擅自拆除或者停止使用。

（2）落实应急管控措施。制定有毒有害气体中毒和窒息事故现场处置方案，开展必要的应急演练，现场配置如空气呼吸器、有毒气体检测仪、消防器材、急救药品、通信设备、应急灯、车辆、医药箱急救用品、设备，并设置应急撤离通道，确保一旦发生事故，应急处置到位。

3. 参考示例

[参考示例]

中毒和窒息事故现场处置方案

事故类别	中毒和窒息事故	
事故风险描述	事故类型	中毒、窒息
	事故区域	洞室或有限空间作业现场；危险化学品作业现场；刷（喷）漆作业现场
	发生时间及危害程度	人体过量或大量接触有害气体或化学毒物，造成伤害；氧气不足、人体缺氧，造成伤害。均可能导致人的昏迷甚至死亡
	事故征兆及原因	（1）在洞室或有限空间内长时间作业时，因通风不良，缺氧窒息。 （2）在洞室或有限空间内长时间作业时，因粉尘较大，造成伤害。 （3）在洞室或有限空间内作业时，因有害气体超标，使人中毒
应急工作职责	应急处置小组	组长：事发项目部现场负责人 成员：现场专业负责人、安全员、班组长、现场工作人员
	人员职责	（1）组长职责：接到报告后，立即启动事故现场应急处置方案，组织人员开展事故应急抢险救援工作，及时将情况上报项目经理或责任单位相关负责人。 （2）安全员职责：接到通知后赶赴事故现场进行急救处理，并监督安全措施落实和人员到位情况。 （3）班组长职责：接到员工报告后，应立即到现场进行确认；组织本班组员工，按现场应急处置措施执行；若事故后果超出本班组控制能力，立即上报本部门应急小组组长；接受并执行本应急小组组长的指令。 （4）现场工作人员职责：第一时间发现者应立即高声呼叫求救；在确保自身安全的情况下，应立即执行现场应急处置措施；报告班组长或应急小组组长；接受并执行本应急小组的指令
应急处置	事故应急处置程序	（1）在发生中毒和窒息事故时，第一时间发现者要立即大声呼喊“不好了，××中毒了”进行现场呼救示警。 （2）同时，现场人员迅速向班组长或应急小组组长汇报，并对现场无关人员进行警戒疏散。 （3）现场救护人员根据现场人员被伤害的程度，一边通知急救医院，一边对受伤人员进行现场救护。 （4）对重伤者不明伤害部位和伤害程度的，不要盲目进行抢救，以免引起更严重的伤害

续表

<table>
<tr><td>事故类别</td><td colspan="3">中毒和窒息事故</td></tr>
<tr><td rowspan="2">应急处置</td><td>现场应急处置措施</td><td colspan="2">（1）事故发生后，救援人员不可盲目进入，应设法帮助内部人员迅速逃离现场，对伤者进行现场急救。
（2）救援人员判明事故类型、分析现场危险性后，方可进入现场救援伤者。
（3）若发生中毒窒息，首先开启强制通风，佩戴空气呼吸器、过滤式防毒面具进入现场将伤者救出。
（4）伤者救出后，将中毒人员移到空气新鲜的地方，松解衣服，但要注意保暖。立即清理伤者创面、伤口，进行止血、包扎等初步救治，视伤情送往医院。
（5）若伤者伤势不重，让其安静休息，不要走动，严密观察。
（6）抬运伤者时，要多人平托缓缓用力。运送时，要用木板或硬材料，不能用软质担架。
（7）若呼吸及心脏停止，立即进行人工呼吸和胸外心脏按压或送往医院救治，途中不能终止急救。
（8）若伤者伤势严重，立即拨打项目所在地医院急救电话，或迅速将伤者送往医院。
（9）紧急情况下，可切断全部电源、生产设备，及采取强力通风、破坏性拆除等措施</td></tr>
<tr><td>事故报告</td><td colspan="2">最早发现险情者应立即向班组长或应急小组组长报警。报告内容：
（1）报警人姓名。
（2）事故时间、地点（区域）。
（3）人员及设备、设备伤害（损毁）情况。
（4）现场事故程度简单描述。
（5）选择的初步应急响应行动等</td></tr>
<tr><td>注意事项</td><td colspan="3">（1）备齐必要的应急救援物资，如空气呼吸器、有毒气体检测仪、消防器材、急救药品、通信设备、应急灯、车辆、医药箱等。
（2）在进入现场前，一定要切断中毒窒息安全事故现场的事故源，如有毒气源、电源、物料源等。
（3）在帮助伤者脱离事故现场时，救护人员既要救人，也要注意保护自己，穿戴好必要的防护用具，切勿单独行动、盲目施救。
（4）急救必须坚持分秒必争，并坚持不断地进行，同时及早与项目所在地医院联系，争取医务人员接替救治，在医务人员未接替救治前，不能放弃现场抢救。
（5）若事故发生在夜间，应迅速解决临时照明，以利于抢救，避免事故扩大。
（6）应保护好事故现场，等待事故调查组进行调查处理</td></tr>
<tr><td colspan="4">应急联系方式</td></tr>
<tr><td rowspan="10">内部</td><td>姓名</td><td>职务</td><td>联系方式</td></tr>
<tr><td>×××</td><td>单位相关负责人</td><td></td></tr>
<tr><td>×××</td><td>单位安全管理人员</td><td></td></tr>
<tr><td>×××</td><td>项目经理</td><td></td></tr>
<tr><td>×××</td><td>现场负责人（应急处置小组组长）</td><td></td></tr>
<tr><td>×××</td><td>现场专业负责人</td><td></td></tr>
<tr><td>×××</td><td>安全员</td><td></td></tr>
<tr><td>×××</td><td>×班组长</td><td></td></tr>
<tr><td>×××</td><td>×班组长</td><td></td></tr>
<tr><td>…</td><td></td><td></td></tr>
</table>

续表

应急联系方式			
外部	姓名	外部单位	联系方式
	×××	业主单位相关责任人	
	×××	施工单位相关责任人	
	×××	监理单位相关负责人	
	×××	医疗救援机构	
	…		

【标准条文】

4.3.4 用人单位必须采用有效的职业病防护设施，并为劳动者提供个人使用的职业病防护用品。

用人单位为劳动者个人提供的职业病防护用品必须符合防治职业病的要求；不符合要求的，不得使用。

各种防护用品、器具定点存放在安全、便于取用的地方，建立台账，指定专人负责保管防护器具，并定期校验和维护，确保其处于正常状态。

1. 工作依据

《职业病防治法》(2018年修订)

《使用有毒物品作业场所劳动保护条例》(国务院令第352号)

GB 39800.1—2020《个体防护装备配备规范　第1部分：总则》

GB/T 18664—2002《呼吸防护用品的选择、使用与维护》

2. 实施要点

(1) 开展职业健康危害管控。有效预防、控制和消除职业健康危害，保障员工在劳动过程中的身心健康及相关权益，全面履行《职业病防治法》规定职业健康管理要求，有效识别项目涉及职业健康危害可能导致的疾病、危害因素并制定管控措施(见参考示例1)。产生职业病危害的工作场所按要求设置职业病防护设施，如：地下洞室和有限空间作业可能产生有毒有害气体、粉尘的场所配备有害气体检测仪和通风设备，进行职业健康危害因素检测，确保空气良好。

(2) 规范职业健康劳动防护用品管理。按照职业健康防护管理要求配备适用的个人劳动防护用品，高原项目主要需配备的职业健康防护用品、药品(见参考示例2)，预防尘肺病需配备防尘口罩，预防中暑需配备藿香正气水、人丹、清凉物资等，预防冻伤需发放保暖手套、护膝、防寒鞋等，预防耳聋需配备防护耳罩；预防手臂振动病需购买和使用具有减振、隔振等功能的设备，限制作业时间和振动强度，配备防振手套、减振座椅等防护用品；可能存在气体中毒的有限空间作业下井作业人员必须正确佩戴好长管呼吸机、安全带、系好安全绳；可能接触疫水的血吸虫区工作需发放和正确使用血防服、血防药品；可能发生热带疾病的国外地区工作需按时发放热带疾病预防药，并配备护肝药护肝，配备疟原虫快速检测试剂，发现有疑似感染者时及时检测，宿舍均安装蚊帐，并配备灭害灵气雾剂、蚊香等驱蚊、灭蚊药品，野外作业着装严密，涂抹风油精、清凉油等驱避药物防叮咬。作业人员按规定正确佩戴劳动防护用品，各种防护用品、药品、器具需建立台账（见参考示例3），指定专人保管，存放需符合规定；定期或不定期检查校验和维护，保证其有效。

3. 参考示例

[参考示例1]

勘测设计主要职业健康危害管控措施清单

职业健康危害可能导致的疾病	主要职业健康危害因素	主要管控措施
高原病	高原低氧环境	1. 不安排有高原作业职业禁忌证、慢性高原病或强烈高原反应的人员进藏工作。 2. 开展高原病有关知识学习和交底。 3. 配备常用药品用品（高原安、感冒药、氧气袋等），熟悉附近医院（获取联系电话，熟悉路线）。 4. 急性高原反应应休息、吃药、吸氧；轻微高原病应到附近医院治疗，严重高原病应转送低海拔地区治疗、休养
尘肺病	地下洞室内作业、砂石料生产、岩石钻孔作业、爆破作业、混凝土生产作业等产生的粉尘	1. 配备防尘口罩等防护用品，并正确佩戴。 2. 操作人员采用湿作业。 3. 洞内配备通风设备，确保空气良好
中暑	高温天气	1. 组织送清凉活动，给现场项目部发放清凉物资。 2. 现场各项目配备藿香正气水、人丹等防暑降温药品。 3. 调整高温天气工作时间
冻伤	寒冷天气	1. 避免低温外出作业。 2. 发放保暖手套、护膝、防寒鞋等
耳聋	钻探、凿岩及爆破作业产生的噪声、爆炸	1. 正确佩戴防护耳罩，将实际接受的噪声控制在85dB以下。 2. 减少作业的时间，每天作业时间不超过8h
手臂振动病	风钻、凿岩机、电锯、振捣器及一些动力机械产生较强振动	1. 购买和使用具有减振、隔振等功能的设备。 2. 限制作业时间和振动强度。 3. 配备和使用个人防护用品，如防振手套、减振座椅等，改善作业环境
化学中毒	地下洞室和有限空间作业产生的有毒有害气体	1. 涉及有毒有害气体等职业危害的项目部，制定有毒有害气体具体管控措施和工作流程，并严格执行。 2. 开展安全技术交底和培训，加强对作业人员警示和技能教育，使其掌握预防措施、应急处置措施。 3. 配备有害气体检测仪，进行职业健康危害因素检测
血吸虫病	血吸虫	1. 血吸虫疫区项目做好血吸虫病防治宣传、教育培训和安全交底。 2. 发放和正确使用血防服、血防药品。 3. 尽量减少与疫水接触次数和时间，不要用疫水洗擦身子或直接饮用疫水。 4. 紧急情况下水时，下水前应在暴露的皮肤上擦涂防护药品，穿防护衣服。 5. 接触疫水人员进行血防体检。 6. 感染人员及时治疗

续表

职业健康危害可能导致的疾病	主要职业健康危害因素	主要管控措施
热带疾病	蚊虫等热带疾病传染源	1. 国外现场项目部应根据需要配置医生，组织举办热带疾病防治专题讲座，普及防治知识。 2. 按时发放热带疾病预防药，并配备护肝药护肝。 3. 配备疟原虫快速检测试剂，发现有疑似感染者时及时检测，及时发现及时治疗。 4. 室外每周按时喷洒灭蚊虫药，定期除草有效控制蚊虫孳生。 5. 保持营地及周边的清洁。营地安放多个垃圾桶，做到垃圾必须倒入垃圾桶，清洁工每天及时清扫垃圾，并妥善处理。 6. 宿舍均安装蚊帐，并配备灭害灵气雾剂、蚊香等驱蚊、灭蚊药品。中方营地和外籍员工营地分开一定距离，避开疟原虫源头。 7. 野外作业，着装严密，涂抹风油精、清凉油等驱避药物防叮咬。 8. 前往热带疾病流行区森林、河边、荒草地、阴暗潮湿地，尤其应该警惕感染热带疾病。 9. 感染热带疾病患者，及时用药治疗

[参考示例2]

高原项目医疗药用品配备清单指南表

分类	药名	治疗疾病
急性高原反应	红景天胶囊、红景天口服液、高原安、地塞米松片、西洋参饮片、复方丹参滴丸	防治急性高原反应
上呼吸道感染	复方氨酚烷胺片、风寒感冒颗粒、三九感冒灵冲剂	各种普通感冒、风寒感冒
流行性感冒	磷酸奥司他韦片	普通流感
祛痰类	乙酰半胱氨酸片、复方甘草	适用于痰液粘稠不易咳出者
止咳类	氢溴酸右美沙芬片、肺力咳合剂	适用于干咳无痰者
扩张支气管类	氨茶碱缓释片	适用于支气管炎、早期高原肺水肿等
咽喉炎类	西地碘含片、银黄含片、金喉健喷雾剂	适用于各型慢性咽炎、咽喉炎
口腔溃疡	西瓜霜喷雾剂、醋酸地塞米松粘贴片	适用于口腔溃疡
牙龈炎、牙痛	人工牛黄甲硝唑片、塞来昔布胶囊	适用于牙龈炎、牙痛
心脑血管类	硝酸甘油喷雾剂、苯磺酸氨氯地平、氯沙坦钾、酒石酸美托洛尔片	适用于高原高血压、心绞痛等急救
消化系统	诺氟沙星胶囊、盐酸山莨菪碱片、甲氧氯普胺片、消食健胃片	适用于急性胃肠炎、胃肠痉挛、腹胀、消化不良等
便秘、痔疮	牛黄减毒片、乳果糖口服液、马应龙痔疮膏	治疗便秘、痔疮等
腰腿病、关节炎	伤湿止痛膏、通络祛痛膏	可治疗关节炎、腰腿疼痛
眼科	新乐敦（复方门冬维甘滴眼液）妥布霉素地塞米松滴眼液、红霉素眼膏、丁卡因滴眼液	可缓解眼睛干涩等症状；治疗结膜炎、雪盲等，缓解疼痛等

续表

分类	药名	治疗疾病
外用	防晒霜、润肤霜、唇膏；地塞米松软膏、莫匹沙星软膏	适用于皮肤晒伤、皮肤皲裂、口唇皲裂；蚊虫叮咬等
维生素、矿物质缺乏	多维元素片（21金维他）	治疗各种维生素缺乏症，增强耐缺氧能力
物资准备	4L、10L氧气瓶（钢瓶或碳钢氧气瓶）	便于携带，车载，保障初进高原者随时随地持续吸氧
	防风镜、墨镜	预防雪盲（电光性眼炎）
	血压计、血氧仪	袖带式电子血压计、指脉氧饱和仪

［参考示例3］

职业健康劳动防护用品采购登记台账

工程名称：

序号	采购日期	用品名称	数量	金额	发票号	验收人	备注

【标准条文】

4.3.5 对从事接触职业病危害的作业的劳动者，用人单位应按照国务院卫生行政部门的规定组织上岗前、在岗期间和离岗时的职业健康检查，并将检查结果书面告知劳动者。职业健康检查费用由用人单位承担。

职业健康检查应由取得《医疗机构执业许可证》的医疗卫生机构承担。卫生行政部门应加强对职业健康检查工作的规范管理，具体管理办法由国务院卫生行政部门制定。

对从事接触职业病危害的作业人员应按规定组织上岗前、在岗期间和离岗时职业健康检查，建立健全职业卫生档案和员工健康监护档案。

1. 工作依据

《职业病防治法》（2018年修订）

《使用有毒物品作业场所劳动保护条例》（国务院令第352号）

《工作场所职业卫生管理规定》（国家卫健委令第5号）

《职业病诊断与鉴定管理办法》（国家卫健委令第6号）

GBZ 188—2014《职业健康监护技术规范》

2. 实施要点

针对有职业病危害因素接触史的作业人员，按国家规定的对象、频次和体检管理要求，开展职业健康体检，可结合单位体检进行。

（1）职业健康体检的对象。在辨识职业病危害因素的基础上，勘测设计单位应组织有职业病危害因素接触史的作业人员开展职业健康体检。

（2）职业健康体检机构的选择。勘测设计单位应委托有资质的体检医疗机构负责职业健康体检。所选择的职业健康体检机构应由取得《医疗机构执业许可证》的医疗卫生机构、取得职业病诊断资格的执业医师承担。

（3）职业健康体检机构的频次。根据《职业防治法》第三十五条的规定：“用人单位应于上岗前、在岗期间和离岗时组织对涉及职业病危害作业人员进行职业健康体检；上岗前，根据工种和岗位确定检查项目，评价劳动者是否适合从事相关作业；在岗期间，定期检查，评价健康变化，判断劳动者是否适合继续从事相关作业；离岗时，评价劳动者健康变化，以及是否与职业病危害因素有关。对从事尘、毒、噪声等职业危害的人员，用人单位应至少每年进行一次职业病体检，对确认职业病的职工应及时给予治疗，并调离工作岗位。”

（4）职业健康档案。根据《职业病防治法》第三十六条、《国家安全监管总局办公厅关于印发职业卫生档案管理规范的通知》（安监总厅安健〔2013〕171号）的规定，勘测设计单位应为劳动者建立职业健康监护档案，并按照规定的期限妥善保存。劳动者离开用人单位时，有权索取本人职业健康监护档案复印件，用人单位应当如实、无偿提供，并在所提供的复印件上签章。

职业健康档案内容一般应包括：劳动者姓名、性别、年龄、籍贯、婚姻、文化程度、嗜好等情况；劳动者职业史、既往病史和职业病危害接触史；历次职业健康检查结果及处理情况；职业病诊疗资料；需要存入职业健康监护档案的其他有关资料。

3. 参考示例

[参考示例]

接触职业危害因素作业人员登记表

序号	姓名	性别	出生年月	所在项目	岗位（工种）	接触有害因素名称	接触年限	体检时间	体检结果				备注
									正常	疑似	确诊	禁忌证	

【标准条文】

4.3.6 按规定给予职业病患者及时的治疗、疗养；患有职业禁忌证的员工，应及时调整到合适岗位。

1. 工作依据

《职业病防治法》（2018年修订）

《使用有毒物品作业场所劳动保护条例》（国务院令第352号）

国家卫生计生委等4部门关于印发《职业病分类和目录》的通知（国卫疾控发〔2013〕48号）

《职业病诊断与鉴定管理办法》（国家卫健委令第6号）

GBZ 188—2014《职业健康监护技术规范》

2. 实施要点

治疗、疗养及调岗。根据职业健康检查结果对有职业禁忌的劳动者，调离或者暂时脱离原工作岗位；对健康损害可能与所从事的职业相关的劳动者，进行妥善安置；对需要复查的劳动者，按照职业健康检查机构要求的时间安排复查和医学观察；对疑似职业病病人，按照职业健康检查机构的建议安排其进行医学观察或者职业病诊断、治疗疗养。

3. 参考示例

[参考示例]

职业病患者治疗、疗养记录表

单位名称：

序号	姓名	职业病类型	治疗/疗养时间	地点	备注

【标准条文】

4.3.7 与从业人员订立劳动合同时，应告知并在劳动合同中写明工作过程中可能产生的职业病危害及其后果和防护措施。

1. 工作依据

《职业病防治法》(2018年修订)

《使用有毒物品作业场所劳动保护条例》(国务院令第352号)

2. 实施要点

履行职业危害告知义务。勘测设计企业应当按照《职业病防治法》第三十三条规定：用人单位与劳动者订立劳动合同（含聘用合同，下同）时，应当将工作过程中可能产生的职业病危害及其后果、职业病防护措施和待遇等如实告知劳动者，并在劳动合同中写明，不得隐瞒或者欺骗。劳动者在已订立劳动合同期间因工作岗位或者工作内容变更，从事与所订立劳动合同中未告知的存在职业病危害的作业时，用人单位应当依照前款规定，向劳动者履行如实告知的义务，并协商变更原劳动合同相关条款。用人单位关注从业人员的身体、心理状况和行为习惯，对从业人员进行心理疏导、精神慰藉，防范从业人员行为异常导致事故发生。

3. 参考示例

无。

【标准条文】

4.3.8 产生职业病危害的用人单位，应在醒目位置设置公告栏，公布有关职业病防治的规章制度、操作规程、职业病危害事故应急救援措施和工作场所职业病危害因素检测结果。

对产生严重职业病危害的作业岗位，应在其醒目位置，设置警示标识和中文警示说明。警示说明应当载明产生职业病危害的种类、后果、预防以及应急救治措施等内容。

1. 工作依据

《职业病防治法》(2018 年修订)

GBZ 158—2003《工作场所职业病危害警示标识》

2. 实施要点

(1) 开展职业健康安全教育培训。《职业病防治法》第三十四条规定:“用人单位的主要负责人和职业卫生管理人员应当接受职业卫生培训,遵守职业病防治法律、法规,依法组织本单位的职业病防治工作。用人单位应当对劳动者进行上岗前的职业卫生培训和在岗期间的定期职业卫生培训,普及职业卫生知识,督促劳动者遵守职业病防治法律、法规、规章和操作规程,指导劳动者正确使用职业病防护设备和个人使用的职业病防护用品。劳动者应当学习和掌握相关的职业卫生知识,增强职业病防范意识,遵守职业病防治法律、法规、规章和操作规程,正确使用、维护职业病防护设备和个人使用的职业病防护用品,发现职业病危害事故隐患应当及时报告。劳动者不履行前款规定义务的,用人单位应当对其进行教育。”勘测设计单位和勘测设计现场机构应按照规定开展职业健康教育培训工作(见参考示例 1)。

(2) 设置职业健康警示标志标牌。《职业病防治法》第二十四条规定:“产生职业病危害的用人单位,应当在醒目位置设置公告栏,公布有关职业病防治的规章制度、操作规程、职业病危害事故应急救援措施和工作场所职业病危害因素检测结果。对产生严重职业病危害的作业岗位,应当在其醒目位置,设置警示标识和中文警示说明。警示说明应当载明产生职业病危害的种类、后果、预防以及应急救治措施等内容。”产生职业危害的场所应按照上述规定和 GBZ 158—2003《工作场所职业病危害警示标识》设置警示标识和警示说明(见参考示例 2)。

3. 参考示例

[参考示例 1]

职业健康教育培训记录表

工程名称:　　　　　　　　　　　　　　　　　　　　单位名称:

工程名称		教育日期	
教育部门		教育者	
受教育者		培训学时	
教育内容: 记录人:			
受教育人签名:			

[参考示例 2]

典型职业健康警示标识标牌

1. 噪声

<table>
<tr><td colspan="3">职业危害告知牌</td></tr>
<tr><td rowspan="2">噪声有害</td><td>健康危害</td><td>理化特性</td></tr>
<tr><td>长时间处于噪声环境，使听力减弱、下降，时间长可引起永久性耳聋，并引发消化不良、呕吐、头痛、血压升高、失眠等全身性疾病</td><td>声强和频率的变化都无规律、杂乱无章的声音</td></tr>
<tr><td rowspan="4">必须戴护耳器</td><td colspan="2">应急处理</td></tr>
<tr><td colspan="2">使用防声器如：耳塞、耳罩、防声帽等，并紧闭门窗。如发现听力异常，及时到医院检查、确诊</td></tr>
<tr><td colspan="2">注意防护</td></tr>
<tr><td colspan="2">利用吸声材料或吸声结构来吸收声能；佩戴耳塞；使用隔声罩、隔声间、隔声屏，将空气传播的噪声挡住、隔开</td></tr>
<tr><td>检测结果：　　国家标准：</td><td colspan="2">结果判定：　　报告时间：　　年　月　日　　急救电话：120</td></tr>
</table>

2. 粉尘

<table>
<tr><td colspan="3">职业危害告知牌</td></tr>
<tr><td rowspan="2">注意防尘</td><td>健康危害</td><td>理化特性</td></tr>
<tr><td>长期接触生产性粉尘的作业人员，当吸入的粉尘量达到一定数量即可引发尘肺病，还可以引发鼻炎、咽炎、支气管炎、皮疹、眼结膜损害等</td><td>无机性粉尘</td></tr>
<tr><td rowspan="4">必须戴防尘口罩</td><td colspan="2">应急处理</td></tr>
<tr><td colspan="2">发现身体状况异常时要及时去医院进行检查治疗</td></tr>
<tr><td colspan="2">注意防护</td></tr>
<tr><td colspan="2">必须佩戴个人防护用品，按时、按规定对身体状况进行定期检查、对除尘设施定期维护和检修，确保除尘设施运转正常</td></tr>
<tr><td>检测结果：　　国家标准：</td><td colspan="2">结果判定：　　报告时间：　　年　月　日　　急救电话：120</td></tr>
</table>

3. 高温

<table>
<tr><td colspan="3">职业危害告知牌</td></tr>
<tr><td rowspan="2">高温</td><td>健康危害</td><td>理化特性</td></tr>
<tr><td>对人体体温调节、水盐代谢等生理功能产生影响的同时，还可导致中暑性疾病，如热射病、热痉挛、热衰竭</td><td>热辐射</td></tr>
<tr><td rowspan="5">注意高温</td><td colspan="2">应急处理</td></tr>
<tr><td colspan="2">将患者移至阴凉、通风处，同时垫高头部、解开衣服，用毛巾或冰块敷头部、腋窝等处，并及时送医院</td></tr>
<tr><td colspan="2">注意防护</td></tr>
<tr><td colspan="2">隔热、通风；个人防护、卫生保健和健康监护；合理的劳动休息</td></tr>
<tr><td colspan="2">注意通风</td></tr>
<tr><td>检测结果：　国家标准：</td><td colspan="2">结果判定：　报告时间：　年　月　日　急救电话：120</td></tr>
</table>

4. 煤气

<table>
<tr><td colspan="3">职业危害告知牌</td></tr>
<tr><td rowspan="2">煤气</td><td>健康危害</td><td>理化特性</td></tr>
<tr><td>煤气吸入人体后，与血液中血红蛋白极易结合，生成碳氧血红蛋白，阻碍了血红蛋白携氧能力，人体各个器官的组织细胞得不到氧气，特别是大脑皮层细胞，就会丧失活动能力，以至丧失生命</td><td>无色无味、无臭、无刺激性气体，易发生中毒、火灾和爆炸事故</td></tr>
<tr><td rowspan="4">当心中毒</td><td colspan="2">应急处理</td></tr>
<tr><td colspan="2">救护者采取自保措施进入煤气区域，将伤员移到空气流动处；松解伤者衣扣及裤带，盖好衣物及被子，注意保暖；若喝水给予热糖茶水，必要时可针刺人中穴；对呼吸困难或刚停止呼吸者，立即进行人工呼吸或胸外挤压术；中毒者在恢复知觉前，不得送往较远的医院</td></tr>
<tr><td colspan="2">注意防护</td></tr>
<tr><td colspan="2">图标标识：穿防护服、注意通风、戴防毒面具。</td></tr>
<tr><td>检测结果：　国家标准：</td><td colspan="2">结果判定：　报告时间：　年　月　日　急救电话：120</td></tr>
</table>

5. 硫化氢

<table>
<tr><td colspan="3">职业危害告知牌</td></tr>
<tr><td rowspan="2">硫化氢</td><td>健康危害</td><td>理化特性</td></tr>
<tr><td>本品是强烈的神经毒物，对粘膜有强烈刺激作用。
侵入途径：吸入、食入、经皮吸收。
接触限值：
中国 MAC：10mg/m^3</td><td>高毒、有恶臭的无色气体。溶于水、乙醇。
熔点：−85.5℃
沸点：−60.4℃
气体密度：1.5392g/cm^3
爆炸极限：4.3%～46%</td></tr>
<tr><td rowspan="4">当心中毒</td><td colspan="2">应急处理</td></tr>
<tr><td colspan="2">眼睛接触：立即提起眼睑，用大量流动清水或生理盐水彻底冲洗至少 15min。就医。
吸入：迅速脱离现场至空气新鲜处。保持呼吸道通畅。如呼吸困难，给输氧。如呼吸停止，立即进行人工呼吸。就医</td></tr>
<tr><td colspan="2">注意防护</td></tr>
<tr><td colspan="2"></td></tr>
<tr><td>检测结果：　国家标准：</td><td colspan="2">结果判定：　报告时间：　年　月　日　急救电话：120</td></tr>
</table>

6. 有害气体

有限空间作业安全告知牌

【标准条文】

4.3.9　用人单位工作场所存在职业病目录所列职业病的危害因素的，应当及时、如实向所在地卫生行政部门申报危害项目，接受监督。

1. 工作依据

《职业病防治法》（2018年修订）

《职业病危害项目申报管理办法》（卫生部令第21号）

《关于启用新版“职业病危害项目申报系统”的通知》（2019年8月）

2. 实施要点

（1）国家建立职业病危害项目申报制度。用人单位工作场所存在职业病目录所列职业病的危害因素的，应当及时、如实向所在地卫生行政部门申报危害项目，接受监督。

（2）国家卫生健康委开通了“职业病危害项目申报系统”（网址：www.zybwhsb.com）。

（3）发生变化应及时补报、更新信息。

3. 参考示例

[参考示例]

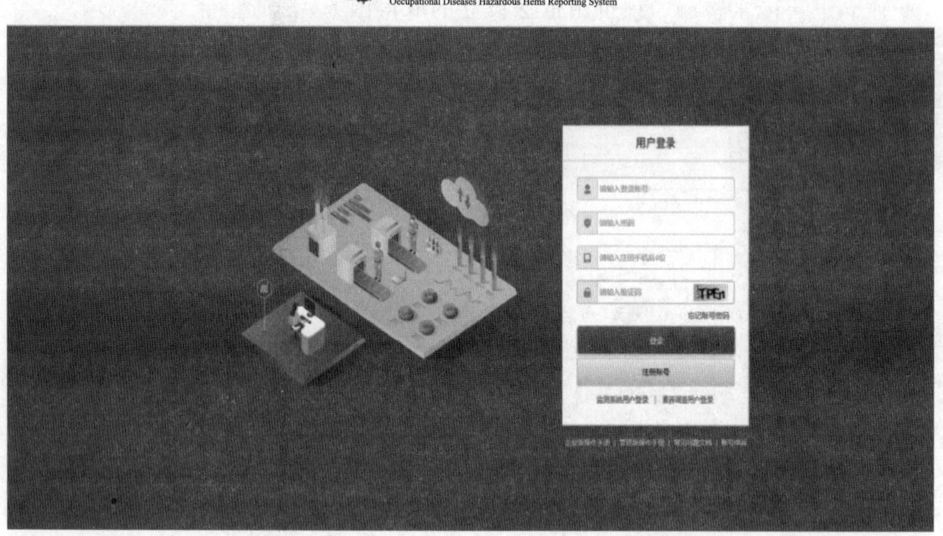

【标准条文】

4.3.10　用人单位应按照国务院卫生行政部门的规定，定期对工作场所进行职业病危害因素检测、评价。检测、评价结果存入用人单位职业卫生档案，定期向所在地卫生行政部门报告并向劳动者公布。

职业病危害因素检测、评价由依法设立的取得国务院卫生行政部门或者设区的市级以上地方人民政府卫生行政部门按照职责分工给予资质认可的职业卫生技术服务机构进行。职业卫生技术服务机构所作检测、评价应当客观、真实。

发现工作场所职业病危害因素不符合国家职业卫生标准和卫生要求时，用人单位应立即采取相应治理措施，仍然达不到国家职业卫生标准和卫生要求的，必须停止存在职业病危害因素的作业；职业病危害因素经治理后，符合国家职业卫生标准和卫生要求的，方可重新作业。

1. 工作依据

《职业病防治法》（2018年修订）

《使用有毒物品作业场所劳动保护条例》（国务院令第352号）

GBZ/T 211—2008《建筑行业职业病危害预防控制规范》

AQ/T 4256—2015《建筑施工企业职业病危害防治技术规范》

SL 398—2007《水利水电工程施工通用安全技术规程》

2. 实施要点

对辨识出的具有职业病危害因素的作业场所，勘测设计企业应按规范要求开展检测工作。根据《职业病防治法》第二十六条中规定：用人单位应当实施由专人负责的职业病危害因素日常监测，并确保监测系统处于正常运行状态。

用人单位应当按照国务院安全生产监督管理部门的规定，定期对工作场所进行职业病危害因素检测、评价。检测、评价结果存入用人单位职业卫生档案，定期向所在地安全生产监督管理部门报告并向劳动者公布。

职业病危害因素检测、评价由依法设立的取得国务院安全生产监督管理部门或者设区的市级以上地方人民政府安全生产监督管理部门按照职责分工给予资质认可的职业卫生技术服务机构进行。职业卫生技术服务机构所作检测、评价应当客观、真实。

根据SL 398—2007的规定，检测分两种：一是评价监测，二是定期检测，对监（检）测的超标作业环境应及时治理。其中评价监测可以与现场职业危害因素辨识工作结合开展，从专业的角度对现场职业危害因素进行全面、系统、科学的辨识和评价。

评价监测应由取得执业卫生技术服务资质的机构承担，并按规定定期检测（根据AQ/T 4256的规定，每年至少应开展一次）。生产使用周期在2年以上的大中型人工砂石料生产系统、混凝土生产系统，正式投产前应进行评价监测。

粉尘、毒物、噪声、辐射等定期检测可由勘测设计单位实施，也可委托执业卫生技术服务机构监测，并遵守下列规定：

（1）粉尘作业区至少每季度测定一次粉尘浓度，作业区浓度严重超标应及时监测；并采取可靠的防范措施。

（2）毒物作业点至少每半年测定一次，浓度超过最高允许浓度的测点应及时测定，直至浓度降至最高允许浓度以下。

（3）噪声作业点至少每季度测定一次A声级，每半年进行一次频谱分析。

（4）辐射每年监测一次，特殊情况及时监测。

勘测设计企业应根据上述要求，对存在职业病危害因素的工作场所制定检测计划，计划中应根据危害因素的种类确定检测项目、频次、周期等具有可操作性的计划文件。在作业过程中依据检测计划，配备必要的检测设备，定期开展检测工作并将检测结果进行公布并存档。

3. 参考示例

[参考示例]

检测编号：

工作场所职业病危害因素
检测报告

委托编号：________________

委托单位：________________

受检单位：________________

检测类别：________________

××××××技术有限公司

××年××月××日

【标准条文】

4.3.11 职业病危害因素浓度或强度超过职业接触限值的，制定切实有效的整改方案，立即进行整改。

1. 工作依据

《职业病防治法》（2018年修订）

《使用有毒物品作业场所劳动保护条例》（国务院令第352号）

《用人单位职业健康监护监督管理办法》（安监总局令第49号）

GBZ/T 211—2008《建筑行业职业病危害预防控制规范》

AQ/T 4256—2015《建筑施工企业职业病危害防治技术规范》

SL 398—2007《水利水电工程施工通用安全技术规程》

2. 工作要点

发现工作场所职业病危害因素浓度或强度超过职业接触限值，不符合国家职业卫生标准和卫生要求时，用人单位应当制定切实有效的整改方案，立即采取相应治理措施，仍然达不到国家职业卫生标准和卫生要求的，必须停止存在职业病危害因素的作业；职业病危害因素经治理后，符合国家职业卫生标准和卫生要求的，方可重新作业。

3. 参考示例

[参考示例]

勘测设计研究院有限公司文件

设计〔2023〕1号

关于印发《职业病危害因素整改方案》的通知

公司各部门、各项目部：

为加强和规范公司职业健康管理工作，因职业病危害因素浓度或强度超过职业接触限值的，特制定《××××公司职业病危害因素整改方案》，经公司研究通过，现予以印发，请认真贯彻执行。

附件：公司职业病危害因素整改方案

勘测设计研究院有限公司

2023年5月7日

第四节　警　示　标　识

《安全生产法》第三十五条规定：生产经营单位应当在有较大危险因素的生产经营场所和有关设施、设备上，设置明显的安全警示标志。

对于勘测设计单位而言，需结合单位规模与业务特点，制定安全警示标识管理制度；对风险较高的勘测、检测、试验等现场项目部及危险作业环境场所设置明显的、符合规定的安全和职业病危害警示标识，并根据需要设置警戒区或安全隔离、防护设施。

勘测设计单位应落实专人，按照管理制度定期或不定期开展现场项目部（含外业分包单位实施现场项目部）检查，并做好管理台账。现场项目部应安排专人现场监护，并定期对警示标识进行检查维护，确保其完好有效。

【标准条文】

4.4.1　安全警示标志管理制度明确安全和职业病危害警示标志、标牌的采购、制作、安装和维护等内容。

1. 工作依据

《安全生产法》（2021年修订）

GB 2893—2008《安全色》

GB 2894—2008《安全标志及其使用导则》

GBZ 158—2003《工作场所职业病危害警示标识》

2. 实施要点

安全警示标识管理制度应结合单位规模、业务特点以及实际生产作业环境等因素合理制定，明确单位层面及现场项目部安全警示标识管理规定，明确安全和职业病危害警示标识、标牌的采购、制作、安装、维护和管理等内容。主要内容可包括目的、职责、内容与要求、标识设置、附则等。

目的：明确关于制定安全警示标识管理制度的初衷以及相互义务权利关系。

职责：明确主导机构告知权属及权责，明确标准规范依据，按照相关特性明确标识设置种类与形式，明确依规依标进行安全防护与警示权责，明确主导机构与各主要作业部门的协配和调处权责，明确标牌的采购、制作、安装、维护和管理等。

内容与要求：明确警示标识所涵盖具体项，明确各类别标识的术语定义，明确各类别标识形式及符号含义，明确警示语内容设置规范。

标识设置：明确在危险源及生产经营场所和有关设施、设备上的警示标牌与警示语告知设置权责，明确特殊作业区域警戒及标牌设置权责，明确在涉及职业病危害场所作业时的安全防护警示告知语。

附则：明确该项制度效力，明确该项制度实施时间，明确该项制度的解释权属，明确未规定项参照可执行标准，明确其他未尽事宜。

3. 参考示例

无。

【标准条文】

4.4.2 按照规定和场所的安全风险特点，在有重大危险源、较大危险因素和严重职业病危害因素的场所（包括起重机械、临时供用电设施、平洞出入通道口、竖井井口、陡坡边缘、变压器配电房、爆破物品库、油品库、危险有害气体和液体存放处等）及危险作业现场（包括爆破作业、大型设备设施安装或拆除作业、起重吊装作业、高处作业、水上作业、设备设施维修作业等），根据 GB 2893、GB 2894、GB 5768、GB 13495.1、GBZ 158 等标准设置明显的、符合有关规定的安全和职业病危害警示标志、标识，并根据需要设置警戒区或安全隔离、防护设施，安排专人现场监护，定期进行维护确保其完好有效。

1. 工作依据

《安全生产法》（2021 年修正）

GB 2893—2008《安全色》

GB 2894—2008《安全标志及其使用导则》

GBZ 158—2003《工作场所职业病危害警示标识》

GB/T 2893.5—2020《图形符号　安全色和安全标志　第 5 部分：安全标志使用原则与要求》

2. 实施要点

（1）设置原则。

1）风险评估。警示标识的设置应基于风险评估进行判断，通过风险评估确定危险源后应首先进行危险源控制。首选的风险控制措施应为消除危险源，其次是阻止人员与危险源发生接触。如果上述措施都不可行，或者在采取了上述措施后依然有风险，则应使用警示标识来传递相应的安全警示信息。在危险源可以被消除并应该被消除时，不宜单纯依靠安全警示标识来避免风险。

2）选取使用。安全标识应优先从 GB/T 31523.1、GB 2894、GB 13495.1 等国家标准中选取。当所需安全标识在现行国家标准中没有规定时，宜优先使用通用安全标识（包括通用警告标识、通用禁止标识和通用指令标识。见 GB/T 31523.1）和文学辅助标识形成组合标识表达所需的安全信息。也可按照 GB/T 2893.1 和 GB/T 2893.3 的规定设计新安全标志。

安全标识在使用时，可通过使用衬边增加标志的显著性。衬边是标识边框外边缘与边框颜色呈对比色且有一定宽度的条带。安全标识带有衬边时，衬边的使用宜符合 GB/T 31523.2 的规定。

3）醒目协调。使用的安全标识宜确保在最大观察距离内的观察者能够知晓危险源的位置、危险源的性质以及将风险控制到可接受水平所需采取的措施。安全标识易于被注意到，安全标识与使用环境之间具有足够的对比度；确保安全标识能够始终在观察者的视线范围内，不会出现偶尔被遮挡的情形（例如，被打开的门遮挡）；安全标识在观察距离上具有足够大的尺寸和充足的照明。

（2）设置。安全标识包括：禁止标识、警告标识、指令标识、提示标识四类。

1）禁止标识：禁止人们不安全行为的图形标志。一般在容易发生不安全行为的，或者一旦出现不安全行为容易引发安全事故的作业场所、操作岗位的明显位置设置安全禁止标识，如“禁止抛物”“禁止烟火”等禁止标识。

2）警告标识：提醒人们对周围环境引起注意，以避免可能发生危险的图形标识。在存在危险因素的作业现场或作业环境，应设置安全警告标识，以提醒现场作业人员，避免可能发生的危险，如“当心塌方”“当心吊物”“当心坠落”等警告标识。

3）指令标识：强制人们必须做出某种动作或采用防范措施的图形标识。为保证操作安全、避免发生危险或事故，作业人员或操作人员必须做出某种规定动作或采用防范措施时，在其作业场所的明显位置设置安全指令标识，如“必须穿防护鞋”“必须戴安全帽”“必须戴防护眼镜”等指令标识。

4）提示标识：向人们提供某种信息（如标明安全设施或场所等）的图形标识。在需要向有关人员提示某种安全信息时，应在明显位置设置提示标识，如“灭火器指示标识”“灭火设备指示标识”等。

3. 参考示例

参考以下示例进行制作安装时，对于现场视距有特殊要求的，应根据视距大小按照 GB 2894—2008《安全标志及其使用导则》确定具体尺寸。

[参考示例]

1. 禁止标识

编号	图形标识	标识名称	制作安装要求	设置范围和部位
1-1	禁止烟火	禁止烟火	尺寸为 300mm×400mm，粘贴或悬挂	有乙类以上火灾危险物资的存放场所，入油库、炸药库、乙炔等存放区

续表

编号	图形标识	标识名称	制作安装要求	设置范围和部位
1-2	禁止触摸	禁止触摸	尺寸为300mm×400mm，粘贴或悬挂	高压电源或用电设备、有毒及腐蚀性物品存放处、高温、高速运转设备运行区
1-3	禁止跳下	禁止跳下	尺寸为300mm×400mm，粘贴或悬挂	高空作业平台、护栏或水中作业平台
1-4	禁止停留	禁止停留	尺寸为300mm×400mm，粘贴或悬挂	易发生落物或其他伤害的施工现场
1-5	禁止抛物	禁止抛物	尺寸为300mm×400mm，粘贴或悬挂	高空作业现场、深沟等抛物易伤人场所
1-6	禁止翻越	禁止翻越	尺寸为400mm×600mm，白底红字，粘贴或悬挂	翻越后易造成意外伤害的临边、临空水上作业平台、临近护栏、围墙处
1-7	施工重地 闲人免进	施工重地，闲人免进	尺寸为400mm×600mm，白底红字，粘贴或悬挂	钻探施工等封闭、半封闭出入口、重点部位

2. 警告标识

编号	图形标识	标识名称	制作安装要求	设置范围和部位
2-1	当心触电	当心触电	尺寸为 300mm×400mm，粘贴或悬挂	有可能发生触电危险的电器设备和线路
2-2	当心吊物	当心吊物	尺寸为 300mm×400mm，粘贴或悬挂	有吊装设备的作业场所
2-3	当心机械伤人	当心机械伤人	尺寸为 300mm×400mm，粘贴或悬挂	易发生机械卷入、碾压、剪切等机械伤害的作业场所
2-4	注意安全	注意安全	尺寸为 300mm×400mm，粘贴或悬挂	易造成人员伤害的场所及设备等处
2-5	当心坠落	当心坠落	尺寸为 300mm×400mm，粘贴或悬挂	易发生坠落事故的作业地点
2-6	O_2 当心缺氧	当心缺氧	尺寸为 300mm×400mm，粘贴或悬挂	易发生缺氧的作业场所

续表

编号	图形标识	标识名称	制作安装要求	设置范围和部位
2-7	当心中毒	当心中毒	尺寸为 300mm×400mm，粘贴或悬挂	可能产生毒气的作业场所
2-8	当心爆炸	当心爆炸	尺寸为 300mm×400mm，粘贴或悬挂	易发生爆炸的作业场所

3. 指令标识

编号	图形标识	标识名称	制作安装要求	设置范围和部位
3-1	必须穿防护鞋	必须穿防护鞋	尺寸为 300mm×400mm，粘贴或悬挂	易伤害足部作业场所
3-2	必须穿救生衣	必须穿救生衣	尺寸为 300mm×400mm，粘贴或悬挂	易发生溺水的作业场所
3-3	必须戴安全帽	必须戴安全帽	尺寸为 300mm×400mm，粘贴或悬挂	头部易受外力伤害的作业场所

续表

编号	图形标识	标识名称	制作安装要求	设置范围和部位
3－4	必须戴防护手套	必须戴防护手套	尺寸为 300mm×400mm，粘贴或悬挂	易受伤手部的作业场所
3－5	必须系安全带	必须系安全带	尺寸为 300mm×400mm，粘贴或悬挂	易发生坠落危险的作业场所
3－6	注意通风	注意通风	尺寸为 300mm×400mm，粘贴或悬挂	空气不流通，易发生窒息、中毒等作业场所
3－7	必须戴防毒面具	必须戴防毒面具	尺寸为 300mm×400mm，粘贴或悬挂	空气不流通，有害气体的作业场所
3－8	泥浆池危险 请勿靠近	泥浆池危险，请勿靠近	尺寸为 400mm×600mm，蓝底白字，粘贴或悬挂	泥浆池防护栏
3－9	必须系安全绳	必须系安全绳	尺寸为 400mm×600mm，蓝底白字，粘贴或悬挂	高处作业、临边作业、悬空作业等场所

4. 提示标识

编号	图形标识	标识名称	制作安装要求	设置范围和部位
4-1		灭火器	尺寸为 300mm×400mm，粘贴或悬挂	需指示灭火器的场所
4-2		灭火设备	尺寸为 300mm×400mm，粘贴或悬挂	需指示灭火设备的场所
4-3		紧急出口	尺寸为 400mm×400mm，粘贴或悬挂	指示在发生火灾等紧急情况下，可使用的出口

【标准条文】

4.4.3 定期对警示标志进行检查维护，确保其完好有效。

1. 工作依据

《安全生产法》(2021 年修正)

GB 2893—2008《安全色》

GB 2894—2008《安全标志及其使用导则》

GBZ 158—2003《工作场所职业病危害警示标识》

2. 实施要点

应明确专人负责警示标识的使用、维修和管理，定期对警示标识进行日常检查、清洁，保持标识的清晰、整洁和完好，对于发现的问题如褪色或变色，材料明显变形、开裂、表面剥落，松动，遮盖，照明亮度不足，损毁等应及时整改，并形成台账记录。

3. 参考示例

[参考示例]

安全警示标识、标牌检查维护记录

工程名称： 检查班组： 检查日期：

序号	部位	类型	数量	检查维护情况	检查人	备注

第七章　安全风险分级管控及隐患排查治理

第一节　安 全 风 险 管 理

【标准条文】

5.1.1　危险源辨识、风险评价与分级管控制度的内容应包括危险源辨识及风险评价的职责、范围、频次、方法、准则和工作程序等，并以正式文件发布实施。

1. 工作依据

《安全生产法》(2021年修订)

《中共中央国务院关于推进安全生产领域改革发展的意见》(中发〔2016〕32号)

《国务院安委会办公室关于实施遏制重特大事故工作指南构建双重预防机制的意见》(安委办〔2016〕11号)

《水利部关于开展水利安全风险分级管控的指导意见》(水监督〔2018〕323号)

《水利部关于印发构建水利安全生产风险管控“六项机制”的实施意见的通知》(水监督〔2022〕309号)

2. 实施要点

(1) 制度正式发布。危险源辨识、风险评价与分级管控制度应以红头文件的形式盖章正式发布，并将其作为本单位开展危险源辨识、评价、分级和管控的工作依据。

(2) 制度内容符合要求(见参考示例)。危险源辨识、风险评价与分级管控制度应当明确以下内容：

1) 危险源辨识的职责、范围、频次、方法、工作程序要求。

2) 风险评价的职责、方法。

3) 风险分级管控的责任划分、措施制定及向上级单位备案相关要求。

4) 危险源变化时，风险等级、管控层级及措施调整的动态管理要求。

5) 风险告知和相关知识培训要求。

(3) 对危险源、风险、隐患等概念的认识。危险源是客观存在的，风险是危险源在一定触发因素作用下导致事故发生的可能性及危害程度的组合。隐患是生产经营单位在对危险源进行管控的过程中，因违反安全生产法律、法规、规章、标准、规程和安全生产管理制度的规定或者其他因素，存在可能导致事故发生的人的不安全行为、物的危险状态和管理上的缺陷。

3. 参考示例

[参考示例]

安全生产风险分级管控制度

第一章 总 则

第一条 为科学辨识危险源，评价安全风险等级，有效防范生产安全事故，根据《安全生产法》《水利部关于开展水利安全风险分级管控的指导意见》《水利部关于印发构建水利安全生产风险管控“六项机制”的实施意见的通知》等，制定本办法。

第二条 本办法适用于各部门、各下属单位开展危险源辨识与风险评价。

第三条 本单位危险源是指在水利勘测设计、日常办公、重大活动中存在的，可能导致人员伤亡、健康损害、财产损失或环境破坏，在一定的触发因素作用下可转化为事故的根源或状态。

第四条 各部门、各下属单位是危险源辨识、风险评价的责任主体。各部门应结合本部门实际，科学、系统、全面地开展危险源辨识与风险评价，严格落实相关管理责任和管控措施。

第五条 安全生产管理部门是危险源辨识与风险评价的归口管理部门，应明确各部门的职责、辨识范围、流程、方法、频次，对危险源进行汇总登记，及时掌握危险源的状态及其风险的变化，更新危险源及其风险等级，实施动态管理。

第六条 安全生产管理部门依据有关法律法规、技术标准和本制度对危险源辨识与风险评价工作进行技术培训、监督与检查。

第二章 危险源类别、级别与风险等级

第七条 危险源分五个类别，分别为建筑物类、设备设施类、危险物品类、作业活动类和环境类，各类别辨识与评价的对象主要有：

（一）建筑物类：配电间、机房、仓库、楼梯、雨棚等。

（二）设施设备类：各类特种设备、电气设备；交通车、船、无人机等。

（三）危险物品类：易燃、易爆物品。

（四）作业活动类：现场勘查、勘测作业、设代服务等外业活动，以及办公院区内的检修维护作业、机械作业、高处作业、动火作业、带电作业、有限空间作业等。

（五）环境类：自然环境，工作场所环境等。

第八条 危险源分两个级别，分别为重大危险源和一般危险源。

其中重大危险源是指可能导致人员重大伤亡、健康严重损害、财产重大损失或环境严重破坏，在一定的触发因素作用下可转化为事故的根源或状态。

第九条 危险源的风险等级分为四级，由高到低依次为重大风险、较大风险、一般风险和低风险，分别用红、橙、黄、蓝四种颜色标示。各级风险管控措施原则如下：

（一）重大风险：极其危险，由单位主要负责人组织管控，必要时报请上级主管部门或与当地应急、公安部门沟通，协调相关单位共同管控。

（二）较大风险：高度危险，由单位分管领导组织管控。

（三）一般风险：中度危险，由有关部门负责人组织管控。

（四）低风险：轻度危险，由有关岗位自行管控。

第三章 危险源辨识

第十条 危险源辨识是指对有可能产生危险的根源或状态进行分析，识别危险源的存在并确定其特性的过程，包括辨识出危险源以及判定危险源类别与级别。

危险源辨识应考虑相关人员发生危险的可能性，设施设备受到的损失破坏程度，危险物品储存物质的危险特性，以及工作环境危险特性等因素，综合分析判定。

第十一条 危险源辨识应由在专业知识和安全管理方面经验丰富的人员，采用科学、有效及相适应的方法进行辨识。对其进行分类和分级，制定危险源清单，并确定危险源名称、类别、级别、事故诱因、可能导致的事故等内容，必要时集体研究或专家论证。

第十二条 危险源辨识应优先采用直接判定法，不能用直接判定法辨识的，应采用其他方法进行判定。符合水利勘测设计单位安全生产标准化评审规程中《重大危险源清单》的，应直接判定为重大危险源。

第十三条 相关法律法规、规程规范、技术标准发布（修订）后，或者建筑物、设备设施、危险物品、作业活动、管理、环境等相关要素发生变化，或发生生产安全事故后，应及时组织危险源辨识。

第四章 危险源风险评价

第十四条 危险源风险评价是对危险源在一定触发因素作用下导致事故发生的可能性及危害程度进行调查、分析、论证等，以判断危险源风险程度，确定风险等级的过程。危险源风险评价方法采用直接评定法、作业条件危险性评价法（以下称 LEC 法）等。

第十五条 对于重大危险源，其风险等级应直接评定为重大风险；对于一般危险源，其风险等级可结合实际采用 LEC 法确定。重大危险源和风险等级评定为重大的一般危险源应建立专项档案，并报上级主管单位备案。危化品类相关危险源应按照规定同时报所在地管理部门备案。

第十六条 对于危险化学品一般危险源，应依据《危险化学品重大危险源辨识》开展辨识。

第十七条 对于可能影响人身安全的一般危险源，评价方法参照《水利水电工程施工危险源辨识与风险评价导则（试行）》（办监督函〔2018〕1693 号）。

第五章 信息报告

第十八条 各部门、各下属单位应定期组织人员开展危险源辨识和风险评价，至少于每季度最后一个月月底前开展 1 次危险源辨识与风险评价，并向安全生产管理部门报送相关信息。

第十九条 安全生产管理部门负责编制本单位危险源辨识与风险评价报告，必要时应组织专家进行审查。

第二十条 危险源辨识与风险评价报告应经单位主要负责人签字后报送上级主管单位。

……

【标准条文】

5.1.2 组织开展全面、系统的危险源辨识，确定一般危险源和重大危险源。危险源辨识应按制度采用适宜的程序和方法，覆盖本单位的所有生产工艺、人员行为、设备设施、作业场所和安全管理等方面。应对危险源辨识及风险评价资料进行统计、分析、整理、归档。

1. 工作依据

《国务院安委会办公室关于实施遏制重特大事故工作指南构建双重预防机制的意见》(安委办〔2016〕11号)

《水利部关于开展水利安全风险分级管控的指导意见》(水监督〔2018〕323号)

《构建水利安全生产风险管控“六项机制”的实施意见》(水监督〔2022〕309号)

2. 实施要点

(1) 危险源辨识范围。危险源辨识是安全生产的基础性工作，需要安全生产管理部门组织专家和全员，按照“横向到边、纵向到底”的原则，至少每季度从作业类、机械设备类、设施场所类、危险物品类、环境类等几个方面进行危险源辨识，查找具有潜在能量和物质释放危险的、可造成人员伤亡、健康损害、财产损失、环境破坏，在一定的触发因素作用下可转化为事故的根源或状态，列出危险源清单，并按重大和一般两个级别对危险源进行分级。当环境、场所、设施、设备、组织、人员、作业过程等发生变化时，要及时对相关危险源开展重新辨识。《构建水利安全生产风险管控“六项机制”的实施意见》(水监督〔2022〕309号) 规定：水利生产经营单位要结合本单位实际，制定风险管控制度，合理确定工作周期，定期辨识危险源。水利生产经营单位原则上每季度至少组织开展1次危险源辨识工作，当环境、设施、组织、人员等发生变化时，要及时对相关危险源开展重新辨识。要建立危险源清单并动态更新，通过水利安全生产监管信息系统填报危险源信息。

(2) 危险源辨识方法。危险源辨识的方法较多，可通过询问、交谈、调查问卷、查阅记录、直接判定法、安全检查表法、预先危险性分析法及因果分析法等方法对生产经营过程中各种环境、场所、设施、设备、组织、人员、作业过程等具有的安全风险进行全面分析，考虑正常、异常和紧急三种状态及过去、现在和将来三种时态，从而确定出危险源。

符合GB 18218—2018《危险化学品重大危险源辨识》规定的，应辨识为重大危险源；符合《水利水电勘测设计单位安全生产标准化评审规程》附录C规定的，宜辨识为重大危险源。

(3) 危险源辨识成果。对危险源辨识的基础资料进行统计分析，并将其整理为一般危险源列表和重大危险源列表，并将相关资料记录及时归档。

3. 参考示例

[参考示例]

危险源辨识登记表

部门： 辨识时间： 年 月 日

序号	危险源名称	危险源类型	可能导致的后果	所在部位	是否为重大危险源

【标准条文】

5.1.3 对危险源进行风险评价时，应至少从影响人员、财产和环境三个方面的可能性和严重程度进行分析，并对现有控制措施的有效性加以考虑，确定风险等级。

1. 工作依据

《国务院安委会办公室关于实施遏制重特大事故工作指南构建双重预防机制的意见》(安委办〔2016〕11号)

《水利部关于开展水利安全风险分级管控的指导意见》(水监督〔2018〕323号)

《水利部关于印发构建水利安全生产风险管控“六项机制”的实施意见的通知》(水监督〔2022〕309号)

《水利水电工程施工危险源辨识与风险评价导则》(试行)(办监督函〔2018〕1693号)

2. 实施要点

水利勘测设计单位进行危险源风险评价可参考《水利水电工程施工危险源辨识与风险评价导则》(试行),重大危险源风险等级为重大。

风险评价主要对一般危险源进行,而对于重大危险源则直接评定为重大风险等级。对一般危险源确定风险等级应从以下两个方面进行综合考虑,从而判断其风险:①危险源自身的风险。即从影响人员、财产和环境三个方面的可能性和严重程度进行危险源自身的风险综合分析;②从已采取的管控措施对危险源管控效果进行分析,修正危险源的风险等级。《水利水电工程施工危险源辨识与风险评价导则(试行)》(办监督函〔2018〕1693号)第4.3条规定:“重大危险源的风险等级直接评定为重大风险等级;危险源风险等级评价主要对一般危险源进行风险评价,可结合工程施工实际选取适当的评价方法。”对于影响人员的一般危险源,推荐使用作业条件危险性评价法(LEC法)。

3. 参考示例

[参考示例]

危险源风险评价表

部门: 评价时间: 年 月 日

序号	危险源名称	可能导致的后果	风险评价				风险等级	备注
			L	*E*	*C*	*D*		

部门负责人: 编制:

注:$D>320$ 为重大风险;$160<D\leqslant320$ 为较大风险;$70<D\leqslant160$ 为一般风险;$D\leqslant70$ 为低风险。

【标准条文】

5.1.4 实施风险分级分类差异化动态管理,适时更新危险源及风险等级,并根据危险源及风险等级制定并落实相应的安全风险控制措施(包括工程技术措施、管理措施、个体防护措施等),对安全风险进行控制。重大危险源应制定专项安全管理方案和应急预案,明确责任部门、责任人、分级管控措施和应急措施,建立应急组织,配备应急物资,登记建档并及时将重大危险源的辨识评价结果、风险防控措施及应急措施向上级主管部门报告。

1. 工作依据

《国务院安委会办公室关于实施遏制重特大事故工作指南构建双重预防机制的意见》(安委办〔2016〕11号)

《水利部关于开展水利安全风险分级管控的指导意见》(水监督〔2018〕323号)

《水利安全生产信息报告处置规则》(水监督〔2022〕156号)

《水利部关于印发构建水利安全生产风险管控“六项机制”的实施意见的通知》(水监督〔2022〕309号)

GB/T 13861—2022《生产过程危险和有害因素分类与代码》

GB/T 29639—2020《生产经营单位生产安全事故应急预案编制导则》

2. 实施要点

(1) 安全生产风险分级分类差异化动态管理。

对于重大风险、较大风险、一般风险或低风险的危险源,水利勘测设计单位应结合实际明确不同风险等级对应的管控层级和管控责任人。此外,一般危险源的状态不是一成不变,而是随着生产过程在不断变化,可能出现危险源消失、风险升高或降低的情况,需要单位高度关注危险源及其风险的变化情况,及时调整危险源的风险等级、管控层级及管控措施等内容,确保风险始终处于受控范围内。《水利部关于开展水利安全风险分级管控的指导意见》(水监督〔2018〕323号)规定:水利生产经营单位要高度关注危险源风险的变化情况,动态调整危险源、风险等级和管控措施,确保安全风险始终处于受控范围内。要建立专项档案,按照有关规定定期对安全防范设施和安全监测监控系统进行检测、检验,组织进行经常性维护、保养并做好记录。要针对本单位风险可能引发的事故完善应急预案体系,明确应急措施,对风险等级为重大的一般危险源和重大危险源要实现“一源一案”。要保障监测管控投入,确保所需人员、经费与设施设备满足需要。

(2) 重大危险源管理。

《水利部关于开展水利安全风险分级管控的指导意见》规定,风险为重大的一般危险源按照重大危险源管理。条文里规定的“重大危险源”应包含以下两类:一是经危险源辨识确定的重大危险源;二是经风险评价确定的风险等级为重大的一般危险源。对于这两种“重大危险源”,应制定专项安全管理方案和应急预案,明确责任部门、责任人、分级管控措施和应急措施,建立应急组织,配备应急物资,登记建档并及时将“重大危险源”的辨识评价结果、风险控制措施及应急措施向上级主管部门报告。

3. 参考示例

危险源及管控措施清单见参考示例1,重大危险源专项管理方案见参考示例2,重大危险源登记建档表见参考示例3。

[参考示例1]

危险源及管控措施清单

序号	危险源名称	所在部位	类型	可能导致的后果	风险等级	颜色标识	管控层级	责任人	管控措施

[参考示例 2]

重大危险源专项管理方案

编制： 批准： 时间：

危险源名称		管理责任部门	
管理责任领导		具体管理责任人	
风险描述			
管控措施	工程技术措施		
	管理措施		
	风险公告措施		
	教育培训措施		
	个体防护措施		

[参考示例 3]

重大危险源登记建档表

序号	危险源名称	所在部位	管理责任部门	具体责任人及联系电话	是否制定专项方案	是否制定应急预案	登记时间

【标准条文】

5.1.5 将风险评价结果及所采取的控制措施告知相关从业人员，使其熟悉工作岗位和作业环境中存在的安全风险，掌握和落实相应控制措施。应对重大危险源的管理人员进行专项培训，使其了解重大危险源的危险特性，熟悉重大危险源安全管理规章制度，掌握安全操作技能和应急措施。

1. 工作依据

《安全生产法》(2021 年修订)

《国务院安委会办公室关于实施遏制重特大事故工作指南构建双重预防机制的意见》(安委办〔2016〕11 号)

《水利部关于开展水利安全风险分级管控的指导意见》（水监督〔2018〕323号）

《水利部关于印发构建水利安全生产风险管控“六项机制”的实施意见的通知》（水监督〔2022〕309号）

2. 实施要点

（1）从业人员安全风险告知。

作业人员作为安全风险的直接承担者，也是风险防范措施落实的直接参与者，为了保护自身和他人安全，应当了解作业过程中可能涉及的危险源及其风险，掌握相应的防控措施和应急措施，并在作业过程中严格落实。因此，水利勘测设计单位要将危险源辨识和风险评价结果及时告知相关的作业人员，并督促落实。

《安全生产法》第五十三条规定：生产经营单位的从业人员有权了解其作业场所和工作岗位存在的危险因素、防范措施及事故应急措施，有权对本单位的安全生产工作提出建议。

（2）重大危险源管理人员培训。

对于重大危险源或风险等级为重大的一般危险源，除应向从业人员进行安全生产风险告知外，还需向管理人员进行专项培训，使其了解危险源的危险特性（如可能导致事故发生的类型、原因、防范措施等），熟悉有关安全管理规章制度，在管理过程中能够及时督促落实有关管理要求，及时发现隐患，掌握安全操作技能和应急措施，能够纠正作业人员违章行为，如发现突发情况具备及时有效组织人员避险的能力。

对重大危险源管理人员的培训一般可在每季度危险源辨识及风险评价完成后开展，当重大危险源发生变更也应及时组织培训。培训结束后，还应对管理人员的学习情况采取现场询问、考试等方式进行考核，确保其正确掌握要求内容。

3. 参考示例

[参考示例]

安全生产风险告知单

<table>
<tr><td colspan="2">作业部门</td><td></td><td>作业岗位</td><td></td></tr>
<tr><td colspan="2">告知时间</td><td></td><td>告知人</td><td></td></tr>
<tr><td rowspan="4">告知内容</td><td>危险源特性、所在部位</td><td colspan="3"></td></tr>
<tr><td>事故诱因、可能导致的事故</td><td colspan="3"></td></tr>
<tr><td>控制措施</td><td colspan="3"></td></tr>
<tr><td>应急措施</td><td colspan="3"></td></tr>
<tr><td colspan="2">被告知人签字</td><td colspan="3"></td></tr>
</table>

【标准条文】

5.1.6　变更管理制度应明确组织机构、人员、工艺、技术、作业方案、设备设施、作业过程及环境发生变化时的审批程序等内容。

1. 工作依据

《安全生产法》(2021年修订)

SL/T 789—2019《水利安全生产标准化通用规范》

2. 实施要点

(1) 制度正式发布。安全风险变更管理制度应以红头文件的形式,盖章正式发布,并将其作为本单位进行安全风险变更的工作依据。

(2) 制度内容符合要求(见参考示例)。安全风险变更管理制度应当明确以下内容:

1) 适用范围(机构、人员、工艺、技术、作业方案、设备设施、作业过程及环境等变更,但不含设计变更)。

2) 等级划分及判断准则(可划为一般和重大两个等级)。

3) 变更责任和流程(按照“三管三必须”原则,将不同的变更申请、审批、验收等责任进行划分)。

4) 变更前对变更过程、变更后可能产生的危险源及安全风险进行分析、管控、告知、培训等具体要求。

3. 参考示例

[参考示例]

安全风险变更管理制度

1. 目的

为对安全风险变化及时进行控制,规范相关的变更程序和对变更过程及变更所产生的风险进行分析和控制,防止因为变更因素发生事故,制定本制度。

2. 适用范围

适用于本单位在组织机构、人员、工艺、技术、作业方案、设备设施、作业过程及环境等方面出现永久性或暂时性变更的管理。

3. 变更程序

(1) 组织机构变更管理。单位安全生产有关管理机构,包括安全生产领导小组、安全生产标准化组织机构、安全生产管理部门的变更,需经董事长(院长)办公会批准。现场机构安全管理部门的变更,需经单位主要负责人批准。单位应就变更事项印发正式通知文件。

(2) 人员变更管理。单位安全生产有关管理人员,包括部门负责人、专职安全生产管理员、兼职安全员、现场机构安全管理员的变更,需印发正式通知文件,及时补充责任制,签订责任状,进行岗前安全生产培训,必要时取得相关证书后方可上岗。

(3) 工艺、技术、作业方案、作业过程变更管理。涉及安全的工艺、技术、作业方案、作业过程的变更,包括……由有关分管领导或生产部门负责人审批。

(4) 设备设施变更管理。涉及安全的设备设施的变更,包括……由有关分管领导或部门负责人审批。

(5) 环境变更管理。涉及安全的环境，主要为作业环境的变更，由现场机构负责人或安全管理员审核。

4. 风险防控要求

所有变更前，均应对变更过程及变更后可能产生的危险源及安全风险进行辨识、评价，制定相应控制措施，履行审批及验收程序，并对作业人员进行交底和培训。

【标准条文】

5.1.7 变更前，应对变更过程及变更后可能产生的危险源及安全风险进行辨识、评价，制定相应控制措施，履行审批及验收程序，并对作业人员进行交底和培训。

1. 工作依据

《安全生产法》(2021年修订)

SL/T 789—2019《水利安全生产标准化通用规范》

2. 实施要点

(1) 危险源辨识及风险评价的动态管理。在变更前应根据实际选择适当的危险源辨识方法对变更过程及变更后可能产生的危险源进行辨识，通过风险评价确定变更过程和变更后产生危险源的风险等级，按本单位《安全生产风险分级管控管理制度》要求明确管理层级和责任人，从管理、工程技术、教育培训、个体防护、应急管理等方面考虑制定有效的控制措施和应急措施，确保变更过程及变更后安全生产风险可控，并及时更新危险源清单和相应的危险源公示牌等。

(2) 履行变更程序。按照发布实施的安全生产变更管理制度，履行相应变更程序后，方可实施变更，见参考示例。

(3) 安全生产风险告知和培训。变更实施前，应就变更过程及变更后产生的危险源、风险评价结果及采取的控制措施向从业人员进行交底和培训，确保从业人员了解变更过程及变更后产生的危险源及其安全风险，掌握相应的控制措施和应急措施。

3. 参考示例

[参考示例]

安全风险变更审批表

变更名称		变更申请单位	
申请时间		联系人及电话	
变更具体内容			
变更过程和变更后的危险源辨识和风险评价			
拟采取的控制措施			
审批意见			

第二节 隐患排查治理

隐患排查治理是水利勘测设计单位在安全生产管理过程中的一项法定工作。《安全生产法》第二十一条、第二十五条分别规定：生产经营单位的主要负责人负有督促、检查本单位的安全生产工作，及时消除生产安全事故隐患的职责；生产经营单位的安全生产管理机构以及安全生产管理人员履行检查本单位的安全生产状况，及时排查生产安全事故隐患，督促落实本单位安全生产整改措施等职责。

《安全生产事故隐患排查治理暂行规定》第三条规定：事故隐患是指生产经营单位违反安全生产法律、法规、规章、标准、规程和安全生产管理制度的规定，或者因其他因素在生产经营活动中存在可能导致事故发生的物的危险状态、人的不安全行为和管理上的缺陷。隐患排查工作主要从违法、违规、违章、违反相关标准、规程和制度规定等方面，全范围、全方位、全过程的排查在生产经营活动中存在可能导致事故发生的物的危险状态、人的不安全行为和管理上的缺陷。

【标准条文】

5.2.1 事故隐患排查治理制度应包括隐患排查的目的、范围、方式、频次和要求，以及隐患治理的职责、验证、评价与监控等内容。

1. 工作依据

《安全生产法》（2021年修订）

《安全生产事故隐患排查治理暂行规定》（安监总局令第16号）

《水利部关于进一步加强水利生产安全事故隐患排查治理工作的通知》（水安监〔2017〕409号）

《水利安全生产监督管理办法（试行）》（水监督〔2021〕412号）

SL/T 789—2019《水利安全生产标准化通用规范》

2. 实施要点

（1）制定事故隐患排查治理制度，重点是明确有关责任、流程和要求，见参考示例。

（2）水利勘测设计单位是事故隐患排查、治理和防控的责任主体，具体工作内容包括制订隐患排查方案，组织开展隐患排查、隐患治理，对重大事故隐患制定治理方案，隐患治理过程中采取安全防范措施并做好现场监控，建立隐患信息台账并记录排查治理情况，隐患治理效果复查、验证、评估，通报和报告隐患排查治理情况，运用有关信息系统进行管理、统计分析和信息报送等。以上这些工作程序有效运转的前提，就是要建立健全事故隐患排查治理制度，按制度规定实施各环节的具体工作。制度要以正式文件发布，并发放到所有员工。

（3）水利勘测设计单位建立健全事故隐患排查治理制度，不仅要落实隐患排查治理的职责，还要落实防控和监控的职责，以及信息通报、报送和台账管理等内容，实行隐患排查、治理、验收、报告、销账等闭环管理。

3. 参考示例

[参考示例]

隐患排查治理管理制度

第一章 总 则

第一条 为强化生产安全事故隐患排查治理工作，有效防范事故发生，建立生产安全事故隐患排查长效机制，依据《安全生产法》《安全生产事故隐患排查治理暂行规定》等规定，结合单位实际，制定本管理制度。

第二条 本制度所称生产安全事故隐患（以下简称事故隐患），是指各部门违反安全生产法律、法规、规章以及标准、规程和安全生产管理制度的规定，或者因其他因素在生产经营活动中，存在可能导致事故发生的物的危险状态、人的不安全行为和管理上的缺陷。

第三条 事故隐患分为一般事故隐患和重大事故隐患。一般事故隐患，是指危害和整改难度较小，发现后能够立即整改排除的隐患。重大事故隐患，是指危害和整改难度较大，应当全部或者局部停产，并经过一定时间整改治理方能排除的隐患，或者因外部因素影响致使公司自身难以排除的隐患。

第四条 本制度适用于单位所属范围内所有场所、环境、人员、设施设备和活动的隐患排查与治理。

第二章 机构及人员的职责

第五条 公司安全生产领导小组及办公室的职责。

第六条 各部门、各项目部的职责。

第七条 公司主要负责人及分管领导的职责。

第八条 各部门主要负责人的职责。

第九条 各项目部现场负责人的职责。

第十条 安全生产管理人员的职责。

第三章 隐 患 排 查

第十一条 按照预先制定的隐患排查工作方案，采取合适的方式方法，组织人员对确定的排查范围实施现场排查。

第十二条 隐患排查方式（定期综合检查、专项检查、季节性检查、节假日检查、日常检查等，明确检查频次）。

第十三条 隐患排查方法（对相关人员进行询问、查阅文件资料、查看现场情况等）。

第十四条 隐患排查的具体要求（记录隐患排查情况，下发整改通知书等）。

第四章 隐 患 治 理

第十五条 一般事故隐患的治理要求（立即整改，限期整改）。

第十六条 重大事故隐患的治理要求（编制治理方案、采取安全防范措施、隐患治理过程中的监控等）。

对重大事故隐患，单位安全生产领导小组应及时组织编制重大事故隐患治理方案。方案应包括以下内容：

1. 隐患概况；

2. 治理的目标和任务；

3. 采取的方法和措施；

4. 经费和物资的落实；

5. 负责治理的机构和人员；

6. 治理的时限和要求；

7. 安全措施和应急预案。

第十七条　隐患治理验收要求（治理完成后的复查、验证、评估等）。

第五章　相关方隐患排查治理

第十八条　对相关方的隐患排查治理要求。

第十九条　单位有关部门的协调、管理流程。

第六章　信　息　处　理

第二十条　隐患信息报送、建立台账等有关要求。

第二十一条　隐患信息统计分析、通报等有关要求。

第二十二条　重大事故隐患销账有关要求。

第七章　考　核　与　奖　惩

第二十三条　公司将隐患排查治理工作列入年度安全生产目标考核。

第二十四条　对在隐患排查治理过程中，对公司有重大贡献的集体或个人给予适当奖励或表彰。

第二十五条　对在工作中强令违章作业、拒不履行隐患排查治理职责的行为，公司员工可以用书面或电话方式向公司安全生产领导小组办公室进行举报，举报人应提供必要的证据。接到举报后，公司安全生产领导小组办公室应立即上报有关领导，并在组织对举报情况进行核实；举报情况基本属实的，提出处理意见并实施，同时在24小时内给予举报人答复。

第二十六条　对向公司举报事故隐患的员工或社会公众，根据公司所能避免的生产安全事故级别，给予相应的物质奖励。对举报人进行虚假举报，试图利用举报来达到某种目的，应给予相应处理。

第二十七条　在隐患排查治理工作中，对弄虚作假、责任不落实、职责履行不到位的集体或个人，公司将给予责任追究；造成生产安全事故的，按上级或公司有关事故调查处理结论进行处理；构成犯罪的，移送司法机关依法追究刑事责任。

【标准条文】

5.2.2　根据事故隐患排查制度开展事故隐患排查，排查前应制定排查方案，明确排查的目的、范围和方法；排查方式主要包括定期综合检查、专项检查、季节性检查、节假日检查和日常检查等；对排查出的事故隐患，应及时书面通知有关责任部门，定人、定时、定措施进行整改，并按照事故隐患的等级建立事故隐患信息台账。相关方排查出的隐患应统一纳入本单位隐患管理。至少每季度自行组织一次安全生产综合检查。

1. 工作依据

《安全生产法》（2021年修订）

《安全生产事故隐患排查治理暂行规定》（安监总局令第16号）

《水利部关于印发构建水利安全生产风险管控“六项机制”的实施意见的通知》（水监督〔2022〕309号）

SL/T 789—2019《水利安全生产标准化通用规范》

2. 实施要点

（1）制定排查方案。水利勘测设计单位应结合自身实际，根据隐患排查制度制定具有针对性的排查方案（见参考示例），确定隐患排查的部门，明确排查目的、范围、时限、方式和方法等。隐患排查的范围应包括所有与生产经营相关的人员行为、设备设施、作业场所和安全管理活动，还应包括承包商和供应商等相关方的服务范围。排查方法包括对相关人员进行询问、查阅文件资料、查看现场情况、采用仪器测量等。当法律法规、标准规范以及环境、人员、设备设施、作业流程等发生改变时，应重新进行隐患排查。专项的或特定的隐患排查，还要有具体的目的和要求。排查方法的选择需要充分考虑客观实际，确保方法可行并满足要求。

（2）书面通知整改。对于不能立即整改的事故隐患，检查方应在检查结束后及时通过印发整改意见、整改通知单等书面方式通知被检查方，整改意见或整改通知单中应写明双方名称、时间、地点、隐患所在部位或活动、隐患等级、隐患详情等，并提出建议整改措施和时限要求。被检查方收到书面通知后，应明确整改责任人，在整改通知单上签字确认。如果是自查，也应在检查表或排查清单中详细记录以上相关信息，以便建立事故隐患信息台账。

（3）建立事故隐患信息台账。事故隐患信息台账应包括检查人、检查时间、检查地点、隐患所在部位或活动、隐患内容、隐患级别、责任人、责任部门、整改期限、整改措施、临时防范措施、整改资金、是否完成整改、整改完成日期、验收人等内容。

（4）相关方排查的隐患。生产经营活动涉及相关方时，应与其签订安全生产管理协议，并在协议中明确各方对隐患排查、治理和防控的职责。水利勘测设计单位对承包单位、承租单位的事故隐患排查治理负有统一协调和监督管理的责任。所以，水利勘测设计单位应将相关方排查出的隐患统一纳入本单位隐患管理，事故隐患信息台账中应包含相关方排查出的事故隐患，以便及时督促整改，进行闭环管理。

3. 参考示例

公司隐患排查工作方案见参考示例1，事故隐患排查记录表见参考示例2，事故隐患整改通知单见参考示例3，隐患排查治理信息台账见参考示例4。

[参考示例1]

公司隐患排查工作方案

为预防生产安全事故发生，切实加强公司安全生产管理工作，根据《公司隐患排查治理管理制度》等文件精神，经研究，定于即日起至×月×日开展隐患排查活动。现结合公司实际，制定如下工作方案。

一、目标和任务

……

二、职责分工

……

三、隐患排查范围和重点

……

四、隐患排查方式

可采用日常检查、定期综合检查、节假日检查、季节性检查和专项检查等方式。

五、隐患排查治理要求

对排查出的隐患要及时整改，不能立即整改的要做到整改责任、措施、资金、时限、预案“五落实”。在事故隐患未整改前，应当采取相应的安全防范措施，防止事故发生。事故隐患排除前或者排除过程中无法保证安全的，应当从危险区域内撤出作业人员，并疏散可能危及的其他人员，设置警戒标志。

六、信息报送要求

各部门对排查出的各类事故隐患要及时上报安全生产领导小组办公室并登记建档，对排查出的重大事故隐患，要立即向安全生产领导小组办公室报告。

[参考示例 2]

事故隐患排查记录表

检查项目/地点		检查时间	
隐患排查内容			
存在隐患或问题			
整改完成情况			
隐患排查（检查）人员（签名）：			
被检查人（签名）：			

[参考示例3]

事故隐患整改通知单

编号：

<table>
<tr><td>整改责任部门</td><td></td><td>隐患等级</td><td></td></tr>
<tr><td>事故隐患名称</td><td></td><td>所在位置</td><td></td></tr>
<tr><td colspan="4">隐患问题综述：

整改要求：

签发部门：　　　　签发人：　　　　日期：</td></tr>
<tr><td colspan="4">建议整改措施：

整改责任人（签字）：　　　　日期：</td></tr>
<tr><td colspan="4">复查/验收结果：

复查/验收人（签字）：　　　　日期：</td></tr>
</table>

[参考示例4]

隐患排查治理信息台账

序号	隐患名称	隐患等级	隐患位置	问题综述	排查时间	整改时间/时限	整改措施	投入资金	责任部门/责任人	复查/验收人
1										
2										
3										
…										

【标准条文】

5.2.3 建立事故隐患报告和举报奖励制度，鼓励、发动职工发现和排除事故隐患，鼓励社会公众举报。对发现、排除和举报事故隐患的有功人员，应给予物质奖励和表彰。

1. 工作依据

《安全生产法》(2021年修订)

《安全生产事故隐患排查治理暂行规定》(安监总局令第16号)

2. 实施要点

水利勘测设计单位可以单独建立事故隐患报告和举报奖励制度，也可以在事故隐患排查治理制度中明确有关内容。任何单位或者个人对事故隐患或者安全生产违法行为，均有权向负有安全生产监督管理职责的部门报告或者举报。

从业人员处于安全生产的第一线，最有可能及时发现事故隐患或者其他不安全因素，在发现上述情况后，应当立即向现场安全生产管理人员或者本单位负责人报告。接到报告的人员须及时进行处理，以防止有关人员延误消除事故隐患的时机，避免事故发生。

对于经举报查实确为事故隐患的，以及发现并排除事故隐患的人员应予以物质奖励和表彰。但在激励员工发现、排除、举报事故隐患的同时，应以保证员工人身安全为前提，员工不得在此过程中违反安全生产规定。举报事故隐患应以事实为依据，附视频、照片、录音等证据，不得虚报、谎报。

3. 参考示例

见第七章第二节标准条文 5.2.1 参考示例隐患排查治理管理制度。

【标准条文】

5.2.4 单位主要负责人组织制定重大事故隐患治理方案，其内容应包括重大事故隐患描述；治理的目标和任务；采取的方法和措施；经费和物资的落实；负责治理的机构和人员；治理的时限和要求；安全措施和应急预案等。

1. 工作依据

《安全生产事故隐患排查治理暂行规定》(安监总局令第 16 号)

《水利部关于进一步加强水利生产安全事故隐患排查治理工作的意见》(水安监〔2017〕409 号)

SL/T 789—2019《水利安全生产标准化通用规范》

2. 实施要点

(1) 重大事故隐患的定义。《安全生产事故隐患排查治理暂行规定》第三条规定：重大事故隐患，是指危害和整改难度较大，应当全部或者局部停产停业，并经过一定时间整改治理方能排除的隐患，或者因外部因素影响致使生产经营单位自身难以排除的隐患。水利勘测设计单位对符合《水利水电勘测设计单位安全生产标准化评审规程》附录 D 规定的，宜判定为重大事故隐患。

(2) 重大事故隐患的治理要求。对于重大事故隐患，由生产经营单位主要负责人组织制定并实施事故隐患治理方案。隐患治理的措施主要包括工程技术措施、管理措施、教育培训措施、个体防护措施等。工程技术措施能够直接消除和减少危害，管理措施能够消除管理中的缺陷，教育培训措施能够规范作业行为，避免人的违章行为，个体防护措施能够避免人身伤害。重大隐患治理方案实施前应当由单位主要负责人组织相关部门负责人、管理人员、技术人员和具体负责整改人员进行论证，必要时聘请专家参加。

3. 参考示例

无。

【标准条文】

5.2.5 一般事故隐患应立即组织整改。

1. 工作依据

《安全生产事故隐患排查治理暂行规定》(安监总局令第 16 号)

《水利部关于进一步加强水利生产安全事故隐患排查治理工作的通知》(水安监

〔2017〕409号)

SL/T 789—2019《水利安全生产标准化通用规范》

2. 实施要点

(1)一般事故隐患的定义。《安全生产事故隐患排查治理暂行规定》第三条规定:一般事故隐患,是指危害和整改难度较小,发现后能够立即整改排除的隐患。

(2)一般事故隐患的治理要求。隐患排查中发现的一般事故隐患,应由部门负责人或者现场有关人员立即组织整改。对于不能立即整改的一般事故隐患,应及时下达书面整改通知书,限期整改。限期整改应进行全过程监督管理,对整改结果进行“闭环”确认。水利勘测设计单位开展隐患治理时要完整记录整个整改过程,要有照片等相关纸质或电子文档。

3. 参考示例

见第七章第二节标准条文5.2.2参考示例。

【标准条文】

5.2.6 事故隐患整改到位前,应采取相应的安全防范措施,防止事故发生。

1. 工作依据

《安全生产事故隐患排查治理暂行规定》(安监总局令第16号)

《水利部关于进一步加强水利生产安全事故隐患排查治理工作的通知》(水安监〔2017〕409号)

SL/T 789—2019《水利安全生产标准化通用规范》

2. 实施要点

水利生产经营单位在事故隐患治理过程中应加强监督管理,采取相应的安全防范和监控措施,对于重大事故隐患的治理应进行全过程监控管理,重大事故隐患排除前或者排除过程中无法保证安全的,应从危险区域内撤出作业人员,疏散可能危及的人员,设置警戒标识,暂时停产停业或者停止使用相关设备、设施。

3. 参考示例

无。

【标准条文】

5.2.7 重大事故隐患治理完成后,对治理情况进行验证和效果评估。一般事故隐患治理完成后,对治理情况进行复查,并在隐患整改通知单上签署明确意见。

1. 工作依据

《安全生产事故隐患排查治理暂行规定》(安监总局令第16号)

《水利部关于进一步加强水利生产安全事故隐患排查治理工作的通知》(水安监〔2017〕409号)

SL/T 789—2019《水利安全生产标准化通用规范》

2. 实施要点

对隐患治理完成情况的复查、验证或效果评估,目的是检查整改措施是否按照整改计划或治理方案的要求逐项落实,以及完成的措施是否起到了隐患治理的预估作用。对于一般事故隐患,由有关安全生产管理人员对隐患治理情况进行复查;对于重大事故隐患,水利勘测设计单位应组织本单位的技术人员和专家召开验收会，或委托具备相应资质的安全评价机构对重大事故隐患的治理情况进行评估，评估完成后应出具隐患治理效果评估报告。

3. 参考示例

见第七章第二节标准条文 5.2.2 参考示例。

【标准条文】

5.2.8 事故隐患排查治理情况应当如实记录，按月、季、年对隐患排查治理情况进行统计分析，并通过职工大会或者职工代表大会、信息公示栏等方式向从业人员通报。其中，重大事故隐患排查治理情况应当及时向负有安全生产监督管理职责的部门和职工大会或者职工代表大会报告。

1. 工作依据

《安全生产法》(2021 年修订)

《安全生产事故隐患排查治理暂行规定》(安监总局令第 16 号)

《水利安全生产信息报告和处置规则》(水监督〔2022〕156 号)

SL/T 789—2019《水利安全生产标准化通用规范》

2. 实施要点

(1) 统计分析。水利勘测设计单位应定期（每月、每季、每年）对隐患排查治理信息汇总统计（见参考示例），分析隐患整改率、重大隐患整改情况及存在的问题等，对安全生产形势以及单位或工程安全状况进行判断分析，并提出相应的工作措施，确保安全生产。

(2) 通报或报告。水利勘测设计单位应当定期（每月、每季、每年）通过职工大会或者职工代表大会、信息公示栏等方式，向从业人员通报事故隐患排查情况、整改方案、重大事故隐患整改“五落实”情况、治理进展等情况。重大事故隐患排查治理情况应当及时向上级水行政主管部门和职工大会或职工代表大会报告。《水利安全生产信息报告和处置规则》规定：各单位（项目法人）应当定期通过职工代表大会、信息公示栏等方式，向从业人员通报事故隐患信息排查情况、整改方案、“五落实”情况、治理进展等情况。

3. 参考示例

[参考示例]

隐患排查治理情况统计分析表

时间	一般事故隐患				重大事故隐患					
	隐患排查数量	已整改数量	整改率	累计投入资金/万元	隐患排查数量	正在整改数量	已整改数量	整改率	累计投入资金/万元	未整改完成情况说明及预计完成时间
2023 年 1 月										
2023 年 2 月										
⋮										

【标准条文】

5.2.9 地方人民政府或有关部门挂牌督办并责令全部或者局部停工的重大事故隐患，治理工作结束后，应组织本单位的技术人员和专家对治理情况进行评估。经治理后符合安全生产条件的，向有关部门提出复工的书面申请，经审查同意后，方可复工。

1. 工作依据

《安全生产法》（2021年修订）

《水利部关于进一步加强水利生产安全事故隐患排查治理工作的通知》（水安监〔2017〕409号）

《安全生产事故隐患排查治理暂行规定》（安监总局令第16号）

2. 实施要点

（1）效果评估的组织。对于地方人民政府或有关部门挂牌督办并责令全部或者局部停工的重大事故隐患，因整改难度较大，所以应由水利勘测设计单位组织进行效果评估。水利勘测设计单位因资质要求，应具有一定数量的专业技术人员或专家，对相关的重大事故隐患可自行开展效果评估。如本单位人员的技术能力不满足评估工作需求，则应委托具备相应资质的安全评价机构。

（2）复工申请。水利勘测设计单位组织完成重大事故隐患治理的效果评估后，如确定符合安全生产条件，应当向安全监管监察部门和有关部门提出恢复生产的书面申请（见参考示例），经安全监管监察部门和有关部门审查同意后方可恢复生产经营。申请报告应当包括治理方案的内容、项目和安全评估机构出具的评估报告等。

3. 参考示例

[参考示例]

复工申请报告

一、单位基本信息

二、重大事故隐患情况

三、重大事故隐患治理措施

四、重大事故隐患治理情况

五、安全评估结论

附件：重大事故隐患治理效果评估报告

【标准条文】

5.2.10 运用隐患自查、自改、自报信息系统，通过信息系统对隐患排查、报告、治理、销账等过程进行管理和统计分析，并按照有关要求报送隐患排查治理情况。

1. 工作依据

《水利安全生产信息报告和处置规则》（水监督〔2022〕156号）

SL/T 789—2019《水利安全生产标准化通用规范》

2. 实施要点

（1）信息系统。根据《水利安全生产信息报告和处置规则》（水监督〔2022〕156号）要求，水利生产经营单位应通过水利安全生产监管信息系统（填报端为水利安全生产信息采集系统）对事故隐患进行管理和统计分析，每月报送隐患排查治理信息。

(2) 隐患信息分类。隐患信息报告主要包括隐患基本信息、整改方案信息、整改进展信息、整改完成情况信息等四类信息。

1) 隐患基本信息包括名称、情况、所在工程、级别、类型、排查单位、排查人员、排查日期等。

2) 整改方案信息包括治理目标和任务、安全防范应急预案、整改措施、整改责任单位、责任人、资金落实情况、计划完成日期等。

3) 整改进展信息包括阶段性整改进展情况、填报时间及人员等。

4) 整改完成情况包括实际完成日期、治理责任单位验收情况、验收责任人等。

(3) 隐患信息报告要求。《水利安全生产信息报告和处置规则》规定:

1) 各单位负责填报本单位的隐患信息，项目法人、运行管理单位负责填报工程隐患信息。各单位要实时填报隐患信息，发现隐患应及时登录信息系统，制定并录入整改方案信息，随时将隐患整改进展情况录入信息系统，隐患治理完成要及时填报完成情况信息。隐患信息实行“零报告”制度，当月没有排查出隐患也要按时报告。

2) 重大事故隐患须经单位主要负责人签字并形成电子扫描件后，通过信息系统上报。

3) 水行政主管部门或有关单位组织的检查、督查、巡查、稽察中发现的隐患，由各单位及时登录信息系统，并按规定报告隐患相关信息。

4) 隐患信息除通过信息系统报告外，还应依据有关法规规定，向有关政府及相关部门报告。

5) 隐患信息报告应当及时、准确和完整。任何单位和个人对隐患信息不得迟报、漏报、谎报和瞒报。

3. 参考示例

无。

第三节 预 测 预 警

【标准条文】

5.3.1 根据本单位特点，结合安全风险管理、隐患排查治理及事故等情况，运用定量或定性的安全生产预测预警技术，建立体现安全生产状况及发展趋势的安全生产预测预警体系。

5.3.2 采取多种途径及时获取水文、气象等信息，在接到有关自然灾害预报时，应及时发出预警通知；发生可能危及安全的情况时，应采取撤离人员、停止作业、加强监测等安全措施，并及时向有关部门报告。

5.3.3 根据安全风险管理、隐患排查治理及事故等统计分析结果，每月至少进行一次安全生产预测预警。

1. 工作依据

《国务院关于进一步加强企业安全生产工作的通知》(国发〔2010〕23号)

《安全生产事故隐患排查治理暂行规定》(安监总局令第16号)

《水利部关于印发构建水利安全生产风险管控“六项机制”的实施意见的通知》(水监

督〔2022〕309号）

《水利部监督司关于印发构建水利安全生产风险管控“六项机制”工作指导手册（2023年版）的通知》（监督安函〔2022〕56号）

SL 721—2015《水利水电工程施工安全管理导则》

2. *实施要点*

（1）预测预警的数据收集可以采用人工监测和自动监测手段，建立健全监测巡视检查制度，加强对危险源特别是风险等级为重大的危险源的监测监控，运用定量或定性的安全生产预测预警技术对数据及时整理分析，超出预警限值必须及时发布预警通知，临近预警限值也应当引起足够警惕。

（2）根据暴雨、台风、洪水、滑坡、泥石流等自然灾害预报，通过有效途径获取水文、气象等信息，辨识周边环境中存在的危险源，对可能出现的各种自然灾害及带来的安全风险进行预警，及时、准确地发出预警信息，使现场人员能够采取可靠的预防措施，制定应急预案。发生可能危及人员安全的情况时，应采取撤离人员、停止作业、加强监测等安全措施降低安全风险，避免事故发生，并及时向项目主管部门和安全生产监督机构报告。

（3）实施预警的要求。《构建水利安全生产风险管控“六项机制”的实施意见》规定：各级水行政主管部门、流域管理机构和水利生产经营单位要结合各自实际，确定预警信息发布的具体范围、条件和对象，对未有效管控的风险要及时实施预警并向属地政府和有关部门报告，做好相应应急准备工作。预警解除后，要认真查找总结管控体系和管控措施可能存在的漏洞不足，完善风险管控机制。

3. *参考示例*

无。

第八章　应　急　管　理

第一节　应　急　准　备

【标准条文】

6.1.1　按照有关规定建立应急管理组织机构或指定专人负责应急管理工作。

1. 工作依据

《安全生产法》（2021年修订）

《生产安全事故应急条例》（国务院令第708号）

SL 721—2015《水利水电工程施工安全管理导则》

《水利部关于进一步加强水利安全生产应急管理提高生产安全事故应急处置能力的通知》（水安监〔2014〕19号）

《水利部生产安全事故应急预案》（水监督〔2021〕391号）

2. 实施要点

（1）勘测设计单位应加强生产安全事故应急工作，建立、健全生产安全事故应急工作责任制，其主要负责人对本单位的生产安全事故应急工作全面负责。

（2）勘测设计单位应成立以主要负责人为首的应急管理组织机构或指定专人负责本单位应急管理工作，并以正式文件发布。文件内容应明确应急管理组织机构的岗位设置、人员配置和责任分工。

（3）勘测单位应制定野外作业生产安全事故应急救援预案，建立应急救援组织，配备必要的应急救援器材和设备，定期组织开展应急救援演练。

3. 参考示例

无。

【标准条文】

6.1.2　针对可能发生的生产安全事故的特点和危害，在风险辨识、评估和应急资源调查的基础上，根据GB/T 29639等有关要求建立健全生产安全事故应急预案体系，包括综合预案、专项预案、现场处置方案，按照有关规定将应急预案报当地主管部门备案，并通报应急救援队伍、周边企业等有关应急协作单位。

1. 工作依据

《安全生产法》（2021年修订）

《特种设备安全法》（主席令第四号）

《生产安全事故应急管理条例》（国务院令第708号）

《生产安全事故应急预案管理办法》(应急管理部令第2号)

GB/T 29639—2020《生产经营单位生产安全事故应急预案编制导则》

GB/T 38315—2019《社会单位灭火和应急疏散预案编制及实施导则》

SL 721—2015《水利水电工程施工安全管理导则》

2. 实施要点

综合应急预案是生产经营单位应急预案体系的总纲，主要从总体上阐述事故的应急工作原则，包括生产经营单位的应急组织机构及职责、应急预案体系、事故风险描述、预警及信息报告、应急响应、保障措施、应急预案管理等内容。专项应急预案是生产经营单位为应对某一类型或某几种类型事故，或者针对重要生产设施、重大危险源、重大活动等内容而制定的应急预案。专项应急预案主要包括事故风险分析、应急指挥机构及职责、处置程序和措施等内容。现场处置方案是生产经营单位根据不同事故类别，针对具体的场所、装置或设施所制定的应急处置措施，主要包括事故风险分析、应急工作职责、应急处置和注意事项等内容。勘测设计单位应根据风险评估、岗位操作规程以及危险性控制措施，组织本单位现场作业人员及相关专业人员共同进行编制现场处置方案。

(1) 以正式文件发布。勘测设计单位应建立由综合应急预案、专项应急预案和现场处置方案构成的应急预案体系，并以正式文件发布实施（见参考示例1）。勘测设计单位应根据本单位组织管理体系、生产规模、危险源的性质以及可能发生的事故类型确定应急预案体系。

(2) 应急预案内容齐全。一是全面覆盖。应急预案应针对勘测设计单位业务范围内可能发生的生产事故进行编制，起到一旦发生事故能按预案规定迅速采取行动最大程度减少事故损害的效果。勘测设计单位主要的安全风险存在于勘察、测绘、监测等外业现场和固定办公场所，因此勘测设计单位在制定应急预案时，应重点围绕钻探、洞探、坑探、测量、监测、设代等外业项目及固定办公场所用电、消防和电梯等安全生产风险，就发生事故后如何响应、处置进行明确。二是要素齐全。生产安全事故应急预案应根据《生产经营单位生产安全事故应急预案编制导则》的要求进行编制，确保各章节要素齐全（见参考示例2）。

(3) 按规定进行报备和通报。《生产安全事故应急预案管理办法》第二十六条规定：易燃易爆物品、危险化学品等危险物品的生产、经营、储存、运输单位，矿山、金属冶炼、城市轨道、交通运营、建筑施工单位，以及宾馆、商场、娱乐场所、旅游景区等人员密集场所经营单位，应当在应急预案公布之日起20个工作日内，按照分级属地原则，向县级以上人民政府应急管理部门和其他负有安全生产监督管理职责的部门进行备案，并依法向社会公布。

前款所列单位属于中央企业的，其总部（上市公司）的应急预案，报国务院主管的负有安全生产监督管理职责的部门备案，并抄送应急管理部；其所属单位的应急预案报所在地的省、自治区、直辖市或者设区的市级人民政府主管的负有安全生产监督管理职责的部门备案，并抄送同级人民政府应急管理部门。本条第一款所列单位不属于中央企业的，其中非煤矿山、金属冶炼和危险化学品生产、经营、储存、运输企业，以及使用危险化学品达到国家规定数量的化工企业、烟花爆竹生产、批发经营企业的应急预案，按照隶属关系报所在地县级以上地方人民政府应急管理部门备案；本款前述单位以外的其他生产经营单位应急预案的备案，由省、自治区、直辖市人民政府负有安全生产监督管理职责的部门确定。

因此，勘测设计单位的应急预案备案应依据企业所在地省级应急管理部门的有关规定执行。勘测设计单位应按要求向当地应急救援队伍、周边企业等应急协作单位通报应急预案（见参考示例3、参考示例4）。

3. 参考示例

[参考示例1]

发布生产安全事故应急预案的正式文件

勘测设计研究院有限公司文件

设计〔2023〕1号

关于印发《勘测设计单位生产安全事故应急预案》的通知

公司各部门、各单位、各项目部：

为了做好公司生产安全事故应急处置工作，有效控制和消除事故危害，最大限度减少人员伤亡和财产损失，根据《生产经营单位生产安全事故应急预案编制导则》（GB/T 29639—2020）等要求，制定了《勘测设计单位生产安全事故应急预案》，现印发给你们，请遵照执行。

附件：

勘测设计单位生产安全事故应急预案

单位名称

发布日期

[参考示例2]

勘测设计单位生产安全事故应急预案提纲

一、综合应急预案内容

1.1 总则

1.1.1 适用范围

1.1.2 响应分级

1.2 应急组织机构及职责

1.3 应急响应

1.3.1 信息报告

1.3.2 预警

1.3.3 响应启动

1.3.4 应急处置

1.3.5 应急支援

1.3.6 响应终止

1.4 后期处置

1.5 应急保障

1.5.1 通信与信息保障

1.5.2 应急队伍保障

1.5.3 物资装备保障

1.5.4 其他保障

二、专项应急预案内容

2.1 适用范围

2.2 应急组织机构及职责

2.3 响应启动

2.4 处置措施

2.5 应急保障

注：专项应急预案包括但不限于上述2.1～2.4内容。

三、现场处置方案主要内容

3.1 事故风险描述

3.2 应急工作职责

3.3 应急处置

3.4 注意事项

[参考示例3]

生产经营单位生产安全事故应急预案备案申请表

单位名称			
联系人		联系电话	
传　真		电子信箱	
法定代表人		资产总额	万元
行业类型		从业人数	人
单位地址		邮政编码	
根据《生产安全事故应急预案管理办法》，现将我单位编制的： 等预案报上，请予备案。 （单位公章） ____年____月____日			

[参考示例 4]

生产经营单位生产安全事故应急预案备案登记表

备案编号：

单位名称			
单位地址		邮政编码	
法定代表人		经办人	
联系电话		传　　真	
你单位上报的： 经形式审查符合要求，准予备案。 （盖　章） ____年____月____日			

注　应急预案备案编号由县及县以上行政区划代码、年份和流水序号组成。

【标准条文】

6.1.3　应按照应急预案建立应急救援组织，组建应急救援队伍，配备应急救援人员。必要时与当地具备能力的应急救援队伍签订应急支援协议。

1. 工作依据

《安全生产法》（2021 年修订）

《生产安全事故应急条例》（国务院令第 708 号）

2. 实施要点

《生产安全事故应急条例》第十一条规定：应急救援队伍的应急救援人员应当具备必要的专业知识、技能、身体素质和心理素质。应急救援队伍建立单位或者兼职应急救援人员所在单位应当按照国家有关规定对应急救援人员进行培训；应急救援人员经培训合格后，方可参加应急救援工作。

（1）建立应急救援队伍或配备应急救援人员。勘测设计单位应分单位本部和项目部两个层面分别成立应急救援组织，组建应急救援队伍。本部层面应成立安全生产应急救援组织，明确相应的职责分工，整合单位人力资源，发挥专业人才的优势，成立相关应急救援的专业小组，如技术支援组、后勤保障组等，组建应急救援队伍，配备应急救援人员。项目部层面应成立以项目经理为首的应急救援小组，组建以现场作业队伍为基础的应急救援队伍。对安全风险大且现场应急资源不足的项目，还应与地方专业救援队伍签订应急支援协议。

（2）应急救援队伍应满足要求。应急救援队伍的应急救援人员应当经过专业培训，并考核合格，具备与本单位安全生产风险相适应的应急救援能力，确保一旦发生险情能够迅速有效地进行处置。

3. 参考示例

[参考示例]

印发建立应急救援队伍的文件

勘测设计研究院有限公司文件

文号

关于建立应急救援队伍的通知

公司各部门、各单位、各项目部：

为加强公司的应急处置能力，当发生突发事件时，能迅速、有效地采取应急行动，减少事故带来的损失，经研究决定，建立公司应急救援队伍。

一、应急救援队伍的组成

(1) 专业抢险组

组长：

成员：

(2) 现场处置组

组长：

成员：

(3) 保安救援组

组长：

成员：

(4) 后勤保障组

组长：

成员：

(5) 事故调查善后处理组

组长：

成员：

(6) 医疗保障组

组长：

成员：

二、应急救援队伍的职责

(1) 专业抢险组：负责组织研究确定灾害现场抢救、抢险方案，提出应急的安全技术措施，为现场指挥救援工作提供技术咨询。针对不同的灾情，在救援过程中提供设备的性质、系统情况、救援方案。

(2) 现场处置组：负责切断运行系统，调整运行方式，消除事故根源，保证其他机组或系统正常运行。

(3) 保安救援组：根据应急领导小组的指示，划定警戒区域；严格控制无关人员、车辆进入警戒区域；疏散警戒区内无关人员和受到地震灾害威胁的重要物资；妥善保管好疏散出来的物资。

(4) 后勤保障组：负责现场急救和运送伤员救治；了解现场受伤人员的数量及程度，及时向应急领导小组报告，并提出抢救方案；合理安排现场应急人员的生活保障；确保现场运输车辆的调用。

(5) 事故调查善后处理组：负责做好灾害伤亡人员家属的安抚工作，妥善安排家属生活；依政策负责灾害遇难者及其家属的善后处理及受伤人员的医疗救助等。

(6) 医疗保障组：负责受伤人员的救护工作。

单位名称

发布日期

【标准条文】

6.1.4 应根据可能发生的事故种类特点，设置应急设施，配备应急装备，储备应急物资，建立管理台账，安排专人管理，并定期检查、维护、保养，确保其完好、可靠。外业作业应配备和携带适用的急救用品和药品。

1. 工作依据

《安全生产法》(2021年修订)

《生产安全事故应急条例》(国务院令第708号)

《水利工程建设安全生产管理规定》(水利部令第26号，2019年修订)

2. 实施要点

(1) 配备应急物资。勘测设计单位应根据可能发生的事故种类特点，设置应急设施，配备应急装备，储备应急物资，满足应急抢险的需要，并建立应急装备和物资台账（见参考示例1），做到台账与实物相符。台账应列出应急预案涉及的主要物资和装备名称、型号、性能、数量、存放地点、运输和使用条件、管理责任人和联系电话等。

(2) 明确专人管理。勘测设计单位应明确具体人员管理应急物资装备，并通过文件的形式予以明确。应急物资装备管理人员应按规定的期限对应急物资装备进行检查、维护、保养，确保其完好、可靠，留存相应的记录（见参考示例2）。

(3) 配齐外业作业急救品。勘测外业人员易出现不适应当地气候环境、或因当地有害生物而出现险情的情况，野外勘察作业人员可结合地域性和个人体质携带必备的药品。野外救生用品包括应急救生包（箱）和安全保障终端等。救生包应防雨、抗撕、耐磨；救生箱应防雨、承重、耐压；救生包和救生箱明显部位有警示反光条，反光警示面积不小于外包（箱）表面积的10%。安全保障终端应具备定位、通信、一键求救功能；具备北斗、GPS等多模定位功能，定位精度小于10m；具备短信或数据传输等收发定位坐标信息功能；显示屏具备强光下可视功能。必备药品包括但不限于以下药品：感冒药、消炎药、黄连素、止血绷带、创可贴、维生素药片、眼药水、红花油等。为了野外体能的及时补充，可携带补充能量的零用食品。常用的零食有巧克力、牛肉干、葡萄干、能量棒、能量饮料等。

3. 参考示例

[参考示例1]

应急物资和装备台账

名称	型号	性能	数量	存放地点	运输和使用条件	管理责任人	联系电话

[参考示例2]

应急装备和物资维护保养记录表

序号	名称	存放位置	存放数量	维护保养人员	维护保养时间	维护保养时间结果
1						
2						
⋮						

【标准条文】

6.1.5 根据本单位的事故风险特点，按照AQ/T 9007等有关要求，每年至少组织一次综合应急预案演练或者专项应急预案演练，每半年至少组织一次现场处置方案演练，做到一线从业人员参与应急演练全覆盖，掌握相关的应急知识。按照AQ/T 9009等有关要求，对演练进行总结和评估，根据评估结论和演练发现的问题，修订、完善应急预案，改进应急准备工作。

1. 工作依据

《生产安全事故应急预案管理办法》(应急管理部令第2号)

《水利工程建设安全生产管理规定》(水利部令第26号，2019年修订)

AQ/T 9007—2019《生产安全事故应急演练基本规范》

AQ/T 9009—2015《生产安全事故应急演练评估规范》

2. 实施要点

《生产安全事故应急预案管理办法》第三十三条规定：生产经营单位应当制定本单位的应急预案演练计划，根据本单位的事故风险特点，每年至少组织一次综合应急预案演练或者专项应急预案演练，每半年至少组织一次现场处置方案演练。

(1) 制定演练计划。全面分析和评估应急预案、应急职责、应急处置工作流程和指挥调度程序、应急技能和应急装备、物资的实际情况，提出需通过应急演练解决的内容，有针对性地确定应急演练目标，提出应急演练的初步内容和主要科目。明确应急演练的事故情景类型、等级、发生地域、演练方式，参演单位，应急演练各阶段主要任务，应急演练实施的拟订日期。根据需求分析及任务安排，组织人员编制演练计划文本。

（2）应急演练准备。一是成立演练组织机构。综合应急演练通常应成立演练领导小组，负责演练活动筹备和实施过程中的组织领导工作，审定演练工作方案、演练工作经费、演练评估总结以及其他需要决定的重要事项。演练领导小组下设策划与导调组、演练组、保障组、评估组。根据演练规模大小，其组织机构可进行调整。二是编制文件。包括演练工作方案、演练的脚本、评估方案、保障方案、观摩手册、宣传方案等。每个文件的具体要求按照《生产安全事故应急演练基本规范》执行。演练一般按照应急预案进行，根据工作方案中设定的事故情景和应急预案中规定的程序开展演练工作。演练单位根据需要确定是否编制脚本，如编制脚本，一般采用表格形式。

（3）应急演练实施。一是现场检查。演练前按照预定的方案对涉及的工具、设备、设施、参演人员等情况进行检查，确保情况正常。二是演练简介。应急演练正式开始前，应对参演人员进行情况说明，使其了解应急演练规则、场景及主要内容、岗位职责和注意事项。三是启动。应急演练总指挥宣布开始应急演练，参演单位及人员按照设定的事故情景，参与应急响应行动，直至完成全部演练工作。演练总指挥可根据演练现场情况，决定是否继续或中止演练活动。四是执行。在桌面演练过程中，演练执行人员按照应急预案或应急演练方案发出信息指令后，参演单位和人员依据接收到的信息，回答问题或模拟推演的形式，完成应急处置活动。实战演练应按照应急演练工作方案，开始应急演练，有序推进各个场景，开展现场点评，完成各项应急演练活动，妥善处理各类突发情况，宣布结束与意外终止应急演练。五是演练记录（见参考示例 1）。演练实施过程中，安排专门人员采用文字、照片和音像手段记录演练过程。六是中断。在应急演练实施过程中，出现特殊或意外情况，短时间内不能妥善处理或解决时，应急演练总指挥按照事先规定的程序和指令中断应急演练。七是结束。完成各项演练内容后，参演人员进行人数清点和讲评，演练总指挥宣布演练结束。

（4）应急演练评估总结（见参考示例 2）。一是评估。围绕演练目标和要求，对参演人员表现、演练活动准备及其组织实施过程作出客观评价，并编写演练评估报告。通过评估发现应急预案、应急组织、应急人员、应急机制、应急保障等方面存在的问题或不足，提出改进意见或建议，并总结演练中好的做法和主要优点等。二是总结。应急演练结束后，勘测设计单位应根据演练记录、演练评估报告、应急预案、现场总结材料，对演练进行全面总结，并形成演练书面总结报告。报告可对应急演练准备、策划工作进行简要分析。参与单位也可对本单位的演练情况进行总结。演练总结报告的主要内容包括：演练基本概要，演练发现的问题，取得的经验和教训，应急管理工作建议。应急演练活动结束后，演练组织单位应将应急演练工作方案、应急演练书面评估报告、应急演练总结报告文字资料，以及记录演练实施过程的相关图片、视频、音频资料归档保存。

（5）持续改进。一是应急预案修订完善。根据演练评估报告中对应急预案的改进建议，按程序对预案进行修订完善。二是应急管理工作改进。应急演练结束后，演练组织单位应根据应急演练评估报告、总结报告提出的问题和建议，对应急管理工作（包括应急演练工作）进行持续改进。演练组织单位应督促相关部门和人员，制定整改计划，明确整改目标，制定整改措施，落实整改资金，并跟踪督查整改情况。

3. 参考示例

[参考示例 1]

事故应急预案演练记录表

工程名称：

组织部门		预案名称/编号			
总指挥		演练地点		起止时间	
参加部门及人数					
演练类别	☐桌面演练 ☐功能演练 ☐全面演练 ☐全部预案 ☐部分预案			实际演练部分：	
演练目的、内容：					
演练过程小结：					
演练小结：（成功经验、缺陷和不足）					
整改建议：					
填表人		审核人		填表日期	年 月 日

说明 本表一式__份，由组织演练单位填写，用于归档和备查。

[参考示例 2]

应急演练效果评估报告

一、演练基本情况

演练的组织及承办单位、演练形式、演练模拟的事故名称、发生的时间和地点事故过程的情景描述、主要应急行动等。

二、演练评估过程

演练评估工作的组织实施过程和主要工作安排。

三、演练情况分析

依据演练评估表格的评估结果，从演练的准备及组织实施情况、参演人员表现等方面具体分析好的做法和存在的问题以及演练目标的实现、演练成本效益分析等。

四、改进的意见和建议

对演练评估中发现的问题提出整改的意见和建议。

五、评估结论

对演练组织实施情况的综合评价，并给出优（无差错地完成了所有应急演练内容）、良（达到了预期的演练目标，差错较少）、中（存在明显缺陷，但没有影响实现预期的演练目标）、差（出现了重大错误，演练预期目标受到严重影响，演练被迫中上，造成应急行动延误或资源浪费）等评估结论。

【标准条文】

6.1.6 按 AQ/T 9011 及有关规定定期评估应急预案，根据评估结果及时进行修改和完善，并及时报备。

1. 工作依据

SL 721—2015《水利水电工程施工安全管理导则》

AQ/T 9011—2019《生产经营单位生产安全事故应急预案评估指南》

2. 实施要点

《生产安全事故应急预案管理办法》第三十五条规定：应急预案编制单位应当建立应急预案定期评估制度，对预案内容的针对性和实用性进行分析，并对应急预案是否需要修订作出结论。矿山、金属冶炼、建筑施工企业和易燃易爆物品、危险化学品等危险物品的生产、经营、储存、运输企业、使用危险化学品达到国家规定数量的化工企业、烟花爆竹生产、批发经营企业和中型规模以上的其他生产经营单位，应当每三年进行一次应急预案评估。应急预案评估可以邀请相关专业机构或者有关专家、有实际应急救援工作经验的人员参加，必要时可以委托安全生产技术服务机构实施。第三十六条规定：有下列情形之一的，应急预案应当及时修订并归档：（一）依据的法律、法规、规章、标准及上位预案中的有关规定发生重大变化的；（二）应急指挥机构及其职责发生调整的；（三）安全生产面临的风险发生重大变化的；（四）重要应急资源发生重大变化的；（五）在应急演练和事故应急救援中发现需要修订预案的重大问题的；（六）编制单位认为应当修订的其他情况。

（1）定期评估。勘测设计单位应每年对应急预案内容的适用性进行分析，发现应急预案的问题和不足，对是否需要修订做出结论，并提出修订建议。应急预案评估应做好相应准备工作：明确评估依据，成立评估小组，进行资料收集分析。评估实施过程中应采用资料分析、现场审核、推演论证、人员访谈的方式对应急预案进行评估。

（2）评估对象和内容齐全。应急预案评估的内容应全面，至少应包括以下几个方面：应急预案管理要求、组织机构与职责、主要事故风险、应急资源、应急预案衔接、实施反馈及其他可能对应急预案内容的适用性产生影响的因素。

（3）及时修订完善，并备案。应急预案评估结束后，评估组成员应沟通交流各自评估情况，对照有关规定及相关标准，汇总评估中发现的问题，并形成一致、客观公正的评估组意见，并在此基础上组织撰写评估报告。应急预案编制单位应按评估报告中的意见对应急预案进行修订完善，并重新发布实施。当应急预案内容有实质性调整，需要按规定程序向当地主管部门进行重新备案，并通报相应的应急救援队伍、周边企业等。

3. 参考示例

生产安全事故应急预案评审表见参考示例 1，生产安全事故应急预案评审记录见参考示例 2，生产安全事故应急预案修改专家确认表见参考示例 3。

[参考示例1]

生产安全事故应急预案评审表

评估要素	评 估 内 容	评估方法	评估结果
1. 应急预案管理要求	1.1 梳理《中华人民共和国突发事件应对法》《中华人民共和国安全生产法》《生产安全事故应急条例》等法律法规中的有关新规定和要求，对照评估应急预案中的不符合项	资料分析	是否有不符合项，列出不符合项
	1.2 梳理国家标准、行业标准及地方标准中的有关新规定和要求，对照评估应急预案中的不符合项	资料分析	是否有不符合项，列出不符合项
	1.3 梳理规范性文件中的有关新规定和要求，对照评估应急预案中的不符合项	资料分析	是否有不符合项，列出不符合项
	1.4 梳理上位预案中的有关新规定和要求，对照评估应急预案中的不符合项	资料分析	是否有不符合项，列出不符合项
2. 组织机构与职责	2.1 查阅生产经营单位机构设置、部门职能调整、应急处置关键岗位职责划分方面的文件资料，初步分析本单位应急预案中应急组织机构设置及职责是否合适、是否需要调整	资料分析	根据文件资料，判断组织机构是否合适，列出不合适部分
	2.2 抽样访谈，了解掌握生产经营单位本级、基层单位办公室、生产、安全及其他业务部门有关人员对本部门、本岗位的应急工作职责的意见建议	人员访谈	列出相关人员的建议
	2.3 根据资料分析和抽样访谈情况，结合应急预案中应急组织机构及职责，召集有关职能部门代表，就重要职能进行推演论证，评估值班值守、调度指挥、应急协调、信息上报、舆论沟通、善后回复的职责划分是否清晰，关键岗位职责是否明确，应急组织机构设置及职能分配与业务是否匹配	推演论证	职责划分是否清晰，岗位职责是否明确，机构设置及职能分配与业务是否匹配，列出不符合项
3. 主要事故风险	3.1 查阅生产经营单位风险评估报告，对照生产运行和工艺设备方面有关文件资料，初步分析本单位面临的主要事故风险类型及风险等级划分情况	资料分析	根据相关资料得出的本单位面临的主要事故风险类型及风险等级划分情况
	3.2 根据资料分析情况，前往重点基层单位、重点场所、重点部位查看验证	现场审核	现场查看风险情况
	3.3 座谈研讨，就资料分析和现场查证的情况，与办公室、生产、安全及相关业务部门以及基层单位人员代表沟通交流，评估本单位事故风险辨识是否准确、类型是否合理、等级确定是否科学、防范和控制措施能否满足实际需要，并结合风险情况提出应急资源需求	人员访谈	事故风险辨识是否准确、类型是否合理、等级确定是否科学、防范和控制措施能否满足实际需要，列出不符合项
4. 应急资源	4.1 查阅生产经营单位应急资源调查报告，对照应急资源清单、管理制度及有关文件资料，初步分析本单位及合作区域的应急资源状况	资料分析	根据相关资料得出的本单位及合作区域的应急资源状况
	4.2 根据资料分析情况，前往本单位及合作单位的物资储备库、重点场所，查看验证应急资源的实际储备、管理、维护情况，推演验证应急资源运输的路程路线及时长	现场审核、推演论证	应急资源的实际情况与预案情况是否相符，列出不符合项

续表

评估要素	评估内容	评估方法	评估结果
4. 应急资源	4.3 座谈研讨，就资料分析和现场查证的情况，结合风险评估得出的应急资源需求，与办公室、生产、安全及相关业务部门以及基层单位人员沟通交流，评估本单位及合作区域内现有的应急资源的数量、种类、功能、用途是否发生重大变化，外部应急资源的协调机制、响应时间能否满足实际需求	人员访谈	应急资源是否发生变化，外部应急资源的协调机制、响应时间能否满足实际需求，列出不符合项
5. 应急预案衔接	5.1 查阅上下级单位、有关政府部门、救援队伍及周边单位的相关应急预案，梳理分析在信息报告、响应分级、指挥权移交及警戒疏散工作方面的衔接要求，对照评估应急预案中的不符合项	资料分析	是否有不符合项，列出不符合项
	5.2 座谈研讨，就资料分析的情况，与办公室、生产、安全及相关业务部门、基层单位、周边单位人员沟通交流，评估应急预案在内外部上下衔接中的问题	人员访谈	是否有问题，列出预案衔接中的问题
6. 实施反馈	6.1 查阅生产经营单位应急演练评估报告、应急处置总结报告、监督检查、体系审核及投诉举报方面的文件资料，初步梳理归纳应急预案存在的问题	资料分析	列出存在的问题
	6.2 座谈研讨，就资料分析得出的情况，与办公室、生产、安全及相关业务部门、基层单位人员沟通交流，评估确认应急预案存在的问题	人员访谈	列出座谈中反映的问题
7. 其他	7.1 查阅其他有可能影响应急预案适用性因素的文件资料，对照评估应急预案中的不符合项	资料分析	是否有不符合项，列出不符合项
	7.2 依据资料分析的情况，采取人员访谈、现场审核、推演论证的方式进一步评估确认有关问题	人员访谈、现场审核、推演论证	列出其他有关问题

[参考示例 2]

生产安全事故应急预案评审记录

单位名称			
评审时间		评审地点	
预案类型	综合预案□	专项预案□	现场处置预案□
评审专家组			
序号	姓名	职称	联系电话
1			
⋮			
参加评审人员			
序号	姓名	职称	联系电话
1			
⋮			

续表

专家组评审意见：   专家组组长（签字）： 年 月 日

[参考示例3]

生产安全事故应急预案修改专家确认表

序号	会议纪要中提出的修改意见	是否修改	专家签字
1			
2			
⋮			

说明 在“是否修改”一栏，由专家填写“已修改”或“未修改”。

【标准条文】

6.1.7 配合项目法人进行在建工程应急管理。

1. 工作依据

SL 721—2015《水利水电工程施工安全管理导则》

2. 实施要点

勘测设计单位作为工程参建单位之一，在应急管理方面应协助项目法人做好以下工作：参与在建项目的风险评估，协助撰写评估报告；参与应急预案评审，积极建言献策；参加项目法人应急组织机构和应急救援队伍，如遇险情履行相应应急职责。

3. 参考示例

无。

第二节 应 急 处 置

【标准条文】

6.2.1 发生事故后，启动相关应急预案，报告事故，采取应急处置措施，开展事故救援，必要时寻求社会支援。

1. 工作依据

《安全生产法》(2021年修订)

《生产安全事故报告和调查处理条例》（国务院令第 493 号）

《水利工程建设安全生产管理规定》（水利部令第 26 号，2019 年修订）

《水利部关于进一步加强水利安全生产应急管理提高生产安全事故应急处置能力的通知》（水安监〔2014〕19 号）

2. 实施要点

《安全生产法》第五十条规定：生产经营单位发生生产安全事故时，单位的主要负责人应当立即组织抢救，并不得在事故调查处理期间擅离职守。第八十三条规定：生产经营单位发生生产安全事故后，事故现场有关人员应当立即报告本单位负责人。单位负责人接到事故报告后，应当迅速采取有效措施，组织抢救，防止事故扩大，减少人员伤亡和财产损失，并按照国家有关规定立即如实报告当地负有安全生产监督管理职责的部门，不得隐瞒不报、谎报或者迟报，不得故意破坏事故现场、毁灭有关证据。

（1）启动应急预案。发生生产安全事故后，勘测设计单位应根据事故类型，启动相应应急预案，并根据事故的严重程度确定响应级别，按规定的报告内容、时限等上报相应责任单位和责任人员，及时接收相关指令。同时及时开展事故救援。

（2）及时采取应急处置措施。事故现场应及时采取警戒疏散、人员搜救、医疗救治、现场监测、技术支持、工程抢险及环境保护方面的应急处置措施，并采取救援人员的防护措施。

3. 参考示例

无。

【标准条文】

6.2.2 采取有效措施，防止事故扩大，并保护事故现场及有关证据。

1. 工作依据

《安全生产法》（2021 年修订）

《生产安全事故报告和调查处理条例》（国务院令第 493 号）

《水利工程建设安全生产管理规定》（水利部令第 26 号，2019 年修订）

《水利部关于进一步加强水利安全生产应急管理提高生产安全事故应急处置能力的通知》（水安监〔2014〕19 号）

2. 实施要点

（1）采取有力抢救措施，防止事故扩大。发生生产安全事故后，勘测设计单位应当立即启动生产安全事故应急救援预案，采取下列一项或者多项应急救援措施，并按照国家有关规定报告事故情况。

1）迅速控制危险源，组织抢救遇险人员。

2）根据事故危害程度，组织现场人员撤离或者采取可能的应急措施后撤离。

3）及时通知可能受到事故影响的单位和人员。

4）采取必要措施，防止事故危害扩大和次生、衍生灾害发生。

5）根据需要请求邻近的应急救援队伍参加救援，并向参加救援的应急救援队伍提供相关技术资料、信息和处置方法。

6）维护事故现场秩序，保护事故现场和相关证据。

7）法律、法规规定的其他应急救援措施。

（2）有效保护现场证据。发生生产安全事故后，勘测设计单位应当采取措施防止事故扩大，保护事故现场。需要移动现场物品时，应当做出标记和书面记录，妥善保管有关证物。

3. 参考示例

无。

【标准条文】

6.2.3 应急救援结束后，应尽快完成善后处理，环境清理、监测等工作。

1. 工作依据

《安全生产法》（2021年修订）

《生产安全事故报告和调查处理条例》（国务院令第493号）

《水利工程建设安全生产管理规定》（水利部令第26号，2019年修订）

《水利部关于进一步加强水利安全生产应急管理提高生产安全事故应急处置能力的通知》（水安监〔2014〕19号）

2. 实施要点

事故应急处置结束后，勘测设计单位应立即组织对事故的善后进行处理，清理因事故引发的环境影响，并根据事故原因、类型及产生的后果，采取必要技术措施进行监测，防止损失进一步扩大。

3. 参考示例

无。

第三节 应 急 评 估

【标准条文】

6.3.1 勘测设计单位每年应进行一次应急准备工作的总结评估。险情或事故应急处置结束后，应对应急处置工作进行总结评估。

1. 工作依据

《生产安全事故应急预案管理办法》（应急管理部令 第2号）

SL 721—2015《水利水电工程施工安全管理导则》

2. 实施要点

（1）应急准备工作总结评估。勘测设计单位应每年对应急管理情况进行总结评估，内容应包括制度建设，应急预案体系制修订，应急组织机构、队伍人员，应急培训，应急演练，应急设施、装备、物资，应急救援及应急管理存在的问题、下年度应急管理计划等，并形成应急管理总结评估报告。

（2）应急处置工作总结评估。事故应急处置结束后，勘测设计单位应认真分析总结应急处置的经验教训，并提出改进工作的建议，对包括企业应急预案在内的所有应急管理制度（体系）中存在的问题提出相应修改意见，并据此编制应急处置报告。

3. 参考示例

无。

第九章 事 故 管 理

第一节 事 故 报 告

【标准条文】

7.1.1 事故管理制度应明确事故报告（包括程序、责任人、时限、内容等）、调查和处理等内容（包括事故调查、原因分析、纠正和预防措施、责任追究、统计与分析等），应将造成人员伤亡（轻伤、重伤、死亡等人身伤害和急性中毒）、财产损失（含未遂事故）和较大涉险事故纳入事故调查和处理范畴。

7.1.2 发生事故后按照有关规定及时、准确、完整地向有关部门报告，事故报告后出现新情况时，应当及时补报。

1. 工作依据

《安全生产法》（2021年修订）

《特种设备安全法》（主席令第四号）

《生产安全事故报告和调查处理条例》（国务院令第493号）

《生产安全事故罚款处罚规定（试行）》（2015年修正）

《水利工程建设安全生产管理规定》（水利部令第26号，2019年修订）

《水利安全生产信息报告和处置规则》（水监督〔2022〕156号）

2. 实施要点

（1）制度编制。为规范生产安全事故管理工作，勘测设计单位应根据相关法律法规，建立事故管理制度。在制度中应明确事故报告、事故调查和处理等内容。制度编制时需要注意以下几方面的内容：

1）制度内容应合规。在安全生产相关法规中，对生产安全事故管理提出了明确的规定，如事故报告的时限、报告的程序，事故调查与处理的要求等。勘测设计单位所制定事故管理制度不得出现与相关法律法规相违背的内容。

2）制度要素应齐全。制度中的要素应涵盖评审标准中所要求的各个要素，即包括事故管理工作所需开展的全部内容：事故报告的程序、责任人、时限、内容，事故调查、原因分析、纠正和预防措施、责任追究、统计与分析等。

3）事故管理的范围包括造成人员伤亡（轻伤、重伤、死亡等人身伤害和急性中毒）、财产损失（含未遂事故）和较大涉险事故等。

（2）事故报告。事故报告具体分为两种情况：一是发生《生产安全事故报告和调查处理条例》《水利安全生产信息报告和处置规则》中的事故类型，应当按照国家及行业部门相关要求向有关部门进行报告；二是除上述类型以外的事故，如轻伤事故或者直接经济损失小于100万元的事故，生产经营单位应当按制度要求履行内部报告程序。

《安全生产法》第二十一条规定：生产经营单位的主要负责人应及时、如实报告生产安全事故。发生生产安全事故后，勘测设计单位及从业人员应按规定进行报告：一是不得迟报、谎报或者瞒报事故；二是应按规定的程序和内容进行报告。

《生产安全事故罚款处罚规定（试行）》中明确《生产安全事故报告和调查处理条例》中所称的迟报、漏报、谎报和瞒报，依照下列情形认定：（一）报告事故的时间超过规定时限的，属于迟报；（二）因过失对应当上报的事故或者事故发生的时间、地点、类别、伤亡人数、直接经济损失等内容遗漏未报的，属于漏报；（三）故意不如实报告事故发生的时间、地点、初步原因、性质、伤亡人数和涉险人数、直接经济损失等有关内容的，属于谎报；（四）隐瞒已经发生的事故，超过规定时限未向安全监管监察部门和有关部门报告，经查证属实的，属于瞒报。

《生产安全事故报告和调查处理条例》规定：

第四条　事故报告应当及时、准确、完整，任何单位和个人对事故不得迟报、漏报、谎报或者瞒报。

第九条　事故发生后，事故现场有关人员应当立即向本单位负责人报告；单位负责人接到报告后，应当于1小时内向事故发生地县级以上人民政府安全生产监督管理部门和负有安全生产监督管理职责的有关部门报告。情况紧急时，事故现场有关人员可以直接向事故发生地县级以上人民政府安全生产监督管理部门和负有安全生产监督管理职责的有关部门报告。

第十二条　报告事故应当包括下列内容：

（一）事故发生单位概况；

（二）事故发生的时间、地点以及事故现场情况；

（三）事故的简要经过；

（四）事故已经造成或者可能造成的伤亡人数（包括下落不明的人数）和初步估计的直接经济损失；

（五）已经采取的措施；

（六）其他应当报告的情况。

第十三条　事故报告后出现新情况的，应当及时补报。

自事故发生之日起30日内，事故造成的伤亡人数发生变化的，应当及时补报。道路交通事故、火灾事故自发生之日起7日内，事故造成的伤亡人数发生变化的，应当及时补报。

《水利安全生产信息报告和处置规则》关于事故上报规定。

四、事故信息

水利生产安全事故信息包括生产安全事故和较大涉险事故信息。

水利生产安全事故信息报告包括：事故文字报告、事故快报、事故月报和事故调查处理情况报告。

文字报告包括：事故发生单位概况，发生时间、地点以及现场情况，简要经过，已经造成或者可能造成的伤亡人数（包括下落不明、涉险的人数）和初步估计的直接经济损失，已经采取的措施，其他应当报告的情况。文字报告按规定直接向水利部监督司报告（报告格式见附件2）。

事故快报包括：事故发生单位的名称、地址、性质；事故发生的时间、地点；事故已经造成或者可能造成的伤亡人数（包括下落不明、涉险的人数）。事故快报按规定直接向水利部监督司报告。

事故月报包括：事故发生时间、事故单位名称和类型、事故工程、事故类别、事故等级、死亡人数、重伤人数、直接经济损失、事故原因、事故简要情况等。

事故调查处理情况报告包括：负责事故调查的人民政府批复的事故调查报告、事故责任人处理情况等。

（一）信息报告

1. 水利生产安全事故等级划分按《生产安全事故报告和调查处理条例》第三条执行。

2. 较大涉险事故包括：涉险10人及以上的事故；造成3人及以上被困或者下落不明的事故；紧急疏散人员500人及以上的事故；危及重要场所和设施安全（电站、重要水利设施、危化品库、油气田和车站、码头、港口、机场及其他人员密集场所等）的事故；其他较大涉险事故。

3. 事故信息除事故快报、文字报告和信息系统月报外，还应依据有关法规规定，向有关政府及相关部门报告。

4. 事故发生单位事故信息报告时限和方式。事故发生后，事故现场有关人员应当立即向本单位负责人报告；单位负责人接到报告后，在1小时内向主管单位和事故发生地县级以上水行政主管部门报告。其中，水利工程建设项目事故发生单位应立即向项目法人（项目部）负责人报告，项目法人（项目部）负责人应于1小时内向主管单位和事故发生地县级以上水行政主管部门报告。

部直属单位发生的生产安全事故信息，在报告主管单位同时，应于1小时内向事故发生地县级以上水行政主管部门报告。

情况紧急时，事故现场有关人员可以直接向事故发生地县级以上水行政主管部门报告。

5. 水行政主管部门事故信息报告时限和方式。水行政主管部门接到事故发生单位的事故信息报告后，对特别重大、重大、较大和造成人员死亡的一般事故以及较大涉险事故信息，应当逐级上报至水利部。逐级上报事故情况，每级上报的时间不得超过2小时。

部直属单位发生的生产安全事故信息，应当逐级报告水利部。每级上报的时间不得超过2小时。

情况紧急时，水行政主管部门可以越级上报。

6. 水行政主管部门事故信息快报时限和方式。发生人员死亡的一般事故的，县级以上水行政主管部门接到报告后，在逐级上报的同时，应当在1小时内快报省级水行政主管部门，随后补报事故文字报告。省级水行政主管部门接到报告后，应当在1小时内快报水利部，随后补报事故文字报告。

地方水行政主管部门接到发生较大事故的报告，应在事故发生1小时内快报、2小时内书面报告水利部监督司；特别重大事故、重大事故，应力争在20分钟内快报、40分钟内书面报告水利部监督司。

部直属单位（工程）发生的生产安全事故信息，在逐级报告的同时，其中较大事故、有人员死亡的一般事故，应在事故发生1小时内快报、2小时内书面报告水利部监督司；特别重大事故、重大事故，应力争在20分钟内快报、40分钟内书面报告水利部监督司。

7. 对于不能立即认定为生产安全事故的，应当先按照本办法规定的信息报告内容、时限和方式报告，其后根据负责事故调查的人民政府批复的事故调查报告，及时补报有关事故定性和调查处理结果。

8. 事故报告后出现新情况，或事故发生之日起30日内（道路交通、火灾事故自发生之日起7日内）人员伤亡情况发生变化的，应当在变化当日及时补报。

9. 事故月报报告时限和方式。水利生产经营单位、部直属单位应当通过信息系统将上月本单位发生的造成人员死亡、重伤（包括急性工业中毒）或者直接经济损失在100万元以上的水利生产安全事故和较大涉险事故情况逐级上报至水利部。省级水行政主管部门、各流域管理机构须于每月6日前，将事故月报通过信息系统报水利部监督司。

事故月报实行“零报告”制度，当月无生产安全事故也要按时报告。

10. 水利生产安全事故和较大涉险事故的信息报告应当及时、准确和完整。任何单位和个人对事故不得迟报、漏报、谎报和瞒报。

3. 参考示例

事故情况表见参考示例1，生产安全事故月报表见参考示例2，生产安全事故快报表见参考示例3。

[参考示例1]

事 故 情 况 表

填报单位：（盖章） 填报时间： 年 月 日

<table>
<tr><td>事故发生时间</td><td></td><td>事故发生地点</td><td></td></tr>
<tr><td rowspan="5">事故单位</td><td colspan="2">名称</td><td></td></tr>
<tr><td colspan="2">类型</td><td></td></tr>
<tr><td colspan="2">主要负责人</td><td></td></tr>
<tr><td colspan="2">联系方式</td><td></td></tr>
<tr><td colspan="2">上级主管部门（单位）</td><td></td></tr>
<tr><td rowspan="7">事故工程概况</td><td colspan="2">名称</td><td></td></tr>
<tr><td colspan="2">开工时间</td><td></td></tr>
<tr><td colspan="2">工程规模</td><td></td></tr>
<tr><td rowspan="2">项目法人</td><td>名称</td><td></td></tr>
<tr><td>上级主管部门</td><td></td></tr>
<tr><td rowspan="2">设计单位</td><td>名称</td><td></td></tr>
<tr><td>资质</td><td></td></tr>
</table>

续表

事故发生时间		事故发生地点	
事故工程概况	施工单位	名称	
		资质	
	监理单位	名称	
		资质	
	竣工验收时间		
	投入使用时间		
伤亡人员基本情况			
事故简要经过			
事故已经造成和可能造成的伤亡人数，初步估计事故造成的直接经济损失			
事故抢救进展情况和采取的措施			
其他有关情况			

填报说明：

一、事故单位类型填写：1. 水利工程建设；2. 水利工程管理；3. 小水电站及配套电网建设与运行；4. 水文测验；5. 水利工程勘测设计；6. 水利科学研究实验与检验；7. 后勤服务和综合经营；8. 其他。非水利系统事故单位，应予以注明。

二、事故不涉及水利工程的，工程概况不填。

［参考示例 2］

生产安全事故月报表

填报单位：（盖章）　　　　　　　　　　　　填报时间：　　年　月　日

序号	事故发生时间	发生事故单位		事故工程	事故类别	事故级别	死亡人数	重伤人数	直接经济损失	事故原因	事故简要情况
		名称	类型								

单位负责人签章：　　　　　　　　　　部门负责人签章：　　　　　　　　　　制表人签章：

填表说明：

一、事故单位类型填写：1. 水利工程建设；2. 水利工程管理；3. 农村水电站及配套电网建设与运行；4. 水文测验；5. 水利工程勘测设计；6. 水利科学研究实验与检验；7. 后勤服务和综合经营；8. 其他。非水利系统事故单位，应予以注明。

二、事故不涉及工程的，该栏填无。

三、事故类别填写内容为：1. 物体打击；2. 提升、车辆伤害；3. 机械伤害；4. 起重伤害；5. 触电；6. 淹溺；7. 灼烫；8. 火灾；9. 高处坠落；10. 坍塌；11. 冒顶片帮；12. 透水；13. 放炮；14. 火药爆炸；15. 瓦斯煤层爆炸；16. 其他爆炸；17. 容器爆炸；18. 煤与瓦斯突出；19. 中毒和窒息；20. 其他伤害。可直接填写类别代号。

四、重伤事故按照 GB 6441—86《企业职工伤亡事故分类标准》和 GB/T 15499—1995《事故伤害损失工作日标准》定性。

五、直接经济损失按照 GB 6721—86《企业职工伤亡事故经济损失统计标准》确定。

六、本月无事故，应在表内填写“本月无事故”。

[参考示例3]

生产安全事故快报表

工程名称		事故地点		事故发生时间	
建设单位		单位负责人		手机号码	
作业单位		单位负责人		手机号码	
事故单位概况					
事故现场情况					
事故经过简述					
已造成或者可能造成的伤亡人数（包括下落不明人数）					
直接经济损失（初步估计）					
已经采取的措施					
其他					
填表人		填报单位	（全称及盖章）		

第二节 事故调查和处理

【标准条文】

7.2.1 发生事故后，采取有效措施，防止事故扩大，并保护事故现场及有关证据。

7.2.2 事故发生后按照有关规定，组织事故调查组对事故进行调查，查明事故发生的时间、经过、原因、波及范围、人员伤亡情况及直接经济损失等。事故调查组应根据有关证据、资料，分析事故的直接、间接原因和事故责任，提出应吸取的教训、整改措施和处理建议，编制事故调查报告。

7.2.3 事故发生后，由有关人民政府组织事故调查的，应积极配合开展事故调查。

7.2.4 按照“四不放过”的原则进行事故处理。

7.2.5 做好事故善后工作。

1. 工作依据

《安全生产法》（2021年修订）

《特种设备安全法》（主席令第四号）

《生产安全事故报告和调查处理条例》（国务院令第493号）

《〈生产安全事故报告和调查处理条例〉罚款处罚暂行规定》（安监总局令第13号）

SL 721—2015《水利水电工程施工安全管理导则》

2. 实施要点

（1）事故现场处置。发生生产安全事故后，勘测设计单位的主要负责人应立即启动相应级别的应急预案，并组织进行救援。

《安全生产法》第五十条规定：生产经营单位发生生产安全事故时，单位的主要负责人应当立即组织抢救，并不得在事故调查处理期间擅离职守。第八十三条规定：生产经营单位发生生产安全事故后，事故现场有关人员应当立即报告本单位负责人。单位负责人接到事故报告后，应当迅速采取有效措施，组织抢救，防止事故扩大，减少人员伤亡和财产损失，并按照国家有关规定立即如实报告当地负有安全生产监督管理职责的部门，不得隐瞒不报、谎报或者迟报，不得故意破坏事故现场、毁灭有关证据。

《特种设备安全法》第七十条规定：特种设备发生事故后，事故发生单位应当按照应急预案采取措施，组织抢救，防止事故扩大，减少人员伤亡和财产损失，保护事故现场和有关证据，并及时向事故发生地县级以上人民政府负责特种设备安全监督管理的部门和有关部门报告。

《生产安全事故报告和调查处理条例》第十四条规定：事故发生单位负责人接到事故报告后，应当立即启动事故相应应急预案，或者采取有效措施，组织抢救，防止事故扩大，减少人员伤亡和财产损失。

（2）事故调查。发生等级生产安全事故后，由有关人民政府负责调查的，勘测设计单位应积极配合开展事故调查。发生事故后勘测设计单位除配合政府部门开展事故调查处理外，还应按照企业内部事故调查制度，开展调查工作并编制事故调查报告。调查的程序及工作要求可参照《生产安全事故报告和调查处理条例》有关要求。

1）事故调查的原则。《生产安全事故报告和调查处理条例》第四条规定：事故调查处理应当坚持实事求是、尊重科学的原则，及时、准确地查清事故经过、事故原因和事故损失，查明事故性质，认定事故责任，总结事故教训，提出整改措施，并对事故责任者依法追究责任。

2）事故调查的权限。《生产安全事故报告和调查处理条例》第十九条规定：特别重大事故由国务院或者国务院授权有关部门组织事故调查组进行调查。重大事故、较大事故、一般事故分别由事故发生地省级人民政府、设区的市级人民政府、县级人民政府负责调查。省级人民政府、设区的市级人民政府、县级人民政府可以直接组织事故调查组进行调查，也可以授权或者委托有关部门组织事故调查组进行调查。未造成人员伤亡的一般事故，县级人民政府也可以委托事故发生单位组织事故调查组进行调查。

3）事故调查组的职责。《生产安全事故报告和调查处理条例》第二十五条规定：事故调查组履行下列职责：（一）查明事故发生的经过、原因、人员伤亡情况及直接经济损失；（二）认定事故的性质和事故责任；（三）提出对事故责任者的处理建议；（四）总结事故教训，提出防范和整改措施；（五）提交事故调查报告。

4）事故调查报告的内容。《生产安全事故报告和调查处理条例》第三十条规定：事故调查报告应当包括下列内容：（一）事故发生单位概况；（二）事故发生经过和事故救援情况；（三）事故造成的人员伤亡和直接经济损失；（四）事故发生的原因和事故性质；（五）事故责任的认定以及对事故责任者的处理建议；（六）事故防范和整改措施。事故调查报告应当附具有关证据材料。事故调查组成员应当在事故调查报告上签名。

（3）处理原则。发生生产安全事故后，按照“四不放过”的原则对相关责任人进行处理。

《安全生产法》第八十七条规定：生产经营单位发生生产安全事故，经调查确定为责任事故的，除了应当查明事故单位的责任并依法予以追究外，还应当查明对安全生产的有关事项负有审查批准和监督职责的行政部门的责任，对有失职、渎职行为的，依照本法第九十条的规定追究法律责任。

《生产安全事故报告和调查处理条例》规定：

第三十二条 有关机关应当按照人民政府的批复，依照法律、行政法规规定的权限和程序，对事故发生单位和有关人员进行行政处罚，对负有事故责任的国家工作人员进行处分。事故发生单位应当按照负责事故调查的人民政府的批复，对本单位负有事故责任的人员进行处理。负有事故责任的人员涉嫌犯罪的，依法追究刑事责任。

第三十三条 事故发生单位应当认真吸取事故教训，落实防范和整改措施，防止事故再次发生。防范和整改措施的落实情况应当接受工会和职工的监督。

《国务院关于进一步加强安全生产工作的决定》规定：认真查处各类事故，坚持事故原因未查清不放过、责任人员未处理不放过、整改措施未落实不放过、有关人员未受到教育不放过的“四不放过”原则，不仅要追究事故直接责任人的责任，同时要追究有关负责人的领导责任。

（4）善后工作。发生生产安全事故后，勘测设计单位应依法做好伤亡人员的善后工作，安排好受影响人员的生活，做好损失的补偿。

3. 参考示例

无。

第三节 事故档案管理

【标准条文】

7.3.1 建立完善的事故档案和事故管理台账，并定期按照有关规定对事故进行统计分析。

1. 工作依据

《安全生产法》（2021年修订）

《生产安全事故报告和调查处理条例》（国务院令第493号）

《水利安全生产信息报告和处置规则》（水监督〔2022〕156号）

2. 实施要点

勘测设计单位应建立事故档案和事故管理台账，定期对事故进行统计分析。水利行业事故月报实行“零报告”制度，当月无生产安全事故也要按时报告。

《水利安全生产信息报告和处置规则》规定：水利生产经营单位、部直属单位应当通过信息系统将上月本单位发生的造成人员死亡、重伤（包括急性工业中毒）或者直接经济损失在100万元以上的水利生产安全事故和较大涉险事故情况逐级上报至水利部。省级水行政主管部门、各流域管理机构须于每月6日前，将事故月报通过信息系统报水利部监督司。事故月报实行“零报告”制度，当月无生产安全事故也要按时报告。水利生产安全事故和较大涉险事故的信息报告应当及时、准确和完整。任何单位和个人对事故不得迟报、漏报、谎报和瞒报。

3. 参考示例

事故文字报告，请参考第九章第一节示例事故情况表。

生产安全事故月报表、生产安全事故快报表请参考九章第一节示例生产安全事故月报表、生产安全事故快报表。

生产安全事故记录表见参考示例 1，生产安全事故登记表见参考示例 2。

[参考示例 1]

生产安全事故记录表

事故名称			发生时间		地点		
事故类别		人员伤害情况		直接经济损失			
事故调查组长		成员				结案日期	
事故概况							
事故调查处理情况							
填表人		审核人		填表日期			

说明 本表一式__份，由事故发生单位填写，用于归档和备查。

[参考示例 2]

生产安全事故登记表

年度：

序号	事故日期	事故类别	事故原因	事故地点	事故伤害/人			直接经济损失/万元	结案日期	备注
					死亡	重伤	轻伤			
填表人				项目负责人				填写日期		

第十章　持　续　改　进

安全生产标准化的持续改进工作，是指安全生产标准化体系建立并运行后，应根据运行过程中发现的问题，对管理体系进行持续的更新、完善和改进。持续改进工作一般包括两个阶段：一是安全生产标准化创建过程中，对管理体系进行持续改进，以达到标准化管理效果；二是通过安全生产标准化达标审核后，对管理体系进行的持续改进。

第一节　绩　效　评　定

勘测设计单位应每年开展安全生产标准化绩效评定工作，以检验工作取得的效果、发现存在的问题并加以改进。

【标准条文】

8.1.1　勘测设计单位的安全生产标准化绩效评定制度应明确评定的组织、时间、人员、内容与范围、方法与技术、报告与分析等要求，并以正式文件发布实施。

8.1.2　勘测设计单位应每年至少组织一次安全标准化实施情况的检查评定，验证各项安全生产制度措施的适宜性、充分性和有效性，检查安全生产管理工作目标、指标的完成情况，提出改进意见，形成评定报告。发生生产安全责任死亡事故后，应重新进行评定，全面查找安全生产标准化管理体系中存在的缺陷。

8.1.3　评定报告以正式文件印发，向所有部门、所属单位通报安全标准化工作评定结果。

8.1.4　将安全生产标准化自评结果，纳入单位年度绩效考评。

8.1.5　落实安全生产报告制度，定期向有关部门报告安全生产情况，并公示。

1. 工作依据

《国务院安全生产委员会关于加强企业安全生产诚信体系建设的指导意见》（安委〔2014〕8号）

《国家安全监管总局关于印发企业安全生产责任体系五落实五到位规定的通知》（安监总办〔2015〕27号）

2. 实施要点

（1）基本概念。安全生产绩效是指根据安全生产和职业卫生目标，在安全生产、职业卫生等工作方面取得的可测量结果。能够帮助生产经营单位识别安全生产工作的改进区域，是建立安全生产标准化工作自我改进机制的重要环节。安全生产标准化绩效评定制度应明确评定的组织、时间、人员、内容与范围、方法与技术、报告与分析等要求。

（2）工作要求。勘测设计单位每年至少开展一次检查评定，验证各项安全生产制度措施的适宜性、充分性和有效性，检查安全生产工作目标、指标的完成情况。

对于处于创建期的勘测设计单位，需要在创建周期内开展检查评定工作，如建设周期大于1年的，应至少每年开展一次，以验证创建过程的成果；对于已经通过达标创建的单位，应至少每年开展一次自评活动，并向水利安全生产标准化评审组织单位报送自评结果。

勘测设计单位及其项目（经事故调查被认定有责任的）发生生产安全事故，应重新进行安全绩效评定，全面查找安全生产标准化管理体系中存在的缺陷。

（3）自评报告。勘测设计单位的自评报告，应以正式文件形式印发至各部门、各所属单位，使全员对企业的安全生产标准化体系运行情况得以全面的了解，认识到工作中的不足并加以改进。

（4）绩效考核。勘测设计单位的绩效考核指标体系中应将安全生产标准化建设纳入其中，将绩效评定的结果作为每年对相关部门、所属单位和人员进行考核、奖惩的依据。

（5）落实安全生产报告制度。《企业安全生产责任体系五落实五到位规定》要求生产经营单位必须落实安全生产报告制度，定期（一般为每年）向董事会、业绩考核部门报告安全生产情况，并向社会公示。

《国务院安全生产委员会关于加强企业安全生产诚信体系建设的指导意见》规定，生产经营单位应建立安全生产承诺制度。重点承诺内容：一是严格执行安全生产、职业病防治、消防等各项法律法规、标准规范，绝不非法违法组织生产；二是建立健全并严格落实安全生产责任制度；三是确保职工生命安全和职业健康，不违章指挥，不冒险作业，杜绝生产安全责任事故；四是加强安全生产标准化建设和建立隐患排查治理制度；五是自觉接受安全监管监察和相关部门依法检查，严格执行执法指令。

负有安全监督管理的部门、行业主管部门要督促企业向社会和全体员工公开安全承诺，接受各方监督。企业也要结合自身特点，制定明确各个层级一直到区队班组岗位的双向安全承诺事项，并签订和公开承诺书。

同时还要建立安全生产诚信报告和执法信息公示制度。生产经营单位定期向安全监管监察部门或行业主管部门报告安全生产诚信履行情况，重点包括落实安全生产责任和管理制度、安全投入、安全培训、安全生产标准化建设、隐患排查治理、职业病防治和应急管理等方面的情况。各有关部门要在安全生产行政处罚信息形成之日起20个工作日内向社会公示，接受监督。

3. 参考示例

[参考示例]

安全标准化绩效评定管理制度

第一章 总 则

第一条 为评估公司安全生产标准化实施效果，不断提高公司安全生产绩效，制定本制度。

第二条 本制度适用于公司安全生产标准化实施所涉及的所有活动过程。

第三条 绩效评定

安全生产标准化绩效评定是通过检查工作记录、检查现场、打分、交流、座谈和比对等方法，进行系统的评估与分析，依据《水利水电勘测单位安全生产标准化评审规程》进行打分，最后得出可量化的绩效指标。公司安委会每年末组织一次安全生产标准化实施情况的检查评定，验证各项安全生产制度措施的适宜性、充分性和有效性，检查安全生产工作目标、指标的完成情况。

第四条 持续改进

公司根据安全生产标准化绩效评定结果和安全生产预测预警系统所反映的趋势，客观分析本单位安全生产标准化管理体系的运行质量，及时调整完善相关规章制度和过程管控，不断提高安全生产绩效。

第二章 工 作 职 责

第五条 绩效评定工作组及其办公室

成立绩效评定工作组，组长由公司董事长和总经理担任。工作组组成如下：

组长：董事长、总经理

副组长：主管安全领导

成员：公司各部门负责人、各项目部负责人。

安全生产标准化绩效评定工作组下设办公室，办公室设在工程管理部。

第六条 绩效评定工作组及其成员职责

（一）工作组

负责按照制定的绩效评定计划组织实施绩效评定工作；负责检查安全生产标准化的实施情况，并对绩效评定过程中发现的问题，制定纠正、预防措施，落实公司相关部门对安全生产标准化实施情况的考核；负责将安全生产标准化工作评定结果向从业人员进行通报；负责将绩效评定有关资料存档管理。

（二）组长

对安全生产标准化绩效评定工作全面负责；领导安全生产标准化绩效评定工作。

（三）副组长

协助组长督促落实安全生产标准化绩效评定工作；审核安全生产标准化评定计划；组织安全生产标准化绩效评定考核工作。

（四）成员

参与安全生产标准化绩效评定工作中所遇各种问题的研究和讨论，提出解决问题的对策和措施；收集、提供安全生产标准化评定工作所需的有关信息和资料。

第七条 工作组办公室职责

（一）负责编制安全标准化绩效评定管理制度，明确安全生产目标完成情况、现场安全状况与标准化条款的符合情况及安全管理实施计划落实情况的评估方法、组织、周期、过程、报告与分析等要求；

（二）负责组织编制、审核安全生产标准化绩效评定计划和安全生产标准化绩效评定报告；

（三）根据安全生产标准化绩效评定会议的有关决议，督促制定纠正、预防措施，并组织对实施的效果进行跟踪验证；

（四）将安全生产标准化评定情况进行收集、整理和通报；

（五）对安全生产标准化实施情况进行指导、检查和考核；

（六）对上报的安全生产标准化绩效评定资料进行归档管理。

第三章 工 作 要 求

第八条 评定计划和实施方案

（一）工程管理部每年年末制定下一年度评定工作计划，经公司董事长批准后，以文件形式发布实施。

（二）每次评定前，工程管理部依据评定工作计划制定具体的实施方案。评定实施方案包含以下内容：

1. 评定目的、范围、依据、程序、时间和方法；

2. 评定的主要项目内容（安全生产标准化评审八个要素）；

3. 评定组人员构成及分工；

4. 其他特殊情况说明。

第九条 评定实施

（一）首次会议

安全标准化绩效评定组召开首次会议，标志着评定工作的开始，会议应明确下列事项：

1. 介绍评定组与受评定项目部的有关情况，并建立相互联系的方式和沟通渠道；

2. 明确评定的目的、范围、依据、程序、时间和方法；

3. 澄清评定工作安排中有关不明确的内容；

4. 其他有关的必要事项。

（二）现场评定

现场评定按照《水利水电勘测单位安全生产标准化评审规程》所列内容进行。

评定人员应通过检查文件/记录、现场查看有关方面的工作及其现状等多种方式来收集证据。

评定人员将评定情况如实、完整地填入“评定检查表”中。当发现违反法律、法规、规章制度及相关标准的情况时，必须得到受评审单位相关人员的确认。

（三）末次会议

评定工作组召开末次会议，向受评定单位通报评定结果，提出不符合项的整改要求和建议，并解答不明确事项。

第十条 问题整改

评定工作组在评定结束后将评定中发现的问题整理后发送至责任部门。责任部门制定纠正问题的措施计划并限期整改。

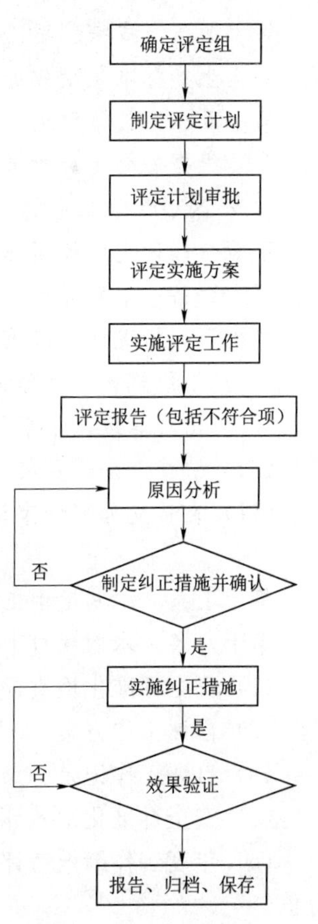

图 1 评定工作流程图

第十一条 评定报告

（一）评定工作组依据评定结果编写《公司年度绩效自评

报告》，经公司董事长组织审议批准后以正式文件发布，并告知相关责任部门。

（二）评定报告的内容：

1. 单位概况

2. 安全生产管理状况

3. 基本条件的符合情况

4. 自主评定工作开展情况

5. 安全生产标准化自评打分表

6. 发现的主要问题、整改计划和措施、整改情况

7. 自主评定结果

第十二条 绩效评定问题整改情况的跟踪、验证

工程管理部负责对改进/变更或纠正/预防措施的实施情况跟踪、检查、验证、记录，并负责向主管安全领导报告。对于纠正效果不符合要求的，应重新制定纠正预防措施，经审批后组织实施。

第十三条 评定记录与归档

公司依据有关安全生产记录文件及档案管理制度，对绩效评定记录进行整理、归档、保存，建立台账。

第十四条 成果应用

安全生产标准化绩效评定结果，纳入公司年度安全生产绩效考核。

第十五条 持续改进

公司根据安全生产标准化的评定结果，制定持续改进计划，修订和完善记录。组织制定完善安全生产标准化的工作计划和措施，实施计划、执行、检查、改进（PDCA）循环，不断持续改进，提高安全绩效。

第十六条 重新评定

发生下列情况时，应重新进行评定，全面查找安全生产标准化管理体系中的缺陷：

（一）组织机构、管理体系、业务范围发生重大变化；

（二）出现等级以上事故；

（三）法律、法规及其他外部要求的重大变更；

（四）在接受外部评审认定之前。

第四章 附 则

第十七条 本制度由工程管理部归口并解释。

第十八条 本制度自下发之日施行。

（1）安全标准化检查评定工作的通知。

（2）自评工作方案。

（3）自评工作记录。

（4）安全标准化绩效评定报告，并以正式文件印发。

（5）年度工作绩效考评资料，应当将安全生产标准化工作纳入考评范围，并赋予合理分值。

（6）绩效考评兑现资料，如考评结果通报、财务支出台账等。

（7）安全生产报告及公示资料。

第二节 持 续 改 进

安全生产标准化建设工作始终处于持续改进的状态，以不断提升安全生产管理水平。

【标准条文】

8.2.1 根据安全生产标准化绩效评定结果和安全生产预测预警系统所反映的趋势，客观分析本单位安全生产标准化管理体系的运行质量，及时调整完善相关规章制度、操作规程和过程管控，不断提高安全生产绩效。

1. 工作依据

《关于印发水利行业开展安全生产标准化建设实施方案的通知》（水安监〔2011〕346号）

《水利安全生产标准化评审管理暂行办法》（水安监〔2013〕189号）

2. 实施要点

持续改进的核心内涵是企业全领域、全过程、全员参与安全生产管理，坚持不懈地努力，追求改善、改进和创新。

持续改进是通过PDCA动态循环来实现的，不断改进安全生产标准化管理水平，保证生产经营活动的顺利进行。

企业安全生产标准化管理体系建立并运行一段时间后，通过分析一定时期的评定结果，及时将效果好的管理方式及管理方法进行推广，对发现的问题和需要改进的方面及时作出调整和安排。必要时，及时调整安全生产目标、指标，及时修订规章制度、操作规程，及时制定完善安全生产标准化的工作计划和措施，使企业的安全生产管理水平不断提高。

3. 参考示例

[参考示例]

编号：××××××

安全生产标准化绩效评定报告

安全标准化管理体系自评组

年 月

1. 评定类型	自主评定
2. 评定目的	验证公司安全生产标准化体系是否满足评审规程和基本规范要求，运行是否有效
3. 评定范围	公司所在的场所及公司安全生产标准化体系所覆盖的工程咨询、工程设计（含科研及设备设计）等项目管理所涉及的工作过程、部门、岗位和设施
4. 评定准则	T/CWEC 17—2020《水利水电勘测单位安全生产标准化评审规程》 GB/T 33000—2016《企业安全生产标准化基本规范》 SL/T 789—2019《水利安全生产标准化通用规范》

5. 自主评定组成员：

组长：

组别	负责人	审核组成员
第一组	×××	××× ×××
第二组	×××	××× ×××

6. 评定过程简述

本次评定按计划执行。于××××年×月×日至×月×日期间，分×个组对公司安全生产标准化工作进行自主评定；××××年×月结合监督检查，安排了×个项目现场、×个部门，与各部门领导及有关人员××余人次进行了交谈。查阅了相关的文件和项目资料。在各部门、项目的积极配合下，按计划完成了评定任务，达到了目的。

7. 评定情况综述

7.1 文件的符合性

……

7.2 安全生产标准化体系的持续运行及有效性

……

7.3 持续改进机制的有效性

……

7.4 发现问题综述

……

8. 评定结论：

9. 本报告内容与会议宣布的内容存在的差异及说明

无

10. 建议需要改进的事宜

11. 附件

附件：评定发现问题清单

自主评定组组长		公司主管领导	

附件　　评定发现问题清单

序号	问　题　描　述	所属部门	负责人
1			
2			
3			
4			
5			
6			
7			
8			

第十一章 监 督 管 理

根据《水利行业深入开展安全生产标准化建设实施方案》的要求，各级水行政部门要加强对安全生产标准化建设工作的指导和督促检查，按照分级管理和“谁主管、谁负责”的原则，水利部负责直属单位和直属工程项目以及水利行业安全生产标准化一级单位的评审、公告、授牌等工作；地方水利生产经营单位的安全生产标准化二级、三级达标考评的具体办法，由省级水行政主管部门制定并组织实施，考评结果报送水利部备案。

根据有关规定，各级水行政主管部门负责水利安全生产标准化建设管理工作的监督管理，并不是只针对达标评审环节的监督管理。水利生产经营单位是安全生产标准化建设工作的责任主体，是否参与达标评审是其自愿行为。勘测设计单位应结合本单位实际情况，制定安全生产标准化建设工作计划，落实各项措施，组织开展多种形式的标准化宣贯工作，使全体员工不断深化对安全生产标准化的认识，熟悉和掌握标准化建设的要求和方法，积极主动参与标准化建设并保持持续改进。

第一节 管 理 要 求

生产经营单位自身应加强自控管理，切实按要求开展标准化的相关工作，保证体系正常运行。监督管理部门应依据法律法规及相关要求加强对职责范围内生产经营单位的安全标准化工作动态监管，依法履行法律赋予的监督管理职责，并以此为抓手，切实提高管辖范围内安全生产管理水平。

一、监督主体

根据《水利行业深入开展安全生产标准化建设实施方案》的要求，水利安全生产标准化的监督管理主体是各级水行政主管部门。

按照分级管理和“谁主管、谁负责”的原则，水利部负责直属单位和直属工程项目以及水利行业安全生产标准化一级单位的评审、公告、授牌等工作；地方水利生产经营单位的安全生产标准化二级、三级达标考评的具体办法，由省级水行政主管部门制定并组织实施，考评结果报送水利部备案。

二、年度自主评审

水利生产经营单位取得水利安全生产标准化等级证书后，每年应对本单位安全生产标准化的情况至少进行一次自我评审，并形成报告，及时发现和解决生产经营中的安全问题，持续改进，不断提高安全生产水平，按规定将年度自评报告上报水行政主管部门。一级达标单位和部属二三级达标单位应通过“水利安全生产标准化评审系统”（http：//abps. cwec. org. cn/），按要求上报。

三、延期管理

《水利安全生产标准化评审管理暂行办法》规定，水利安全生产标准化等级证书有效期为3年。有效期满需要延期的，须于期满前3个月，向水行政主管部门提出延期申请（一级达标单位和部属二三级达标单位向中国水利企业协会提出申请，登录 http：//abps.cwec.org.cn/）。

水利生产经营单位在安全生产标准化等级证书有效期内，完成年度自我评审，保持绩效，持续改进安全生产标准化工作，经复评，符合延期条件的，可延期3年。

四、撤销等级

《暂行办法》中规定了撤销安全生产标准化等级的五种情形，发生下列行为之一的，将被撤销安全生产标准化等级，并予以公告：

（一）在评审过程中弄虚作假、申请材料不真实的；

（二）不接受检查的；

（三）迟报、漏报、谎报、瞒报生产安全事故的；

（四）水利工程项目法人所管辖建设项目、水利水电施工企业发生较大及以上生产安全事故后，水利工程管理单位发生造成人员死亡、重伤3人以上或经济损失超过100万元以上的生产安全事故后，在半年内申请复评不合格的；

（五）水利工程项目法人所管辖建设项目、水利水电施工企业复评合格后再次发生较大及以上生产安全事故的；水利工程管理单位复评合格后再次发生造成人员死亡、重伤3人以上或经济损失超过100万元以上的生产安全事故的。

自撤销之日起，须按降低至少一个等级申请评审；且自撤销之日起满1年后，方可申请原等级评审。

水利安全生产标准化三级达标单位构成撤销等级条件的，责令限期整改。整改期满，经评审符合三级单位要求的，予以公告。整改期限不得超过1年。

第二节　动　态　管　理

为深入贯彻落实《中共中央　国务院关于推进安全生产领域改革发展的意见》《地方党政领导干部安全生产责任制规定》和《水利行业深入开展安全生产标准化建设实施方案》，进一步促进水利生产经营单位安全生产标准化建设，督促水利安全生产标准化达标单位持续改进工作，防范生产安全事故发生，2021年水利部下发了《水利安全生产标准化达标动态管理的实施意见》（以下简称《实施意见》），就加强水利安全生产标准化达标动态管理工作提出了要求。

《实施意见》的出台的主要工作目标是为了建立健全安全生产标准化动态管理机制，实行分级监督、差异化管理，积极应用相关监督执法成果和水利生产安全事故、水利建设市场主体信用评价“黑名单”等相关信息，对水利部公告的达标单位全面开展动态管理，建立警示和退出机制，巩固提升达标单位安全管理水平，为水利事业健康发展提供有力的安全保障。

《实施意见》中规定，动态管理的主要方法是实行记分制，根据不同的安全生产违法、违规情形进行相应分值的扣分，在证书有效期根据扣分情况进行分类管理。

《实施意见》要求按照“谁审定谁动态管理”的原则，水利部对标准化一级达标单位和部属达标单位实施动态管理，地方水行政主管部门可参照本实施意见对其审定的标准化达标单位实施动态管理。水利生产经营单位获得安全生产标准化等级证书后，即进入动态管理阶段。动态管理实行累积记分制，记分周期同证书有效期，证书到期后动态管理记分自动清零。动态管理记分依据有关监督执法成果以及水利生产安全事故、水利建设市场主体信用评价“黑名单”等各类相关信息，记分标准如下：

(1) 因水利工程建设与运行相关安全生产违法违规行为，被有关行政机关实施行政处罚的：警告、通报批评记 3 分/次；罚款记 4 分/次；没收违法所得、没收非法财物记 5 分/次；限制开展生产经营活动、责令停产停业记 6 分/次；暂扣许可证件记 8 分/次；降低资质等级记 10 分/次；吊销许可证件、责令关闭、限制从业记 20 分/次。同一安全生产相关违法违规行为同时受到 2 类及以上行政处罚的，按较高分数进行量化记分，不重复记分。

(2) 水利部组织的安全生产巡查、稽察和其他监督检查（举报调查）整改文件中，因安全生产问题被要求约谈或责令约谈的，记 2 分/次。

(3) 未提交年度自评报告的，记 3 分/次；经查年度自评报告不符合规定的，记 2 分/次；年度自评报告迟报的，记 1 分/次。

(4) 因安全生产问题被列入全国水利建设市场监管服务平台“重点关注名单”且处于公开期内的，记 10 分。被列入全国水利建设市场监管服务平台“黑名单”且处于公开期内的，记 20 分。

(5) 存在以下任何一种情形的，记 15 分：发生 1 人（含）以上死亡，或者 3 人（含）以上重伤，或者 100 万元以上直接经济损失的一般水利生产安全事故且负有责任的；存在重大事故隐患或者安全管理突出问题的；存在非法违法生产经营建设行为的；生产经营状况发生重大变化的；按照水利安全生产标准化相关评审规定和标准不达标的。

(6) 存在以下任何一种情形的，记 20 分：发现在评审过程中弄虚作假、申请材料不真实的；不接受检查的；迟报、漏报、谎报、瞒报生产安全事故的；发生较大及以上水利生产安全事故且负有责任的。

达标单位在证书有效期内累计记分达到 10 分，实施黄牌警示；累计记分达到 15 分，证书期满后将不予延期；累计记分达到 20 分，撤销证书。以上处理结果均在水利部网站公告，并告知达标单位。

第三节 巩固提升

安全生产标准化建设是一项长期性的工作，需要在工作过程中持续坚持、巩固成果、不断改进提升。

一、树立正确的安全生产管理理念

安全生产永远在路上，只有起点没有终点，需要不断持续改进与巩固提升才能保持良好的安全生产状况。树立正确的安全发展理念是保证“长治久安”的重要前提和基础，勘测设计单位应充分认识到开展标准化建设是提高安全生产管理水平的科学方法和有效途径。安全生产标准化工作达到了一级（或二级、三级）只是实现了阶段性目标，是拐点，不是终点。要巩固标准化的成果，必须建立长效的工作机制，实施动态管理，严格落实安全生产标准化的各项工作要求，不断解决实际工作过程中出现的新问题。

二、建立健全责任体系

单位的生产经营过程由各部门、各级、各岗位人员共同参与完成，安全生产管理工作也贯穿于整个生产经营过程。因此，要实现全员、全方位、全过程安全管理，只有单位人人讲安全、人人抓安全，才能促进安全生产形势持续稳定向好。

为实现上述要求，生产经营单位必须建立健全全员安全生产责任制，单位主要负责人带头履职尽责，起到引领、示范作用，以身作则保证各项规章制度真正得到贯彻执行，只有这样才能使企业真正履行好安全生产主体责任，持续巩固标准化建设成果。

三、保障安全生产投入

勘测设计单位应根据国家及行业相关规定，结合单位的实际需要，保障安全生产投入。

生产经营单位要满足安全生产条件，必须要有足够的安全生产投入，用以改善作业环境，配备安全防护设备、设施，加强风险管控，实施隐患排查治理。因此，勘测设计单位应树立“安全也能出效益”的理念，把安全生产投入视为一种特殊的投资，其所产生的效益短期内不明显，但为企业所带来的隐性收益在某种程度上是用金钱无法衡量的。生产经营单位如发生人员伤亡的生产安全事故，除带来经济和名誉损失外，还将给从业人员及其家属带来深重的灾难，甚至影响社会的稳定。安全生产投入到位，可在很大程度减少生产安全事故的发生，间接为企业带来效益。

四、加强安全管理队伍建设

安全管理最终要落实到人，勘测设计单位应把安全管理人才培训、队伍建设摆在突出的位置，最大限度发挥这些人员的作用，通过专业的力量带动全体员工参与到安全生产工作中来。勘测设计单位应保障安全生产管理人员的待遇，建立相应的激励机制，调动积极性，使其在单位的生产经营过程中有发言权，真正为企业安全生产出力献策。

五、强化教育培训

经常性开展教育培训，能够让从业人员及时获取安全生产知识，增强安全意识，教育培训应贯穿于安全生产标准化建设的各个环节、各个阶段。勘测设计单位应当按照本单位安全生产教育和培训计划的总体要求，结合各个工作岗位的特点，科学、合理安排教育培训工作。采取多种形式开展教育培训，包括理论培训、现场培训、召开事故现场分析会等。通过教育培训，让从业人员具备基本的安全生产知识，熟悉有关安全生产规章制度和操作规程，掌握本岗位的安全操作技能，了解事故应急处理措施，知悉自身在安全生产方面的权利和义务。对于没有经过教育培训，包括培训不合格的从业人员，不得安排其上岗作业。

六、强化风险分级管控及隐患排查治理

勘测设计单位应建立安全风险分级管控和隐患排查治理双重预防机制，全面推行安全风险分级管控，进一步强化隐患排查治理，推进事故预防工作科学化、信息化、标准化，

提升安全生产整体预控能力，实现把风险控制在隐患形成之前、把隐患消灭在事故前面。

七、保证安全管理工作真正落地

勘测设计单位应采取有效的措施保证各项安全管理工作真正落到实处，杜绝“以文件落实文件、以会议落实会议”的管理方式。安全管理工作要下沉到基层和现场，切实解决现场作业中存在的各种问题；抓好各级人员安全管理工作，真正实现岗位达标、专业达标、企业达标，最终实现单位的本质安全。

八、绩效评定与持续改进

勘测设计单位的标准化建设是一个持续改进的动态循环过程，需要不断持续改进、巩固和提升标准化建设成果，才能真正建立起系统、规范、科学、长效的安全管理机制。

勘测设计单位通过水利安全生产标准化达标后，每年至少组织一次本单位安全生产标准化实施情况检查评定，验证各项安全生产制度措施的适宜性、充分性和有效性，提出改进意见，并形成绩效评定报告，接受水行政主管部门的监督管理。

附件 工作依据汇总

一、法律

1.《安全生产法》(2021年修订)
2.《消防法》(2021年修订)
3.《特种设备安全法》(主席令第四号)
4.《道路交通安全法》(2021年修订)
5.《职业病防治法》(2018年修订)
6.《劳动法》(2018年修订)
7.《节约能源法》(2018年修订)
8.《建筑法》(主席令第四十六号)
9.《测绘法》(2017年修订)
10.《档案法》(2020年修订)

二、法规

11.《使用有毒物品作业场所劳动保护条例》(国务院令第352号)
12.《建设工程安全生产管理条例》(国务院令第393号)
13.《民用爆破物品安全管理条例》(国务院令第466号)
14.《生产安全事故报告和调查处理条例》(国务院令第493号)
15.《基础测绘条例》(国务院令第556号)
16.《工伤保险条例》(国务院令第586号)
17.《危险化学品安全管理条例》(国务院令第645号)
18.《生产安全事故应急条例》(国务院令第708号)
19.《特种设备安全监察条例》(2009年修订)
20.《放射性同位素与射线装置安全和防护条例》(2019年修订)
21.《建设工程质量管理条例》(2019年修订)
22.《建设工程勘察设计管理条例》(2017年修订)
23.《档案法实施办法》(2017年修订)
24.《测量标志保护条例》(2011年修订)

三、部门规章

25.《水利工程建设安全生产管理规定》(水利部令第26号,2019年修订)
26.《水利档案工作规定》(水办〔2020〕195号)
27.《水利工程建设项目档案管理规定》(水办〔2021〕200号)
28.《水利部关于印发水利安全生产信息报告和处置规则的通知》(水监督〔2022〕

156号）

29.《水利安全生产监督管理办法（试行）》（水监督〔2021〕412号）

30.《水利安全生产标准化评审管理暂行办法》（水安监〔2013〕189号）

31.《水利科学技术档案管理规定》（水办〔2010〕80号）

32.《水利工程质量管理规定》（水利部令第52号）

33.《水利工程建设标准强制性条文管理办法（试行）》（水国科〔2012〕546号）

34.《用人单位职业健康监护监督管理办法》（安监总局令第49号）

35.《生产安全事故应急预案管理办法》（应急管理部令第2号）

36.《生产经营单位安全培训规定》（安监总局令第80号）

37.《生产安全事故罚款处罚规定（试行）》（国家安全监管总局令第77号）

38.《企业安全生产责任体系五落实五到位规定》（安监总办〔2015〕27号）

39.《建设项目职业病防护设施“三同时”监督管理办法》（安监总局令第90号）

40.《建设项目安全设施“三同时”监督管理办法》（安监总局令第36号）

41.《工作场所职业卫生监督管理规定》（安监总局令第47号）

42.《防暑降温措施管理办法》（安监总安健〔2012〕89号）

43.《安全生产事故隐患排查治理暂行规定》（安监总局令第16号）

44.《特种作业人员安全技术培训考核管理规定》（安监总局令第80号）

45.《安全生产监管监察职责和行政执法责任追究的规定》（2015年修正）

46.《〈生产安全事故报告和调查处理条例〉罚款处罚暂行规定》（安监总局令第13号）

47.《用人单位劳动防护用品管理规范》（安监总厅安健〔2018〕3号）

48.《工作场所职业卫生管理规定》（国家卫生健康委员会令第5号）

49.《职业病诊断与鉴定管理办法》（国家卫生健康委员会令第6号）

50.《职业病危害项目申报管理办法》（卫生部令第21号）

51.《建筑起重机械安全监督管理规定》（建设部令第166号）

52.《注册测绘师执业管理办法（试行）》（国测人发〔2014〕8号）

53.《机关、团体、企业、事业单位消防安全管理规定》（公安部令第61号）

54.《企业文件材料归档范围和文书档案保管期限规定》（国家档案局令第10号）

55.《企业档案管理规定》（档发〔2002〕5号）

56.《小型和常压热水锅炉安全监察规定》（国家质量技术监督局令第11号）

57.《特种设备作业人员监督管理办法》（质监总局令第140号）

58.《水利部关于进一步加强水利安全培训工作的实施意见》（水安监〔2013〕88号）

四、规范性文件

59.《中共中央　国务院关于推进安全生产领域改革发展的意见》（中发〔2016〕32号）

60.《国务院关于进一步加强企业安全生产工作的通知》（国发〔2010〕23号）

61.《国务院安委会关于深入开展企业安全生产标准化建设的指导意见》（安委〔2011〕4号）

62.《国务院安委会办公室关于实施遏制重特大事故工作指南构建双重预防机制的意见》（安委办〔2016〕11号）

63.《国务院安委会办公室关于全面加强企业全员安全生产责任制工作的通知》（安委办〔2017〕29号）

64.《国务院安全生产委员会关于加强企业安全生产诚信体系建设的指导意见》（安委〔2014〕8号）

65.《关于印发水利行业开展安全生产标准化建设实施方案的通知》（水安监〔2011〕346号）

66.《水利部关于进一步加强水利安全生产应急管理提高生产安全事故应急处置能力的通知》（水安监〔2014〕19号）

67.《水利部关于进一步加强水利建设项目安全设施“三同时”的通知》（水安监〔2015〕298号）

68. 水利部关于贯彻落实《中共中央国务院关于推进安全生产领域改革发展的意见》实施办法（水安监〔2017〕261号）

69.《水利部关于进一步加强水利生产安全事故隐患排查治理工作的通知》（水安监〔2017〕409号）

70.《水利部关于开展水利安全风险分级管控的指导意见》（水监督〔2018〕323号）

71.《水利水电工程施工危险源辨识与风险评价导则（试行）》（办监督函〔2018〕1693号）

72.《水利部办公厅关于印发水利工程生产安全重大事故隐患清单指南（2023年版）的通知》（办监督〔2023〕273号）

73.《水利部监督司关于印发构建水利安全生产风险管控“六项机制”工作指导手册（2023年版）的通知》（监督安函〔2022〕56号）

74.《水利部关于进一步做好在建水利工程安全度汛工作的通知》（水建设〔2022〕99号）

75.《水利部关于印发构建水利安全生产风险管控“六项机制”的实施意见的通知》（水监督〔2022〕309号）

76.《水利部办公厅关于调整水利工程计价依据安全生产措施费计算标准的通知》（办水总函〔2023〕38号）

77.《国家安全监管总局关于印发企业安全生产责任体系五落实五到位规定的通知》（安监总办〔2015〕27号）

78.《国家安全监管总局、中华全国总工会、共青团中央关于深入开展企业安全生产标准化岗位达标工作的指导意见》（安监总管四〔2011〕82号）

79.《关于印发安全生产信息化总体建设方案及相关技术文件的通知》（安监总科技〔2016〕143号）

80.《关于启用新版“职业病危害项目申报系统”的通知》（2019年8月）

81.《人社部 交通部 水利部 能源局 铁路局 民航局关于铁路、公路、水运、水利、能源、机场工程建设项目参加工伤保险工作的通知》（人社部发〔2018〕3号）

82.《关于印发职业病分类和目录的通知》（国卫疾控发〔2013〕48号）

83.《关于印发职业病危害因素分类目录的通知》（国卫疾控发〔2015〕92号）

84.《建设项目职业病危害风险分类管理目录》（国卫办职健发〔2021〕5号）

85.《企业安全生产费用提取和使用管理办法》（财资〔2022〕136号）

五、规程规范标准

86. GBZ 158—2003《工作场所职业病危害警示标识》
87. GBZ 188—2014《职业健康监护技术规范》
88. GBZ/T 211—2008《建筑行业职业病危害预防控制规范》
89. GB 2893—2008《安全色》
90. GB/T 2893.5—2020《图形符号　安全色和安全标志　第5部分：安全标志使用原则与要求》
91. GB 2894—2008《安全标志及其使用导则》
92. GB/T 3068—2008《高处作业分级》
93. GB 5083—1999《生产设备安全卫生设计总则》
94. GB 6067.1—2010《起重机械安全规程　第1部分：总则》
95. GB 6441—86《企业职工伤亡事故分类标准》
96. GB 6721—86《企业职工伤亡事故经济损失统计标准》
97. GB 9705—2008《文书档案案卷格式》
98. GB/T 13861—2022《生产过程危险和有害因素分类与代码》
99. GB/T 15499—1995《事故伤害损失工作日标准》
100. GB/T 29639—2020《生产经营单位生产安全事故应急预案编制导则》
101. GB 30871—2022《危险化学品企业特殊作业安全规范》
102. GB/T 33000—2016《企业安全生产标准化基本规范》
103. GB/T 38315—2019《社会单位灭火和应急疏散预案编制及实施导则》
104. GB 39800.1—2020《个体防护装备配备规范　第1部分：总则》
105. GB/T 41205.1—2021《应急物资编码与属性描述　第1部分：个体防护装备》
106. GB 50194—2014《建设工程施工现场供用电安全规范》
107. GB 50487—2008《水利水电工程地质勘察规范》
108. GB/T 50585—2019《岩土工程勘察安全标准》
109. GB 50706—2011《水利水电工程劳动安全与工业卫生设计规范》
110. GB 55017—2021《工程勘察通用规范》
111. GB 55018—2021《工程测量通用规范》
112. SL 55—2005《中小型水利水电工程地质勘察规范》
113. SL 166—2010《水利水电工程坑探规程》
114. SL 188—2005《堤防工程地质勘察规程》
115. SL/T 291—2020《水利水电工程钻探规程》
116. SL/T 291.1—2021《水利水电工程勘探规程　第1部分：物探》
117. SL/T 299—2020《水利水电工程地质测绘规程》
118. SL 303—2017《水利水电工程施工组织设计规范》
119. SL/T 313—2021《水利水电工程施工地质规程》
120. SL 398—2007《水利水电工程施工通用安全技术规程》

121. SL 399—2007《水利水电工程土建施工安全技术规程》
122. SL 401—2007《水利水电工程施工作业人员安全技术规程》
123. SL/T 617—2021《水利水电工程项目建议书编制规程》
124. SL/T 618—2021《水利水电工程可行性研究报告编制规程》
125. SL/T 619—2021《水利水电工程初步设计报告编制规程》
126. SL 714—2015《水利水电工程施工安全防护设施技术规范》
127. SL 721—2015《水利水电工程施工安全管理导则》
128. SL 725—2016《水利水电工程安全监测设计规范》
129. SL 734—2016《水利工程质量检测技术规程》
130. SL/T 789—2019《水利安全生产标准化通用规范》
131. AQ 2004—2005《地质勘探安全规程》
132. AQ/T 2049—2013《地质勘查安全防护与应急救生用品（用具）配备要求》
133. AQ/T 4256—2015《建筑施工企业职业病危害防治技术规范》
134. AQ/T 9004—2008《企业安全文化建设导则》
135. AQ/T 9005—2008《企业安全文化建设评价准则》
136. AQ/T 9007—2019《生产安全事故应急演练基本规范》
137. AQ/T 9008—2012《安全生产应急管理人员培训大纲及考核规范》
138. AQ/T 9009—2015《生产安全事故应急演练评估规范》
139. AQ/T 9010—2019《安全生产责任保险事故预防技术服务规范》
140. AQ/T 9011—2019《生产经营单位生产安全事故应急预案评估指南》
141. TSG 08—2017《特种设备使用管理规则》
142. DA/T 22—2015《归档文件整理规则》
143. CH 1016—2008《测绘作业人员安全规范》

参考文献

［1］ 阚珂，蒲长城，刘平均.《中华人民共和国特种设备安全法》释义［M］. 北京：中国法制出版社，2013.

［2］ 尚勇，张勇.《中华人民共和国安全生产法》释义［M］. 北京：中国民主法制出版社，2021.

［3］ 钱宜伟，曾令文，等. 水利安全生产标准化建设实施指南［M］. 北京：中国水利水电出版社，2015.

［4］ 水利部监督司，中国水利工程协会，等. 水利安全生产标准化建设与管理［M］. 北京：中国水利水电出版社，2018.

［5］ 甘藏春，田世宏，等.《中华人民共和国标准化法》释义［M］. 北京：中国法制出版社，2017.